战略性新兴领域"十四五"高等教育系列教材

仿生功能材料

主 编 刘 燕

参 编 侯聚敏 李淑一 徐 泉 徐洪波
　　　郭 鑫 薛婧泽 沈美丽 孟 括
　　　陶海岩 马家峰

U0331620

机械工业出版社

本书是教育部战略性新兴领域"十四五"高等教育系列教材之一。功能材料是国家新材料产业的重要组成部分，而仿生功能材料则是基于仿生学原理的创新研究成果，它已成为材料学发展的创新领域和重要组成部分。

全书共 7 章，首先从阐述功能材料及仿生功能材料的基础知识入手，然后以功能材料的分类为基础，系统地介绍了仿生力学材料、仿生光学材料、仿生磁性功能材料、仿生声学材料、仿生电学材料、能源仿生材料等领域的相关理论知识和最新进展。在编写过程中，编者遵循从基础理论到技术开发、产业应用的逻辑顺序，以科学性为宗旨、实用性为指导，兼顾深度与广度，并力求趣味性，同时有机地融入了课程思政元素、科技前沿展望、产业发展与趋势分析等内容。值得一提的是，书中融入了大量仿生功能材料的实例与最新进展，旨在让读者对仿生功能材料有一个全方位的认知。

本书适合用作高等学校仿生学、材料学、物理学、生物医学与健康，以及工程技术等相关专业及学科教师、本科生、研究生的教学和科学研究参考书，也可供相关学科专业的研究人员、技术人员和管理人员参考。

图书在版编目（CIP）数据

仿生功能材料 / 刘燕主编. -- 北京：机械工业出版社，2024. 12. --（战略性新兴领域"十四五"高等教育系列教材）. -- ISBN 978-7-111-77652-9

Ⅰ. TB39

中国国家版本馆 CIP 数据核字第 20245P9S91 号

机械工业出版社（北京市百万庄大街 22 号　邮政编码 100037）
策划编辑：董伏霖　　　　　　　责任编辑：董伏霖　高凤春
责任校对：张亚楠　张昕妍　　　封面设计：张　静
责任印制：刘　媛
涿州市般润文化传播有限公司印刷
2024 年 12 月第 1 版第 1 次印刷
184mm×260mm · 13 印张 · 320 千字
标准书号：ISBN 978-7-111-77652-9
定价：49.80 元

电话服务　　　　　　　　　　　　网络服务
客服电话：010-88361066　　　机 工 官 网：www.cmpbook.com
　　　　　010-88379833　　　机 工 官 博：weibo.com/cmp1952
　　　　　010-68326294　　　金 书 网：www.golden-book.com
封底无防伪标均为盗版　　　机工教育服务网：www.cmpedu.com

前　言

功能材料是指具有优良的力学、电学、磁学、光学、热学、声学、化学和生物学等功能及相互转化功能的非结构性用途的材料，是国家新材料产业的重要组成部分，与信息技术、生物工程技术、能源产业、纳米技术、环保技术、空间技术等现代高新技术及其产业紧密相关。功能材料发展的先进程度与交叉融合的深度，对新材料、元器件、整装设备的发展，起着基础性和先导性的关键作用，在新材料产业发展过程中处于前沿。

仿生学是 20 世纪 60 年代生物学与技术科学在快速发展中产生的一门新兴交叉学科。自诞生以来，仿生学以其可持续发展的强大生命力和充满原始创新的无限活力，迅速扩展到自然科学、技术科学和工程科学的众多领域，涵盖了大多数技术领域和应用领域。仿生功能材料是基于工程仿生原理开发的具有生物功能特征或类似于生物功能的功能材料。仿生学为功能材料的创新发展提供了无限的动力与灵感源泉。

本书具有以下特点：

1. 科学性：力争每章都以基础知识/基本模型→仿生设计→仿生功能材料开发为逻辑，系统介绍各类仿生功能材料的原理与进展。

2. 前沿性：书中所举的典型案例，都是各领域的最新进展与发展前沿，既有教材的知识性、普适性，又兼顾科学知识的前沿性。

3. 深广度：仿生功能材料内涵较广，对于教材而言，既要有基础知识的阐述，又要充分体现学科内涵，目前所涵盖的内容力求兼顾仿生功能材料的深度与广度。

4. 趣味性：基于仿生学的创新理念，很多仿生功能材料的案例充满大自然的神奇功能与奇思妙想，为读者展示了仿生学的神奇，可激发读者对生物、对大自然的敬畏与热爱，引发读者对仿生功能材料的好奇与关注。

功能材料种类丰富，覆盖面广，涉及多个学科，因此本书主编力邀多名从事仿生功能材料研究的学者共同完成了本书的编写。本书主编从事仿生材料研究多年，主讲了本科生课程"仿生学基础""工程仿生技术"和研究生课程"功能材料与纳米技术""仿生学概论""工程仿生学"等。本书依据功能材料的分类进行章节设计：第 1 章为绪论，阐述了功能材料的定义、分类和应用，以及仿生功能材料的定义和特征，由刘燕教授编写；第 2 章为仿生力学材料，介绍了液固界面的基本模型及典型仿生现象，固固界面中的黏附、摩擦、冲击的仿生力学行为及仿生技术与材料，由李淑一副教授编写；第 3 章为仿生光学材料，介绍了典型的光学现象（如结构色、光散射、光吸收），以及仿生光学材料的典型案例，由徐洪波副教授编写；第 4 章为仿生磁性功能材料，介绍了磁性材料的基本特征，以及磁感知、磁性吸波材料的仿生设计与开发，由薛婧泽博士编写；第 5 章为仿生声学材料，介绍了声学的基本概念，以及仿生吸声材料、仿生隔声材料和方向敏感仿生声学材料，由侯聚敏博士编写；第 6 章为仿生电学材料，介绍了仿生热电、

IV

光电、压电材料的基本原理及典型案例，由郭鑫副教授、陶海岩教授和马家峰副教授编写；第7章为能源仿生材料，介绍了生物特殊的节能机制，以及油田、新能源、储能、节能方面仿生能源材料的开发与应用，由徐泉教授编写；全书由侯聚敏博士、沈美丽博士、孟括博士修改并完善，并由刘燕教授统稿。

仿生功能材料学科知识涉及面广、交叉性强，限于编者水平和时间，书中难免有不当之处，敬请广大读者批评指正。

编　者

目　　录

第1章

绪　论

1.1　功能材料的定义、分类与应用

1.1.1　功能材料的定义

材料是国家基础产业，是高新技术产业和国防工业发展的重要支撑，是社会进步和国家富强的重要标志。功能材料超越了传统材料的局限，成为一类能够智能地与外部世界交互，根据特定环境刺激发挥出预期功能的先进材料，是材料科学中最活跃的研究领域之一。它们实现了学科交叉融合，汇聚了化学、物理、生物学和工程学等多个学科的前沿知识和技术，推动着材料科学的边界不断扩展。功能材料的发展历程是科技进步的缩影，也是人类智慧的结晶。从 20 世纪初期对电磁性质的基础研究，到 21 世纪智能响应系统的开发，功能材料的概念和应用范围经历了巨大的演变。如今，借助先进的计算机模拟技术和精密的材料分析技术，科学家们能够在原子尺度上设计出具有特定功能的材料。这些材料对温度、压力、湿度、pH 值、电磁场和光照等多种外界刺激都有着敏锐的响应能力，这些响应可能是瞬时的，也可能是延时的，甚至是可逆的或一次性的。

功能材料是指通过光、电、磁、热、化学、生化等作用后具有特定功能的材料。这些材料除了具有机械特性外，还具有其他的功能特性，如电学、磁学、光学、热学、声学、力学、化学、生物学功能及其相互转化的功能。

功能材料的定义还可以从以下几个方面进行阐述：

1）功能特性。功能材料的核心在于其功能特性，这些功能特性通常包括电学、磁学、光学、热学、声学、力学、化学、生物学功能等。这些特性使得功能材料在特定的条件下能够给出特定的反应或表现出特定的行为，从而实现特定的功能。

2）非结构用途。与传统的结构材料不同，功能材料主要用于实现特定的功能，而不是作为结构支撑。例如，功能材料可以用于能源的储存和转换、生物医学应用、环境保护等。

3）高技术性。功能材料通常与高技术领域紧密相关，如信息技术、生物工程技术等。

这些材料的开发和应用往往需要跨学科的知识和技术支持。

4）多功能性。功能材料的一个显著特点是多功能性。这意味着一个材料可以同时具有多种功能特性。例如，一个材料可能同时具有电学和磁学特性，或者同时具有光学和热学特性。

5）环境适应性。随着对环境保护和可持续发展的重视，对功能材料的研究和应用也越来越注重其环境适应性，这包括材料的可降解性、可回收性及在生产过程中对环境的影响。

功能材料的可控性是其核心特征之一。科学家们通过改变材料的组成、结构或制造工艺，实现了对材料功能的精确调控。这种控制不仅局限于宏观层面，更是延伸到了微观的纳米级乃至原子级别。随着多功能材料研究的不断深入，将多种功能集成到单一材料中已成为可能。这种集成化的优势，使得材料能够在一个系统中同时执行多个任务，如感知、处理和响应，极大地提高了系统的效率并减少了材料的使用。功能材料在实际应用中必须展现出稳定性和可靠性。它们需要在预期的使用寿命内保持功能不变，即使在极端条件下也能保持性能稳定。跨学科合作在功能材料的研究中起着至关重要的作用。化学家、物理学家、工程师和设计师等的共同努力，不仅推动了新材料的开发，也加深了人们对材料与环境相互作用的理解。随着对可持续发展的需求的日益增长，对功能材料的研究也更加重视环境友好和生态平衡。目前，研究人员正致力于开发在生产和使用过程中能够减少能源消耗和污染的材料。随着科技的不断进步，功能材料的研究和应用正变得日益重要。在电子信息技术领域，功能材料的发展使电子设备变得更加微型化和智能化，这为人工智能和物联网的发展提供了坚实的基础。在能源与环境领域，功能材料的创新使得人们能够更有效地利用可再生能源，并且在环境保护方面发挥出越来越重要的作用。在医疗健康领域，功能材料的应用正在革新传统的治疗方法，这使得医疗更加精准和个性化。在工业与生活领域，功能材料的应用使得产品更加耐用、安全和舒适，提高了人们的生活水平。功能材料的应用正在不断拓展，它们将继续在各个领域中发挥其独特的作用，为人类社会的发展贡献力量。随着科技的不断进步，功能材料的未来将更加光明，它们将在科技革命中发挥更重要的作用。未来，功能材料的研究将更加注重智能化、自修复能力和环境适应性。这些材料不仅将推动科技的发展，还将帮助人们建设一个更加绿色、健康和可持续的世界。

1.1.2 功能材料的分类

功能材料可以根据不同的标准和角度来分类。以下是一些常见的功能材料分类方式。

1. 按材料的化学组成分类

（1）金属功能材料　包括纯金属和合金，如形状记忆合金、超导材料等。

（2）无机非金属功能材料　包括陶瓷、玻璃、半导体、绝缘体等，如压电陶瓷、磁性陶瓷、半导体材料等。

（3）有机功能材料　包括聚合物、有机半导体、液晶材料等，如导电聚合物、有机发光材料等。

（4）复合功能材料　由两种或两种以上不同类型的材料复合而成，如金属基复合材料、陶瓷基复合材料、聚合物基复合材料等。

2. 按材料的物理性质分类

（1）电功能材料　具有电学性质，如导电材料、绝缘材料、半导体材料、压电材料、热电材料等。

（2）磁功能材料　具有磁学性质，如软磁材料、硬磁材料、磁性液体、磁性薄膜等。

（3）光功能材料　具有光学性质，如发光材料、光导材料、光储存材料、光催化材料等。

（4）热功能材料　具有热学性质，如热电材料、热导材料、相变材料等。

（5）声功能材料　具有声学性质，如超声材料、声波导材料等。

（6）力学功能材料　具有力学性质，如形状记忆合金、超弹性材料、高强度材料等。

（7）化学功能材料　具有化学性质，如催化剂、吸附材料、离子交换材料等。

（8）生物功能材料　具有生物相容性或生物活性，如生物降解材料、组织工程材料等。

3. 按功能材料的应用领域分类

（1）电子功能材料　用于电子设备和系统，如导电材料、半导体材料、磁性材料等。

（2）能源功能材料　用于能源储存和转换，如太阳能电池材料、燃料电池材料、储氢材料等。

（3）生物医用功能材料　用于医疗和生物工程领域，如人工器官、生物相容性材料、药物载体等。

（4）环境功能材料　用于环境保护和治理，如空气净化材料、水处理材料、环境监测材料等。

（5）智能功能材料　具有感知环境变化并做出相应反应的能力，如形状记忆合金、压电材料、光敏材料等。

4. 按功能材料的结构分类

（1）纳米功能材料　具有纳米尺度的结构特征，如纳米粒子、纳米线、纳米薄膜等。

（2）薄膜功能材料　以薄膜形式存在的功能材料，如导电薄膜、磁性薄膜、光学薄膜等。

（3）块状功能材料　具有宏观尺寸的块状结构，如块状金属、陶瓷块体等。

5. 按功能材料的加工方式分类

（1）粉末冶金功能材料　通过粉末冶金技术制备的功能材料。

（2）化学气相沉积功能材料　通过化学气相沉积技术制备的功能材料。

（3）物理气相沉积功能材料　通过物理气相沉积技术制备的功能材料。

（4）溶胶-凝胶功能材料　通过溶胶-凝胶过程制备的功能材料。

功能材料的分类并不是固定不变的，随着科学技术的发展，新的功能材料不断被开发出来，其分类方式也会随之更新和扩展。

1.1.3 功能材料的应用

在当今世界，功能材料的应用已经渗透到人们生活的每一个角落，它们的独特性能使得科技发展水平和日常生活质量得以显著提高。功能材料在以下领域中有着重要应用。

1. 电子与信息技术

在电子与信息技术领域,功能材料是推动现代社会发展的基石。功能材料在电子与信息技术领域扮演着至关重要的角色。它们不仅支撑了现代电子设备的运行,还推动了信息技术的快速发展。按照功能材料的分类,功能材料在电子与信息技术领域主要有以下应用:

(1)半导体材料 半导体材料是现代电子技术的基础,用于制造晶体管、集成电路、激光器等关键电子元件。硅是目前最常用的半导体材料。随着技术的发展,其他半导体材料(如砷化镓、氮化镓等)也在特定应用中显示出优势。

(2)导电材料 导电材料用于电路板、连接器、导线等,确保电子设备的正常运行。这些材料通常具有良好的电导率,如铜、铝等金属材料。

(3)磁性材料 磁性材料在数据存储、传感器、电机等领域有广泛应用。例如,硬盘驱动器中的磁性介质用于存储数据,而磁性传感器则用于检测磁场变化。

(4)压电材料 压电材料能够将机械压力转换为电能,反之亦然。在传感器、执行器、能量收集器等领域应用广泛。

(5)光功能材料 光功能材料用于 LED、激光器、太阳能电池等。这些材料能够吸收或发射光,用于照明、通信、能源转换等。

2. 能源与环境

功能材料在能源与环境领域的作用日益突显,它们对于开发可持续能源和保护环境至关重要。按照功能材料的分类,功能材料在能源与环境领域主要有以下应用:

(1)太阳能电池材料 太阳能电池材料能够将太阳能转换为电能,是可再生能源技术的关键。硅基太阳能电池是其中最常见的类型。新型材料(如钙钛矿太阳能电池)也在快速发展。

(2)燃料电池材料 燃料电池材料能够将氢气和氧气直接转换为电能,这种转换技术是一种高效的清洁能源技术。质子交换膜燃料电池是目前研究和应用最广泛的燃料电池类型。

(3)储氢材料 储氢材料用于安全高效地储存氢气,是氢能源技术的关键。金属氢化物、碳纳米管等是目前研究的储氢材料。

(4)热电材料 热电材料能够将温差转换为电能,用于废热回收和能量转换。这些材料在提高能源利用效率方面具有巨大潜力。

(5)环境监测材料 环境监测材料用于监测空气和水质污染,如气体传感器、水质监测材料等。这些材料对于环境保护和公共健康至关重要。

3. 生物医学与健康

功能材料在生物医学和健康领域有着广泛的应用,它们对于疾病诊断、治疗和预防具有重要作用。按照功能材料的分类,功能材料在生物医学与健康领域主要有以下应用:

(1)生物医用材料 生物医用材料用于制造人工器官、组织工程支架、药物输送系统等。这些材料需要具有良好的生物相容性和生物活性。

(2)生物相容性材料 生物相容性材料用于制造植入体、支架、缝合线等。这些材料需要与人体组织相兼容,避免引起免疫反应。

（3）生物降解材料 生物降解材料用于制造可降解的医疗设备和包装材料。这些材料在使用后能够自然分解，减少环境污染。

（4）抗菌材料 抗菌材料用于医疗设备和卫生用品，能够抑制细菌生长，预防感染。

4. 机械与结构

功能材料在机械与结构领域也有着广泛的应用，它们能够提高结构的性能和可靠性。按照功能材料的分类，功能材料在机械与结构领域主要有以下应用：

（1）形状记忆合金 形状记忆合金能够记忆其原始形状，并在特定条件下恢复到该形状。这些材料用于制造自适应结构、智能连接器等。

（2）超弹性材料 超弹性材料具有极高的弹性变形能力，用于制造抗冲击的防护装备、眼镜架等。

（3）高强度材料 高强度材料用于航空航天、汽车制造、建筑结构等，以提高结构的承载能力和安全性。

5. 光学与显示

功能材料在光学与显示领域有着重要的应用，它们对于提高显示质量、开发新型显示技术至关重要。按照功能材料的分类，功能材料在光学与显示领域主要有以下应用：

（1）光学材料 光学材料用于制造透镜、光纤、光学传感器等。这些材料需要具有良好的光学性能。

（2）液晶材料 液晶材料用于液晶显示器，能够通过电场控制液晶分子的排列，实现图像的显示。

（3）光导材料 光导材料用于光纤通信、光开关等。这些材料能够高效传输光信号。

6. 智能系统与机器人

功能材料在智能系统与机器人领域有着重要的应用，它们能够提高系统的智能水平和适应能力。按照功能材料的分类，功能材料在智能系统与机器人领域主要有以下应用：

（1）智能材料 智能材料如形状记忆合金、压电材料等，用于制造能够感知环境变化并做出相应反应的智能系统和机器人。

（2）自修复材料 自修复材料能够在受到损伤后自动修复，用于制造能够自我修复的结构和设备。

7. 其他应用

功能材料的应用不局限于上述领域，随着科技的发展，新材料的开发和应用将不断拓展，为人类社会带来更多创新和便利。如：

（1）传感器材料 传感器材料用于各种环境监测、工业控制、安全检测等，能够感知温度、压力、化学物质等环境变化。

（2）催化剂材料 催化剂材料用于化学工业、环境保护、能源转换等，能够加速化学反应，提高反应效率。

（3）隐身材料 隐身材料用于军事装备，能够减少雷达波的反射，提高装备的隐蔽性。

功能材料的应用领域非常广泛，涵盖了现代科技的多个方面。随着科技的进步和新材料的开发，功能材料的应用将不断拓展，为人类社会带来更多创新和便利。

1.2　仿生功能材料的定义与特征

1.2.1　仿生功能材料的定义

自然界是人类智慧的源泉，生物体在漫长的进化过程中形成了许多独特的结构和功能，这些结构和功能在材料科学领域具有重要的借鉴意义。对仿生功能材料的研究正是基于对生物体结构和功能的深入理解，通过模仿和创新，开发出具有特定功能的新型材料。

仿生功能材料是指模仿自然界生物体的结构、功能和特性而开发的材料。这些材料通过模拟生物体的形态、结构、功能和工作原理，以实现特定的功能和性能。对仿生功能材料的研究和开发，旨在将自然界中生物体的高效、节能、环保和自适应等特性引入人工材料中，以满足现代科技和工业的需求。

1.2.2　仿生功能材料的特征

1. 仿生功能材料的研究方向

（1）结构仿生　仿生功能材料在微观和宏观层面上模仿生物体的结构，如模仿骨骼的多孔结构、模仿植物叶片的微纳结构等。这些结构赋予材料独特的力学性能，如高比强度、高比刚度和良好的韧性。

（2）功能仿生　仿生功能材料通过模仿生物体的功能，如模仿荷叶的自清洁功能、模仿鲨鱼皮肤的减阻功能等，以实现特定的功能，如自清洁、减阻等。

（3）智能仿生　一些仿生功能材料具有智能响应特性，能够根据外界环境的变化（如温度、湿度、pH 值等）自动调整其物理或化学性质，如形状记忆合金、压电材料等。

2. 仿生功能材料的特征

（1）环境适应性　仿生功能材料具有良好的环境适应性。它们能够适应不同的环境条件，如温度、湿度、化学环境等。这种适应性使得仿生功能材料在极端环境下（如在高温、高压、腐蚀性环境中）也能保持其性能。仿生功能材料在设计和制造过程中注重环境友好和可持续性，如使用可降解材料、减少生产过程中的能源消耗和环境污染等。

（2）多功能集成　仿生功能材料往往集成了多种功能，如同时具有电学、磁学、光学、热学、声学、力学、化学、生物学功能等特性，以满足复杂的应用需求。

（3）自修复能力　一些仿生功能材料具有自修复能力，能够在受到损伤后自动修复，如通过微裂纹的愈合机制实现自我修复。

（4）生物相容性　在生物医学领域，仿生功能材料需要具有良好的生物相容性，以确保与人体组织的兼容性，如用于人工器官、组织工程支架等。

（5）高效节能　仿生功能材料的设计和应用往往追求高效节能，如通过模仿自然界中的能量转换和利用机制，提高能源的利用效率。

仿生功能材料是现代科技发展的重要基石，它们的多功能性和高技术性使得它们在众多领域发挥着关键作用。仿生功能材料未来的发展趋势包括：高性能化，开发具有更高性能的仿生功能材料，来满足更严格的应用需求；多功能集成，将多种功能集成到单一材料中，实现更复杂的应用；环境友好，开发对环境影响小、可回收利用的仿生功能材料；智能化，研究具有自我感知和自我调节能力的智能系统。随着研究的深入和技术的进步，仿生功能材料的应用领域将不断拓展，仿生功能材料的性能也将进一步得到提高，为人类社会发展做出更大的贡献。

思 考 题

1. 仿生功能材料是指模仿自然界生物体的结构、功能和特性而开发的材料。这些材料通过哪些途径来实现特定的功能？

2. 随着对多功能材料研究的不断深入，将多种功能集成到单一材料中已成为可能。这种集成化的优势是什么？

3. 简述功能材料的定义与分类。

4. 简述仿生功能材料的定义与特征。

5. 分析功能材料与仿生功能材料的差异性。

参 考 文 献

［1］ 魏通. 功能材料［M］. 北京：科学出版社，2023.

［2］ 李玲，向航. 功能材料与纳米技术［M］. 北京：化学工业出版社，2002.

［3］ 孙兰，文玉华，严家振，等. 功能材料及应用［M］. 成都：四川大学出版社，2015.

第 2 章

仿生力学材料

天然生物材料种类繁多，具有复杂巧妙的组织结构和优异的力学性能。针对天然生物材料的结构和性能进行仿生设计，获得满足某些特定服役环境要求的工程材料，是目前材料研究中的热点之一。在理论研究方面，本章内容介绍了表面科学基础理论，展示了仿生浸润材料、仿生黏附材料的特点和应用。同时，本章针对材料强韧性的仿生设计策略进行了系统描述，展示了仿生摩擦材料和仿生抗冲击材料的特点与应用。

2.1　仿生浸润材料

2.1.1　界面浸润基础理论

1. 基础术语

接触角 θ 是固体表面润湿性定性分析的关键指标之一，指固、液、气三相交界处的固液界面与气液界面之间的夹角，如图 2-1a 所示。接触角作为润湿性的静态测量指标，只是评估表面和液体之间相互作用的一种方法。相比之下，动态测量可以进一步洞察润湿性和动态行为。接触角滞后的测量是动态测量之一，当通过移液管将液体注射到固体表面上形成液滴时，会出现接触角滞后。随着液滴体积及其相应的接触角增大，三相边界保持固定，直到液滴突然溢出。溢出前的接触角称为前进接触角。相反，当液滴被吸出时，接触角随着液滴尺寸和体积的减小而减小，直到完全被吸回。在此过程中，可以获得后退接触角。接触角滞后定义为前进接触角和后退接触角之差，可用于识别固体表面的粗糙度和不均匀性。另一种动态测量，即滑动角的测量，是通过倾斜液滴表面直至其开始滑动来获得的。此外，表面能和表面张力也常用于表征材料的润湿性。

2. 润湿模型

经典的液体润湿理论模型通常包括光滑固体表面的 Young's 模型（图 2-1a）、粗糙表面的 Wenzel 模型（图 2-1b）和非均匀表面上的 Cassie-Baxter 模型（图 2-1c）。

（1）Young's 模型　1805 年，Young 建立了液滴在平整固体表面上的模型，即 Young's

模型。液滴在光滑固体表面的接触角，是固、液、气界面之间表面张力达到平衡的结果，即液滴在平滑表面的静态接触角。

由图 2-1a 可知，接触角与固、液、气三相之间的相互表面张力作用有关。降低固体表面的自由能可增大接触角，提高表面的疏水性。但实验发现，Young's 模型的接触角只能达到 120°左右，与超疏水表面接触角大于 150°的规定不符，故 Young's 模型只适应于光滑均匀的理想模型。

（2）Wenzel 模型　由于现实生活中不存在绝对光滑均匀的表面，故需要考虑表面结构的影响。在假设水滴能完全覆盖粗糙表面凹槽的前提下，Wenzel 对 Young's 模型进行了修正，提出了 Wenzel 模型。一般情况下，由于粗糙结构的作用，物体表面的实际面积会大于其投影面积，所以表面粗糙系数通常情况下大于 1。当 $\theta < 90°$ 时，物体表面粗糙度的增大会使接触角变小，使表面亲水性增强；当 $\theta > 90°$ 时，物体表面粗糙度的增大会使接触角变大，使表面疏水性增强。如图 2-1b 所示，Wenzel 模型是建立在液体完全与固体表面接触的基础上的，即处于固体表面润湿状态。Wenzel 模型对后续研究有重要的启示意义，使研究人员不只关注物体材料性质，即本征接触角对接触角的影响，还可以通过改变表面粗糙度来改变表面的亲水性或疏水性。

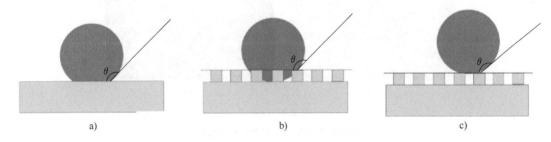

图 2-1　润湿性基础理论及模型

a）Young's 模型　b）Wenzel 模型　c）Cassie-Baxter 模型

（3）Cassie-Baxter 模型　进一步研究发现，亲水表面也可以用来制备超疏水表面，这表明 Wenzel 模型也存在不足。Cassie-Baxter 模型认为粗糙表面与液体接触界面为固、液、气复合界面，对于某些粗糙表面而言，当疏水表面与液滴相互接触时，粗糙表面的凹槽无法被液滴完全填充，这是因为空气储存在凹槽内，即液滴一部分接触空气，一部分接触固体，固体表面粗糙结构的内部凹槽不会被浸润（图 2-1c）。在这种情况下，Wenzel 模型难以适用。对于 Cassie-Baxter 模型，当 $\theta > 90°$ 时，对于一个粗糙的固体表面而言，增大界面粗糙度可以使实际接触角明显变大；当 $\theta < 90°$ 时，由于粗糙表面的凹槽中填充了气体作为阻隔层，实际接触角也会变大。当固、液的接触面积越小时，水滴下方存留的气体越多，疏水性越好；当它无限趋近于 0 时，超疏水性能达到理想状态。

2.1.2　自然界超浸润界面

荷叶（图 2-2）是超疏水表面的典型代表。荷叶表面的微纳结构在凹槽处有"气垫"，能够有效减小水滴与荷叶表面的接触面积，从而抑制荷叶的润湿性，并表现出超疏水自清洁现象。"荷叶现象"代表了具有超低黏附力的 Cassie-Baxter 状态的润湿性。与"荷叶效应"

不同的是，玫瑰花瓣表面表现出超疏水特性，但水滴不能移动并固定在玫瑰花瓣表面。这是因为水占据了微柱之间的小凹槽，但在纳米折叠之间的大凹槽内却形成了"气垫"保持干燥状态。玫瑰花瓣代表了具有高黏附力的 Cassie 浸渍状态的润湿性。与水/空气/固体界面相比，超亲水鱼鳞表面表现出水下超疏油性，这是因为鱼鳞表面的微纳结构内存在水层而不是"气垫"，能够减小油滴与鱼鳞表面的接触面积，从而防止油污的黏附（图 2-3）。随着润湿性研究范围的扩展，在固体表面微结构中引入另一层不混溶的液体层也可以调控润湿性。例如，由于猪笼草内存在光滑的液体注入多孔表面，昆虫很难在边缘区域停下来，并且经常"脱落"并滑入昆虫陷阱中被捕食。这是因为猪笼草表面的粗糙结构中，填充并形成了高度稳定的润滑层。这一特性使猪笼草能够排斥并轻松去除空气中的各种液体，形成超滑表面。此外，与水滴在荷叶上的各向同性滚动行为相比，放置在稻叶或蝴蝶翅膀表面的水滴倾向于沿着平行于边缘的方向落下，表现出各向异性超疏水性，这是由稻叶上具有横向正弦图案的纵向凹槽，而蝴蝶翅膀上则排列着木瓦状鳞片。

图 2-2　荷叶

a）荷叶的光学图像　b）荷叶的扫描电镜图像

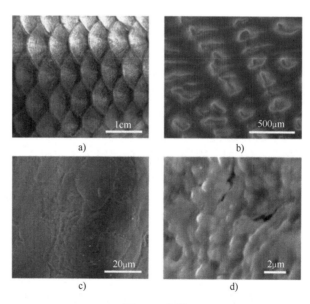

图 2-3　鱼鳞

a）鱼鳞的光学图像　b）鱼鳞的扫描电镜图像　c）放大的鱼鳞扫描电镜图像（表面粗糙）

d）鱼鳞定向乳头的扫描电镜图像（在乳头上可以观察到纳米结构）

自然界中还存在着超疏油表面。例如，细菌（如枯草芽孢杆菌）形成的生物膜或薄膜对许多低表面张力的液体表现出持久的抗润湿特性；叶蝉体表均匀而致密地覆盖着许多分支和高度结构化的颗粒，表现出了拒油性；将弹尾虫浸入水和油中后，弹尾虫表面会覆盖一层明显的保护性"气垫"，这是典型的超双疏表面，通过对约 40 种不同弹尾虫的角质层微米或纳米形态进行分析，研究人员发现，多尺度粗糙度（如六边形、菱形和梳状形貌）和化学成分（如几丁质或蛋白质）的结合赋予了这些跳虫在空气中具有极强的疏油性。上述生物体表为设计超疏油和超双疏表面提供了完美的仿生原型，推动了仿生浸润材料领域的发展。

2.1.3 智能响应浸润界面

智能响应浸润界面是指润湿性能够在响应外部刺激下进行可逆切换的特殊界面，其外部响应主要包括物理响应（温度、光、电场、磁场、应力等）和化学响应（pH、离子、溶剂等）。本节将讨论智能响应浸润界面在不同刺激下的各种响应机制。

1. 温度响应浸润界面

温度响应浸润界面可以对外部温度的变化实现快速响应，进而控制润湿性转变。在过去几年中，通过接枝温度敏感聚合物，如聚（N-异丙基丙烯酰胺）（PNIPAAm）、聚（2-异丙基-2-恶唑啉）、聚（乙烯基甲基醚）和聚［2-(二甲氨基)-甲基丙烯酸乙酯］（PDMAEMA）等，分别在高于或低于其下临界溶液温度的温度下表现出状态转换。例如，PNIPAAm 的临界溶液温度为 $32 \sim 33℃$，PNIPAAm 是研究最深入且广泛使用的用于控制表面润湿性的聚合物之一。PNIPAAm 的热驱动润湿性机制，主要是由于 PNIPAAm 链所贡献的分子内和分子间氢键的配合。当温度低于临界溶液温度时，表面是超亲水的。相反，当温度高于临界溶液温度时，熵贡献将占据主要地位，N—H 和 C ＝ O 基团优先形成分子内氢键，同时分子链之间发生自缩合和自崩解，转变为坍塌构象，排斥水并表现出疏水性。例如，通过水热法制备的热响应 PNIPAAm 改性尼龙膜可以通过改变低于或高于临界溶液温度的温度，切换膜润湿性，表现出亲水性和水下超疏油性或疏水性和超亲油性，从而有效分离各种稳定的油水乳液。

2. 光响应浸润界面

众所周知，光的控制具有快速接触、高分辨率和远程控制等特点，因此通过光响应触发表面润湿性的变化引起了广泛的关注。光响应浸润材料表面的活性分子会发生化学成分、化学构型或极性等可逆变化，从而引起表面自由能的变化，导致润湿性的可逆变化。

具有光触发产生电子空穴对的无机半导体氧化物材料通常用于调节可逆的光响应润湿性，如二氧化钛（TiO_2）、氧化锌（ZnO）、二氧化锡（SnO_2）、三氧化钨（WO_3）、氧化钒（V_2O_5）等。在润湿性调节超润湿性表面的制备中，光敏无机半导体材料主要利用氧空位和羟基在紫外线（UV）照射和暗处理（或热处理）下的自由转化来改变表面化学极性，从而实现可切换的润湿性。制备方法包括直接在光敏材料基底上制备，或通过一定的工艺将光敏金属材料纳米粒子接枝到不同的基底上。以 TiO_2 为例，对其润湿转变机理和制备方法进行简要说明。在紫外线照射下，TiO_2 的电子会从价带激发到导带，产生光诱导的电子-空穴对，导致 Ti—O 键断裂，形成氧空位，从而增强羟基和一些共存分子水的吸附，从而呈现出超亲水状态。在加热过程中，羟基被在缺陷部位具有更强键的氧原子取代，恢复最初的超疏水性能；如图 2-4a 所示，通过简单的阳极氧化和加热过程在 Ti 片上制备了 TiO_2 纳米管阵列，通过 UV 照射和加热处理的交替，可以实现油下超亲水性与油下超疏水性之间的可逆转变；如图 2-4b 所示，通过飞秒激光烧蚀在 Ti 基底上制备规则的微/纳米级分级粗糙 TiO_2 结构，首次通过交替紫外照射和暗储存实现了可切换的水下超疏油性/超亲油性；不同的是，通过超声波辅助浸涂，使用接枝 TiO_2 纳米粒子和十八烷酸制备了智能且坚固的海绵（图 2-4c），在紫外照射和加热下实现了智能可切换的超润湿性和有效的油水分离性能。

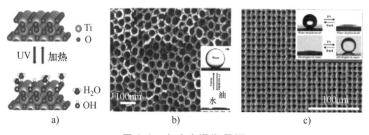

图 2-4　光响应浸润界面

a）锐钛矿 TiO_2（004）小平面晶体结构在紫外线照射和加热下的变化示意图

b）飞秒激光烧蚀 Ti 表面　c）用 TiO_2 纳米颗粒改性的海绵

　　除无机化合物外，由于光异构化诱导的可逆构象转换和/或偶极矩变化，一些有机分子也具有光响应润湿性的特征（响应和恢复时间更短）。例如，具有优异反式/顺式异构性质的偶氮苯化合物，在紫外线和可见光的照射下，容易引起表面极性的转变，从而实现表面润湿性的调节；通过在聚多巴胺（PDA）预处理的多孔网上修饰纳米银松针和氨基偶氮苯制备了具有从高疏水性到超亲水性的可逆光响应润湿性的功能表面。润湿性转变归因于氨基偶氮苯中亲水基团（Ag）和疏水苯环的交替暴露。在紫外线照射下，氨基偶氮苯的 N＝N 键断裂并旋转，导致分子直立的反式异构化转化为分子躺着的顺式异构化，并暴露出亲水性银纳米针。在可见光照射下，分子构象转变为反式，初始的高度疏水性再次恢复，显示出可逆润湿性的转变。

3. 电响应浸润界面

　　相比之下，电场刺激具有超快响应性和方便控制的特性，在表面润湿性智能转变方面具有强大的潜力。许多基于导电聚合物的电响应表面被用来实现可切换的润湿性，如聚噻吩（PT）、聚吡咯（PPy）、聚苯胺（PANI）等。如图 2-5a 所示，通过改变导电聚合物的氧化还原性质，制备具有电响应性可在亲水性与超疏水性之间切换润湿性的超疏水性聚噻吩薄膜。在低电位（1.05V）的开关下，实现了纤维蛋白原蛋白与大肠杆菌超疏水性聚噻吩薄膜上的附着或脱离。通过改变导电无机材料的表面能也可以实现润湿性的转变。如图 2-5b 所示，在铜电极上电沉积锡层，通过电化学原子交替，获得了具有水下超亲水性与超疏油性之间原位可逆超润湿转变的铜/锡体系。锡的沉积可以显著降低铜电极的表面能，并可以通过去除电势来溶解，从而恢复铜的初始高能态，从而可以通过开关电势实现整个原位可逆的超润湿转换。直接将电场施加到液体和导电基底上也可获得可切换的润湿性表面。如图 2-5c 所示，在 22V 电压下纳米结构表面从超疏水状态转变为几乎完全润湿，展现出良好的动态电润湿行为。这种变化依赖于施加的电压和液体表面张力导致的纳米结构层中的液体渗透。

固态电极的厚度也影响润湿界面上水的接触角。当电压为 484V 时，水的接触角为 119°，而当电压消失时，水的接触角为 158°，如图 2-5d 所示。

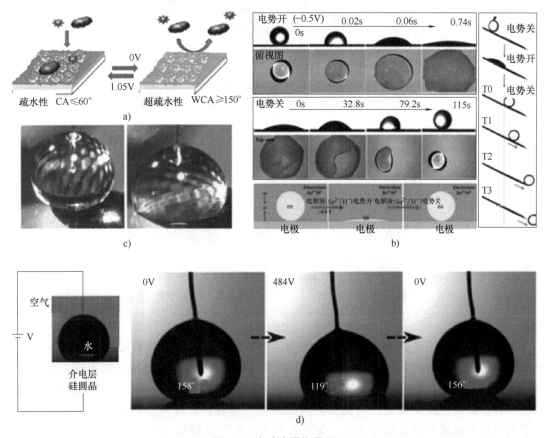

图 2-5　电响应浸润界面

a）蛋白质和细菌在未掺杂（橙色膜）和掺杂（绿色膜）胶体模板聚噻吩膜上的黏附性和润湿性

b）通过电化学原子交替，水下超亲水性与超疏油性之间的原位可逆超润湿转变　c）在液滴和基底之间施加电压，纳米结构基底上的不同润湿状态　d）在 0/484V 下液滴接触角的变化

4. 磁响应浸润界面

磁响应过程具有操作方便、能耗低、安全、响应速度快等优点。磁场驱动的可逆润湿性可以通过嵌入磁性颗粒或磁性流体来动态控制表面特征。磁感应机制主要归因于表面微观结构的变化。例如，将喷涂与磁场定向自组装相结合制造具有磁流变弹性体微柱（MREMP）密集阵列，就是一种常见的磁响应浸润界面。如图 2-6a 所示，通过调节磁场，MREMP 的微观结构从塌陷状态转变为完全直立状态，导致表面黏附力从高黏附状态变为低黏附状态；如图 2-6b 所示，依靠柱内磁性纳米粒子的分布设计驱动磁性微柱阵列，并通过改变磁场梯度的强度和方向使微柱倾斜、扭曲和旋转。同时，由于图案几何形状的磁感应变化，水滴在表面上的滚动角度表现出磁方向依赖的润湿变化。

5. 机械应力响应浸润界面

与上述刺激相比，机械应力诱导表面润湿性转变具有快速、显著、连续、环境友好的特点。表面润湿性的调节机制与磁诱导转变相同，即通过操纵微观结构来实现润湿性的可逆

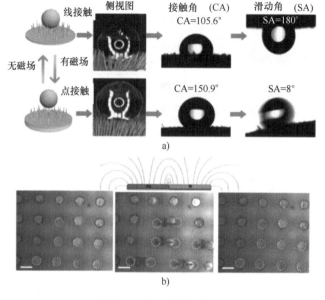

图 2-6 磁响应浸润界面

a）在磁场的开/关切换下，MREMP 的形态诱导的可切换润湿性和黏附性　b）微柱在具有磁梯度的相反方向上的运动调控。

近年来，形状记忆聚合物（SMP）作为一种智能材料，在受到外部刺激变形后可以恢复其原始形状。如图 2-7a 所示，在外力作用下，环氧 SMP 的表面微观结构塌陷，表现出高黏附力。然而，热处理可以利用形状记忆特性使表面微观结构和黏附性能恢复到初始状态，从而实现水滴在表面低黏附力与高黏附力之间的可逆转换。此外，在有无微槽结构的条件下，通过交替的机械应力和热处理，也实现了"荷叶"状随机态与"水稻叶"状一维有序态之间的转变，导致各向同性与各向异性润湿之间的可逆切换。

此外，几种柔性材料也具有类似特性。研究人员借助激光直写技术制造了具有动态润湿行为的智能类皮肤 PDMS 弹性体表面，通过调节作用力的方向和强度可以精细调节表面形貌，完成超疏水润湿性在"莲花效应"与"玫瑰效应"之间快速切换。基于这种变换机制，还可以将智能人造皮肤应用到手指关节上，不需要外部能源供应或器具，仅通过手指运动即可实现水滴的捕捉和释放。同样，通过改变机械应力下的表面微观结构，研究人员基于双束激光干涉光刻和压印光刻在 PDMS 基底上签署了弹性规则柱阵列。处理后的 PDMS 基底的黏附力和滑动角表现出对表面曲率的强烈依赖性，可以实现水滴在钉扎态与滚动态之间的原位切换，从而实现无损失的水滴传输，如图 2-7b 所示。

6. 酸碱度响应浸润界面

由于 pH 是调节环境响应信号最常见和最容易的刺激指标之一，pH 响应物质如今已被应用于药物输送、分离和生物传感器等各个领域。pH 响应浸润界面实现润湿性调控，是因为其表面含有羧基、吡啶和叔胺基团的化合物，可通过官能团的质子化和去质子化反应生成酸性或碱性水溶液。

例如，吡啶是一种酸诱导的溶胀基团，在酸性水溶液下可质子化，常用于 pH 响应性可逆润湿性的转化。通过用 pH 响应性聚（4-乙烯基吡啶）（P4VP）和疏水/亲油聚苯乙烯嵌

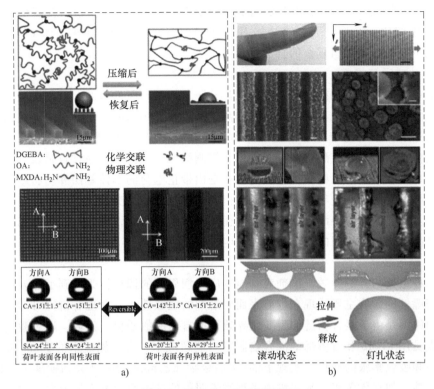

图 2-7 机械应力响应浸润界面

a) 一种基于形状记忆聚合物的可控润湿表面（通过模板热压的方法，表面的润湿性能够在"荷叶"状态与"水稻叶"状态之间可逆切换） b) 在拉伸前后，可穿戴柔性表面的润湿状态（表面的润湿状态可以在滚动态与钉扎态之间可逆转变）

段共聚物对多孔阳极氧化铝（PAAO）膜进行改性，如图 2-8 所示，在 PAAO 膜上制备了具有防污和 pH 响应性油润湿性特征的智能表面，在酸性水中浸泡时，外侧链质子化并暴露，产生亲水性和超疏油性。然而，膜在进入中性水中并干燥的同时，迅速转变为初始的超亲油性。与酸诱导的溶胀吡啶基团相反，羧酸基团是一种碱诱导的溶胀基团，具有类似的 pH 诱导的润湿性。当 pH 值低于（或高于）其酸度系数 pKa 时，羧基将被质子化（或去质子化），从而产生疏水性（或亲水性）。

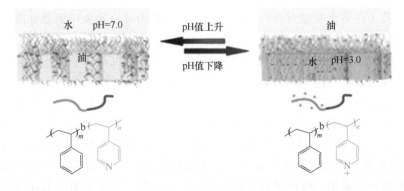

图 2-8 酸诱导的溶胀吡啶基团，PS-b-P4VP 接枝 PAAO 膜在酸性水溶液中可切换油润湿性的示意图

pH 响应性共聚物通常需要相对较长的时间来实现润湿性转变。值得注意的是，与普通自由基聚合物相比，硫醇分子修饰［如 $HS(CH_2)_{11}OH$、$HS(CH_2)_9CH_3$、$HS(CH_2)_{10}COOH$］更有可能减少智能分离材料复杂的合成过程。

7. 离子响应浸润界面

离子响应浸润界面为智能润湿表面的设计开辟了一条崭新的道路，其润湿性调控机理是由阳离子或阴离子电解质及其络合物之间的离子对相互作用引起的。基于可逆抗衡离子交换的特性，采用了一系列由带有季铵化部分的胺或氮杂环组成的材料，如聚吡咯、季铵聚合物、离子液体基聚合物或硫醇季铵分子等用于控制润湿性。例如，通过自组装方法在硅片上制备的具有自组装单层的粗糙结构金表面，就是由带正电荷的季铵基团和脂肪族尾部带有的末端硫醇官能团组成的。这项工作首先通过抗衡离子从氯离子交换到全氟辛酸离子实现了超亲水与超疏水状态的可切换润湿性。结合抗衡离子交换动力学，润湿性的变化归因于四元铵基和全氟辛酸抗衡离子之间的水合过程和强电子-离子配对。

8. 溶剂响应浸润界面

作为一种重要的外部刺激，溶剂对智能响应浸润界面的调控行为得到了深入的研究。周围介质对润湿性的影响主要体现在智能表面对溶剂的敏感性上。据现有研究可知，可切换润湿性转变的原因是由于聚合物链构型变化导致界面自由能的变化。例如，通过激光蚀刻的手段，研究人员用 PDMS 和石墨烯的混合物制造一侧超疏水、另一侧疏水的 Janus 致动器，由于表面张力和吸收膨胀的变化，实现了油/水混合物和乙醇之间的开关切换能力。此外，可以通过添加糖或加水稀释实现水环境中飞秒激光照射的硅表面上的无损油滴传输。当添加糖时，油滴周围的水溶液密度增加，作用在油滴上的浮力大于重力，导致油滴被卷起。通过改变溶液的密度（大于或小于油的密度），可将该表面作为原位"机械手"实现油滴的输送。

2.1.4 仿生浸润材料的应用

通过学习自然界浸润界面的润湿机理，设计和构建的浸润性能可控材料，即为仿生浸润材料。仿生浸润材料往往具有可控性、智能性，已经在许多领域得到越来越多的关注。仿生浸润材料的应用，主要集中在油水分离、集水、防冰、防腐、可编程液滴传输、自清洁等领域。

1. 油水分离

油水分离技术在多个领域有着广泛的应用，主要是为了去除水中的油分或从油中分离出水，以达到环保、安全、节能和提高产品质量的目的。在石油开采、炼油、化工、食品等行业，油水分离是废水处理的重要环节。例如，在石油和天然气开采领域，油水分离技术可用于从开采的流体中分离出原油和水，提高原油的纯度和回收率。在海洋石油泄漏事故处理中，油水分离技术用于快速有效地从海水中分离出石油，减少对海洋生态系统的破坏。在水处理领域，油水分离技术可用于从饮用水或工业用水中去除油分，确保水质安全。在船舶和海洋工程中，油水分离技术用于处理船舶排放的含油废水，使船舶符合国际海事组织（IMO）的排放标准。在食品加工行业中，油水分离技术用于从食用油中去除水分，提高油品质量，延长油品保质期。在机械加工和金属加工行业中，油水分离技术可用于处理含油的冷却液和切削液，以回收和再利用这些液体。近年来，仿生浸润材料已应用于油水分离，如膜基分离材料、多孔海绵基吸收材料、金属/共价有机骨架网格、多孔碳材料、织物和涂料等。通过外部激励可切换润湿性的智能材料，也可应用于复杂环境和高通量、高选择性的混合溶剂，这有利于油水混合物的按需、高效、节能分离。

2. 集水

集水过程涉及一系列物理变化，包括液滴聚集、液滴传输和液滴脱落。高效集水接口的制作需要注意以下三点：①尽可能光滑和疏水的表面结构有助于液滴脱落；②特殊的微观结构有利于液滴的传输；③降低地表水的蒸发速度，可以提高集水效率。大量研究结果表明，疏水表面可以加速液滴脱落，亲水表面有利于液滴传输。因此，构建交替的亲水与疏水表面可以显著提高集水效率，提高水资源的利用效率，缓解水资源短缺问题，以及促进水资源的可持续管理。沙漠甲虫背部的亲水凸包有助于液滴聚集，而疏水性凹陷有助于液滴传输。仙人掌因其表面特殊的锥形刺而非常适合收集水。与仙人掌的锥形刺类似，蜘蛛丝上的纺锤体结构具有定向集水能力。基于蜘蛛丝的定向集水机制，人们提出了许多模拟蜘蛛丝集水材料的制造方法。

3. 防冰

结冰是一种自然现象。然而，不必要的表面结冰将导致严重的事故和灾难。因此，防冰在生产实践中至关重要。具有仿生超润湿特性的表面具有优异的防冰性能。在一定条件下，超疏水表面具有防冰性能的主要原因：①掉落或撞击的水滴很容易通过轻微的倾斜和反弹离开表面，降低液态水含量；②延长冻结时间，使水滴能够长期保持液态，降低冻结概率；③降低冰的黏附强度，在表面结冰后，冰层可因风或自身重力而自发脱落。但在极端环境下，超疏水防冰性能可能会丧失，表面会迅速结冰并完全被冰覆盖。为了防止超疏水表面防冰失效，可以借助外部能量提高表面温度，避免水滴的快速凝结，减少冰晶与微结构的机械咬合。现有的超疏水防冰表面主要包括光热超疏水防冰表面和电热超疏水防冰表面。光热除冰技术是一种将光能转化为热能，使冰融化，或提高表面温度以防止结冰的新型除冰方法。光热超疏水防冰材料的光热转换效应，与超疏水防冰表面相结合，将进一步提高除冰性能。电热超疏水防冰表面是含有导电材料的超疏水表面。当施加电流时，基于电阻的热效应产生热量，从而提高表面温度。然而，这种表面在制备过程中需要导电材料。通常，当导电材料为石墨烯、碳纳米管等非金属物质时，需要在其表面配备额外的电极，这种表面称为非金属电热超疏水防冰表面。当导电材料为金属时，在构建微结构的过程中采用导电颗粒直接形成导电电极，这种表面称为金属电热超疏水防冰表面。电热超疏水材料构建的表面，虽然可以进一步降低能耗，但仍需要额外的供电设备，表面结构比较复杂，电热材料的价格也比较昂贵，所以仅用于特种设备和精密仪器表面。

4. 防腐

铝、铜、镁和钢等金属的腐蚀会浪费自然资源并降低基础设施的性能。提高这些金属的耐腐蚀性是超疏水材料的一个重要应用方面。高疏水性确保了材料表面与腐蚀性介质接触面积显著减小。因此，疏水涂层可以提供额外的腐蚀过程延迟，特别是在与电解质接触的初始阶段或暴露于干湿循环的情况下。通过阳极氧化工艺，可以获得超疏水铝表面，其接触角为171.9°，所得的超疏水表面表现出多孔表面和良好的耐腐蚀性。与铝类似，在铜、镁和钢等金属表面制造超疏水表面同样可以达到良好的防腐效果。然而大多数超疏水表面相对脆弱，容易受到酸雨和有机污染物等室外环境的破坏，这严重影响了仿生防腐材料的应用。

5. 可编程液滴传输

除对静态润湿的控制外，表面润湿性转变还可以通过液滴滑动特性，表现在动态润湿性上。可编程液滴传输通常是由外部刺激下的动态润湿性变化引起的，表现出接触角的差异和两个方向的各向异性润湿行为，可应用于各个领域。例如，基于无动力微药物输送的生物医学、机械工程中的可控自润滑传输、可控微流控系统、农业滴灌远距离输水等。受猪笼草和水稻叶片润湿性的启发，将光滑液体注入由规则微槽构成的表面，所形成的各向异性表面具有定向液滴传输和集水能力。

6. 自清洁

智能润湿材料还可用于自清洁表面的构建。具有低附着力和强拒水性的超疏水表面可以利用水滴的滚动从表面去除颗粒以实现自清洁效果。对难以用水去除的有机污染物，可以通过使用具有超亲水表面的光催化材料（如 TiO_2、CuO、ZnO）进行清洁，这是因为光催化反应可以产生超氧化物阴离子和羟基自由基中间体，能够将水中的有机污染物分解。

2.2 仿生黏附材料

生物黏附是指生物体能够黏附在其他物体表面的现象，这种现象在自然界中非常普遍。例如，海洋生物黏附在海底岩石上，植物黏附在墙壁上等。生物黏附根据其黏附机理通常可分为两类：干黏附和湿黏附。生物黏附的机理涉及多个方面，包括物理吸附、化学键合、范德华力、静电相互作用等。

在自然界中，很多动物或植物使用不同的策略（或原理）在它们所栖息的自然环境中附着或攀爬，这些附着或攀爬策略依赖温度、湿度等环境条件，以及生物的质量、尺寸等物理特征。

壁虎能飞檐走壁，它们的快速攀爬能力与壁虎足垫黏附刚毛的精细结构特征（如高长径比、各向异性和分层）、柔软的结构性能、构成刚毛材料的化学成分（即富含半胱氨酸的β-角蛋白），以及足垫在宏观尺度下的行为（即内收和外翻）相关。生活中常见各种各样的小昆虫，其中一些（如蜘蛛、蚂蚁、苍蝇、甲虫）具有与壁虎足垫类似的黏附刚毛阵列，而其他一些（如蚱蜢、蝗虫、竹节虫）则具有光滑型黏附足垫。在这些具有刚毛型或光滑型黏附足垫的昆虫中，有些是与壁虎类似的干黏附机制，而有些则是湿黏附机制。

腹足类动物，如蛞蝓、蜗牛等，它们的腹足表面被一层黏液覆盖，通过纤毛滑动或肌肉收缩波的形式，能在不同的自然基底表面稳定地缓慢爬动，在它们爬行过的基底表面通常会残留下黏液。

在两栖动物中，树蛙和溪流蛙、蝾螈等能在水中游动、能在淹没的岩石表面或润湿的树叶、树木表面稳定附着和攀爬，这与它们足垫表皮细胞间的沟槽结构、柔软的表皮层材料性质，以及黏性分泌液相关。这类生物的足垫在基底表面形成非常好的接触状态，通过接触界面分泌液膜提供的表面张力实现湿黏附。

在水生动物中，贻贝通过足丝牢牢地黏附基底表面，足丝末端存在一个非常柔软的椭圆形膜层或液体分泌液层，能复制几乎所有基底表面的轮廓，获得高的接触面积。章鱼、喉盘鱼、爬岩鳅等通过身体表面的吸盘结构在水下实现稳定的吸附和轻松的脱附。这些水生动物通过必要的肌肉驱动在环境和吸盘的空腔内部产生一个压力差，由于介质水的不可压缩性，吸附策略在水下最有效。然而，水蛭作为半水生动物，它们利用头部和尾部的吸盘结构在水下或陆地表面都能实现很好的吸附和脱附运动，即使刚出生的小水蛭也有非常小的吸盘结构，能在基底表面自由吸附和脱附。此外，喉盘鱼和爬岩鳅腹部吸盘的外边缘，还显示了刚毛结构或凸起的多边形表皮细胞结构，这些复合的结构特征可能在水下粗糙壁面的黏附和摩擦增强中发挥重要作用。

　　在植物中，一些爬墙类藤本植物，如爬山虎、常春藤等利用从茎部生长出来的吸盘（类似于动物的光滑黏附垫）或气生根能将自身牢牢地固定在墙壁或岩石表面，然后向上生长。吸盘或气生根通过与墙壁表面的凹凸轮廓紧密贴合产生极强的附着力，即便是干枯了的吸盘或气生根结构，也需要施加较大的力才能使其从墙壁脱落。

2.2.1　生物结构黏附

　　众多具有全空间附着能力的生物进化出了多种黏附功能结构，这些结构具有在各类表面上可控黏附/脱附的能力。从海洋中的章鱼、贻贝，到陆地上的爬山虎、苍蝇、蜘蛛、壁虎等，甚至是细胞尺度的冠状病毒，这些生物的黏附功能单元都具有微结构阵列的特征，黏附单元微结构末端的形态与黏附功能之间有着密切的相关性，如图2-9所示。

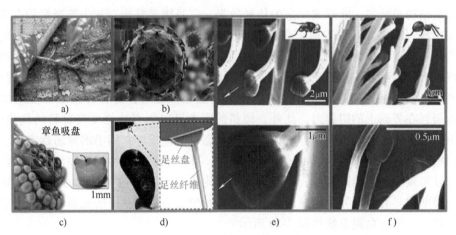

图 2-9　自然界中生物附着单元具备的典型末端结构形貌

a）爬山虎的脚　b）某种冠状病毒的模拟图　c）章鱼的腕足吸盘结构　d）贻贝足丝的黏附示意图
e）苍蝇的黏附纤维结构　f）蜘蛛的黏附纤维结构

　　冠状病毒的刺突、章鱼腕足吸盘、贻贝足丝末端等的生物黏附结构的末端形貌具有明显的对称性，且其黏附单元微结构在纵剖面上的形状也总是对称的。这种对称黏附结构的膨大末端赋予了单元微结构较大的实际接触面积，并对称性地围绕在纤维单元柱身周围，通过膨大末端和纤维单元柱身的协同作用，使接触应力和脱附应力都集中于中心区域，在大气或水中会形成一定的负压腔，产生额外的负压吸力，增强抵抗脱附的能力。这种黏附单元微结构甚至不需要额外的预紧力进行辅助，就能够获得强大的黏附性能，稳定地附着在目标表面。但也由于这种极其稳定的黏附特性，多见于偏向静态的黏附功能系统中。而在对全空间运动生物体黏附结构的研究中，较为典型的生物学案例是关于壁虎脚趾、皮瓣、刚毛、抹刀状匙突独特形态的发现。

1. 壁虎脚掌的干态黏附

壁虎超强的攀爬本领要求其在攀爬过程中，足垫与基底表面之间产生高的黏附力和摩擦力以克服自身重力，同时又能快速剥离基底表面。研究发现，壁虎足垫的强黏附性和易脱附性不仅与其脚趾的宏观行为（内收和外翻）相关，还与脚趾垫表面的分层结构相关。

壁虎的运动黏附器官是一种典型的多层级分布式系统，每个脚掌上有五个独立分布的脚趾，每个脚趾上分布着 10~15 个弧形皮瓣，皮瓣上覆盖着数百万根微纳米尺度的刚毛，每根刚毛的长度为 30~130μm，直径为数微米，约为人类头发直径的十分之一。刚毛的末端又分叉形成更细小的铲状绒毛（100~1000 根），每根绒毛长度及宽度方向的尺寸约为 200nm，厚度约为 5nm。这些刚毛主要为具有高弹性模量（2~4GPa）的 β-角蛋白组成，以及少量的 α-角蛋白。壁虎脚趾在运动中的机械形变会导致其表面微纳结构与基底接触的状态变化，从而由良好的结合状态（强范德华力、高黏附力）通过剥离的裂纹扩展机制变为脱离状态（弱范德华力、低黏附力）。这赋予了壁虎快速可逆可切换的摩擦黏附能力。

壁虎复杂又精细的刚毛结构，具有众多的优势。一是精细的刚毛结构导致刚毛材料的有效模量显著降低，提高了材料的柔顺性，使得刚毛可以与基底表面形成更好的接触，进而产生更大的黏附力。二是刚毛结构形成了"接触细化"，可以形成 n 个独立的接触，更有利于提高黏附。除壁虎外，苍蝇和甲虫等也会形成"接触细化"，值得注意的是，体重越大的动物，其末端结构越精细，能形成更好的接触效果。三是刚毛结构对灰尘等颗粒物有更大的容忍性，在粗糙（有缺陷）的表面上仍然能保持强的黏附力。如果接触界面处的缺陷导致个别区域的接触变差，更为精细的刚毛结构则可以减小这种接触缺陷带来的影响。值得注意的是，壁虎脚上的刚毛并不垂直于支撑层（片层结构），而是有一定的倾斜角度。理论来说，倾斜的刚毛阵列具有更低的有效弹性模量；与基底相接触时，对各种接触面的适应性会更高，从而增强在界面上的附着力。此外，倾斜的刚毛可以更有效地提高材料的抗疲劳程度，提高刚毛的稳定性。研究也表明，壁虎的爬行状态也与壁虎脚掌刚毛的倾斜性有关。有趣的是，当向壁虎脚趾表面垂直地施加一定的负载时，并不能明显地检测到黏附力。而沿着脚趾表面向脚趾末端滑动一定距离后，才能检测到黏附力（也称为剪切黏附力）。因此这种倾斜的刚毛使得壁虎具有各向异性的黏附，在需要的时候才会黏住基底的表面，有利于更好地控制自身的运动。壁虎黏附系统如图 2-10 所示。

然而，由于壁虎黏附足垫表面的刚毛阵列具有高长径比特征、成角度的或倾斜的结构特征、多尺度的分层结构特征，以及刚毛尖端的平铲形结构特征，这会使刚毛阵列的有效弹性模量显著降低。研究发现壁虎刚毛阵列在垂直方向和45°角方向压缩时，对应的有效弹性模量分别约为 83kPa 和 86kPa。综上可知，壁虎利用足垫高密度的刚毛阵列（数百万根）和其柔软的结构性质，通过"接触细化"能在不同的基底表面实现非常紧密的接触，增大真实的接触面积，进而获得更好的黏附和摩擦性能。科学家们通过研究壁虎的这种微观结构，设计出了新型的黏附材料，这种材料可以广泛应用于超强黏附表面、可重复使用的胶带、微型爬壁机器人等。

壁虎的黏附力主要依赖的是脚趾垫与接触面之间的范德华力，当有液体存在时，该黏附力会大大降低。而有些动物，即使在潮湿有水的叶面上也可以进行很好的黏附，这与其脚趾垫的微观结构及分泌的黏液密不可分，这种黏附也称为湿态黏附。其中，具有平滑黏附垫的树蛙、蝗虫是湿态黏附的典型代表。值得注意的是，湿态黏附机制与壁虎完全不同且更加复

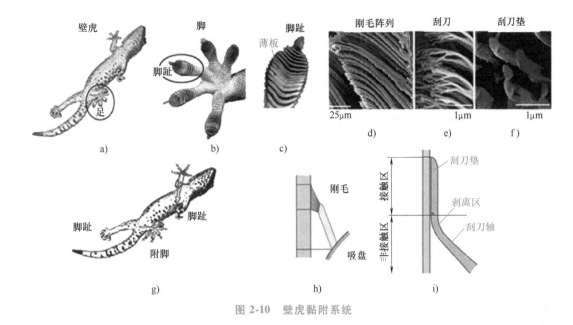

图 2-10　壁虎黏附系统

杂，毛细力、斯蒂芬（Stefan）黏附力甚至范德华力都与其有密切的关系。此外，在自然生活中，小昆虫多是生活在潮湿的环境中，因此即使其脚掌具有刚毛结构，蚂蚁、苍蝇、甲虫等也都属于湿态黏附。

2. 树蛙的湿态黏附

树蛙在干燥和潮湿表面都能获得良好的黏附性能，甚至可以在柔软的叶子上牢固地黏附、攀爬跳跃，这与树蛙脚趾垫上的微观结构息息相关。树蛙的脚趾垫表层不是完全光滑的，而是具有多尺度的微观结构，如图 2-11 所示。脚趾垫由紧密排列的上皮细胞构成（约 $10\mu m$ 宽），上皮细胞之间被约 $1\mu m$ 的沟道隔开，上皮细胞的平均高度约为 $5\mu m$。大多数的

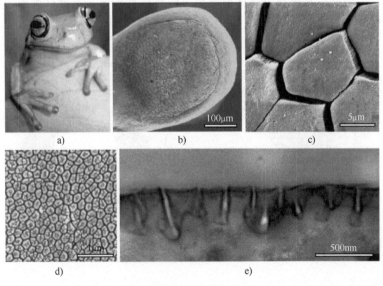

图 2-11　树蛙结构

上皮细胞六边形的柱状结构，约占上皮细胞的 55%，而其余的细胞是四边形、五边形和七边形。同时，多边形的上皮细胞由许多直径 300~500nm、高度 200~300nm 的纳米柱阵列紧密排列形成，单个纳米柱则由密集排列的角蛋白纳米纤维束组成，并具有凹面结构。由于沟道和纳米柱阵列的协同作用，因此不论接触面光滑还是粗糙，树蛙都可以与接触面紧密接触，从而增强黏附力和摩擦力。

此外，树蛙脚趾垫上的多边形阵列的表面，零散分布着一些不规则小孔，这些小孔就是树蛙分泌黏液的腺孔。黏液通过腺孔进入脚趾垫的沟道和凹槽中，使得整个脚趾垫一直保持润湿状态。黏液可以完全填充脚趾垫表面的凹形空间，并在接触面边缘形成新月形黏液桥，气/液界面的表面张力产生毛细作用，促进湿态黏附。由树蛙脚趾垫分泌的黏液在脚趾垫与基底表面之间形成的薄液体膜的表面张力（即毛细力）是湿黏附力的主要来源。当用肥皂等化学洗涤剂洗涤树蛙脚趾垫表面后，树蛙黏附力就大大降低，这证明毛细作用是湿黏附的主要来源。接触面内黏液的厚度为几纳米，黏液的存在除产生毛细力外，还能随脚趾垫移动产生一个依赖于黏度的动态力，称为 Stefan（斯蒂芬）黏附。洪流蛙之所以能在水中黏附，主要依赖 Stefan 黏附，是因为当脚趾垫完全浸没在水里时，毛细力已不复存在。总之，黏液的存在对树蛙的湿态黏附具有重要作用。

3. 章鱼的吸盘结构黏附

在自然界中也存在另外一类动物，可以在有水的环境中通过吸盘的作用吸附在物体的表面，章鱼就是其中的典型代表。章鱼栖息在 0~100m 的海里，科学家们一直试图找到章鱼水下超强黏附能力的秘密。研究发现，这与它灵活有力的腕足微观结构密不可分。章鱼有八条灵活的腕足，每条腕足均有两排肉质的吸盘。图 2-12 为章鱼及吸盘结构示意图。单个吸盘可分成上、下两部分：下部的漏斗状结构——吸盘外腔（I）和上部的杯状结构——吸盘内腔（A）。吸盘内腔有一个凸起，凸起表面覆盖着致密的微绒毛，称为内腔凸起（p）。内外腔连接的端口称为孔口（o）。除内腔凸起（p）外，吸盘由三种类型的肌肉纤维组成：径向（m）、周向（c）和经向（r）。径向肌肉纤维遍布整个吸盘壁，周向纤维以同心圆状分布在吸盘外腔表面，经向纤维从吸盘近端区沿着整个吸盘向外辐射。三种纤维束为章鱼提供骨骼般的有力支撑和运动的力量。

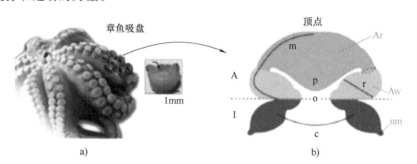

图 2-12　章鱼及吸盘结构示意图

a）章鱼　b）吸盘结构示意图

A—吸盘内腔　I—吸盘外腔　Aw—内腔壁　Ar—内腔顶　o—孔口　p—内腔凸起

nm—吸盘边缘　m、c 和 r—径向、周向和经向肌肉纤维

章鱼可以数小时附着在基底表面，这就要求章鱼必须时刻保持肌肉收缩，这也消耗了大

量的能量。章鱼吸盘的黏附机制：在附着之前吸盘内腔顶部的结缔组织预拉伸，储存弹性形变能，与基底接触时，弹性形变产生拉力，形成密封腔，防止外部的水吸入盘内，然后吸盘内腔的径向肌肉纤维束收缩，吸盘内压力降低，从而实现黏附。

Tramacere 等在 Kier 和 Smith 黏附理论的基础上进一步完善，提出了一种更加符合章鱼吸盘形态的黏附机制（图 2-13）。吸盘黏附分为四个阶段：首先，吸盘外腔与基底接触，形成密封区，该阶段 $P_i = P_a = P_e$；其次，内腔的径向肌肉纤维收缩，使吸盘中的水产生张力，导致内部压力降低，产生吸力，此时 $P_i = P_a < P_e$；再次，内腔的经向肌肉纤维收缩，使得内腔凸起与孔口表面接触，孔口关闭，该阶段 $P_i = P_a < P_e$，但是吸盘内形成两个室，一个位于内腔，一个位于外腔；最后，所有肌肉纤维（包括径向和经向）停止收缩，内腔凸起在弹力作用下与孔口表面分离（图 2-13 中白色箭头）。该弹力与外腔室包覆的水的内聚力（图 2-13 中灰色箭头）和内腔凸起表面的微绒毛产生的附着力（图 2-13 中黑色箭头）达到平衡，即使吸盘的肌肉纤维不收缩（不消耗能量），也能维持黏附状态。

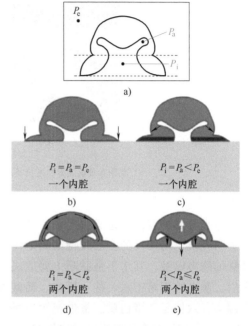

图 2-13　章鱼吸盘的黏附机制
a）吸盘结构示意图　b）外吸附力
c）内吸附力　d）内压缩力　e）内部产生负压力

2.2.2　生物材料黏附

贻贝、藤壶等海洋生物可分泌胶黏剂在礁石、船底，甚至动物甲壳等各种表面形成永久黏附，且黏附具有极强的耐水性和耐用性，在巨浪冲刷下仍能紧紧附着于基底。这种湿润条件下的高效生物胶黏剂多为多蛋白混合物，在水环境中合成，且无毒、对环境友好。

贻贝足腺分泌足丝，足丝末端的黏附盘黏附在基底表面。足丝的主要组成是各类蛋白质。到目前为止，从紫贻贝（Mytilus edulis）中提取的黏附蛋白，是现在唯一商业化应用的黏附蛋白，如图 2-14 所示。在紫贻贝黏附盘内，至少有五种类型的足丝蛋白，其中 L-3,4-二羟基苯丙氨酸（多巴胺）的含量各不相同。足丝蛋白 Mefp-1 用于包覆足丝纤维，Mefp-2 参与足丝黏附盘的形成，Mefp-4 负责连接足丝纤维与足丝黏附盘，而 Mefp-3 和 Mefp-5 集中分布在黏附盘与基底界面处，其多巴胺含量最高，分别为 27% 和 21%，主导足丝黏附盘的黏附性。

与贻贝多巴胺黏附体系类似，管状生物沙塔蠕虫分泌的胶黏剂中同样含有大量的多巴胺片段，多巴胺与组成蛋白中的部分半胱氨酸形成交联，使液态胶黏剂发生固化。胶黏剂中高含量的磷酸盐，将大部分丝氨酸磷酸化，液态胶黏剂的 pH ≈ 5，海水的 pH ≈ 8.2，两者之间的 pH 梯度准确控制了胶黏剂发生固化的时间。胶黏剂中有大量非矿物形态的钙镁离子，可以保持胶黏剂结构和力学性能，当钙镁离子的浓度降低时，胶黏剂最大黏附力降低一个数

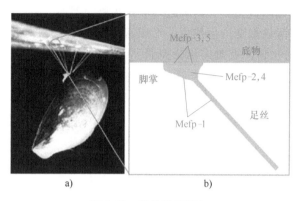

图 2-14　贻贝黏附蛋白

a）黏附在玻璃表面的贻贝及黏附足丝　b）足丝与基底界面间的蛋白质

量级。

藤壶分泌的胶黏剂是透明无黏性液体，通过毛细管作用渗透至基材空隙，逐渐聚合形成不透明胶块。与贻贝的多巴胺特征黏附体系和相对简单的蛋白质结构不同，藤壶胶中没有转录修饰物多巴胺，其水下强黏附主要取决于蛋白质骨架构造、氨基酸组成及分子间非共价键作用。藤壶胶不溶于水、盐、稀酸、稀碱等溶液。目前，藤壶胶中已确认的六种蛋白质共分为四类：六偏氨酸蛋白质、带电富氨基酸蛋白质、疏水蛋白质和酶（图 2-15）。蛋白质 cp-100k 和 cp-52k 能将其他蛋白质连接起来，进而形成具有强黏附特性的骨架，这对藤壶胶的极难溶性起到重要作用。含量较少的蛋白质 cp-19k 在水中可吸附至金属、玻璃、聚乙烯、聚苯乙烯、TiO_2 等材料表面，并快速形成稳定黏附层，这是藤壶与其他异质材料发生黏附的重要原因。蛋白质 cp-20k 中有较高含量的半胱氨酸和带电氨基酸（如天冬氨酸、谷氨酸、组氨酸），黏附层中所有半胱氨酸残基均为分子内二硫键，蛋白质分子间以非共价键作用结合。

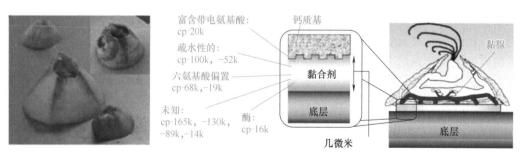

图 2-15　藤壶胶中的蛋白质

水生细菌新月柄杆菌在长期水流冲力下的强黏附，原生生物有孔虫的水下胶黏剂，以及棘皮动物管足分泌的黏性物质，这些生物胶黏剂都将有助于启发人们开发新型仿生黏附材料。

2.2.3　仿生黏附材料的应用

干黏附是一种基于范德华力的附着效应，壁虎脚掌刚毛的微纳结构可为开发干黏附垫片提供思路（图 2-16），这些黏附垫片可以应用于腿式、轮式及履带式攀爬机器人和机械爪中，从而实现攀爬机器人和机械爪在光滑表面的可靠高效附着。湿黏附是一种基于毛细力和斯蒂芬黏附力的附着效应，通过模仿树蛙、昆虫等动物的黏附垫结构，仿生黏附垫实现了在湿滑表面的附着，可应用于攀爬机器人、软体机器人与可穿戴装备中。除上述微观机理外，生物还可通过钩挂、互锁、夹持等宏观方式产生附着力，称为机械力黏附。机器人使用仿生钩爪和手爪可有效附着在岩石、树木等粗糙表面。一些动物还可通过由肌肉驱动且具有特殊表面结构的吸盘，与被附着面产生环境压差附着。研究人员成功研制了仿鮣鱼、章鱼等吸盘，实现了跨介质附着，提高了人工吸盘的表面适应性与密封能力。

　　国内外仿生黏附材料的研究正如火如荼，仿生黏附材料在航空、航天、医疗、机械、建筑等领域也有着广阔的应用前景。

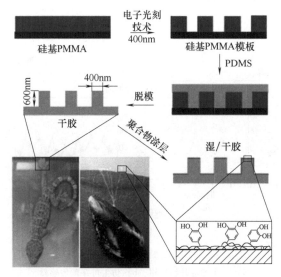

图 2-16　干/湿可逆纳米复合粘胶的制备

　　针对手术夹钳和可穿戴传感生/机表面的湿滑脱问题，根据树蛙脚掌利用其微纳多级结构形成的独特界面液膜调控行为，引入仿树蛙脚掌强湿摩擦机制，通过生/机表面间形成的纳米液膜来增强毛细吸附作用，达到了无外压力下产生强湿边界摩擦的效果。结果表明可以有效增强夹钳在低夹持力下的摩擦力并减小组织变形量，降低组织损伤率，增强可穿戴传感表面对皮肤汗液承受性能，提高传感精准度，如图 2-17 所示。这为湿滑表面增大摩擦力提供了一种新的方案，为实现精准医疗、可穿戴传感等领域的湿增摩擦力提供了新思路和新方法。

　　胶黏剂在现代日常应用中起着至关重要的作用，这促使人们对胶黏剂来源、成分、使用和处置的环保意识不断提高。传统水性胶黏剂生产中的复杂或能源密集型制造工艺，经常会产生环境问题。以蜗牛为灵感的可持续有机无溶剂黏合剂（SFA）可通过使用生物聚合物形成的凝聚物模拟蜗牛黏液，在不同基材上表现出高黏合强度，如图 2-18 所示。在自然条件下，通过使用阳离子 ε-聚-L-赖氨酸（ε-PLL）和阴离子聚谷氨酸（γ-PGA）作为构建单元凝聚物进行物理交联制备 SFA。SFA 在陶瓷上的黏合强度达到 28MPa，具有搭接剪切黏合（胶合面积 3cm^2）和拉伸强度黏合（胶合面积 1.5cm^2）的功效，可承受 75kg 的男性质量。SFA

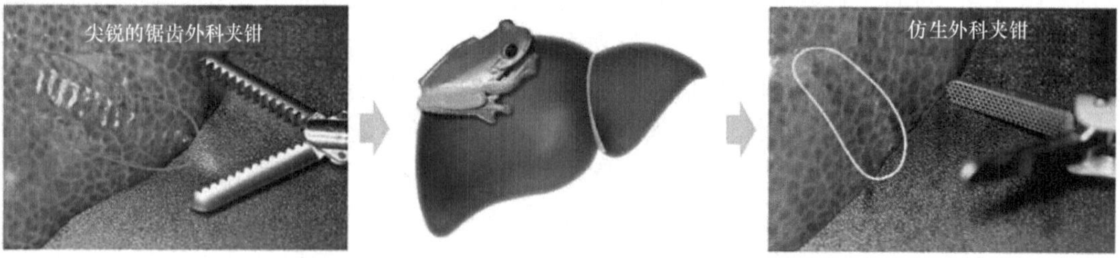

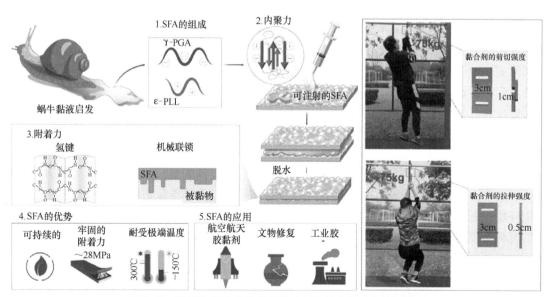

尖锐的锯齿外科夹钳

仿生外科夹钳

a)

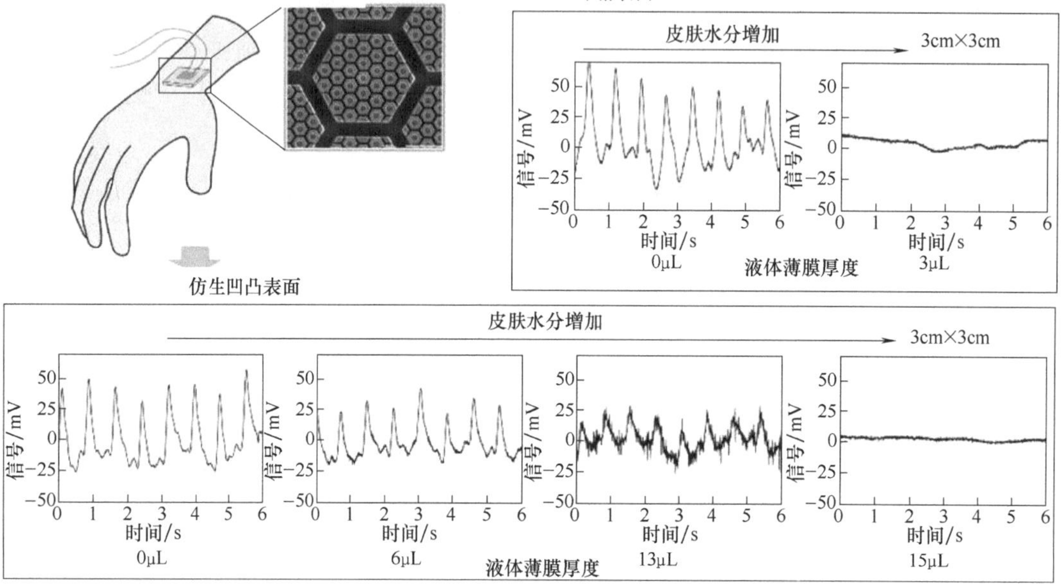

平滑表面

皮肤水分增加

3cm×3cm

信号/mV

时间/s

0μL

时间/s

3μL

液体薄膜厚度

仿生凹凸表面

皮肤水分增加

3cm×3cm

信号/mV

时间/s

0μL

信号/mV

时间/s

6μL

信号/mV

时间/s

13μL

信号/mV

时间/s

15μL

液体薄膜厚度

b)

图 2-17　湿黏附仿生表面应用

a）仿生感应外科夹钳　b）仿生可穿戴传感器

蜗牛黏液启发

1.SFA的组成

γ-PGA

ε-PLL

2.内聚力

可注射的SFA

脱水

75kg

黏合剂的剪切强度

3cm　1cm

3.附着力

氢键

机械联锁

SFA

被黏物

75kg

黏合剂的拉伸强度

3cm　0.5cm

4.SFA的优势

可持续的

牢固的附着力～28MPa

耐受极端温度 300℃ -150℃

5.SFA的应用

航空航天胶黏剂

文物修复

工业胶

图 2-18　以蜗牛为灵感的可持续有机无溶剂黏合剂（SFA）

在−150~300℃的宽温度范围内表现出强大的黏合性能，并且在不影响黏合性能的情况下具有可重复使用性。此外，使用无毒的碱性溶液可以很容易地去除它。该研究为开发由可再生材料制成的高性能、可重复使用的黏合剂提供了理论基础，非常适用于工业应用、遗物修复，甚至航天器加工领域。

相比之下，植物体系中的黏附行为研究则屈指可数，对应的仿生学探索更是少之又少。但是，植物体系的黏附行为及仿生制造研究也是不可或缺的，而且意义非凡。仿生学产品维可牢（Velcro）尼龙搭扣的广泛使用就是最佳证明（图2-19）。受黏附在裤脚和宠物狗身上的植物牛蒡子果实启发所制备的一种钩环粘扣件（图2-19），现已成功应用在生活的各个方面，诸如服装、运动鞋等，而且在医疗、军事、航空等领域也有着特别的用途。

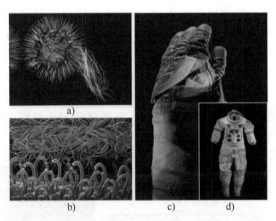

图2-19　受植物启发的维可牢粘扣件及其应用

a）植物牛蒡子果实　b）钩环粘扣件　c）钩环粘扣件在航空手套中的应用　d）钩环粘扣件在宇航服中的应用

2.3　仿生摩擦材料

仿生摩擦材料是一种借鉴生物体的减摩、抗黏附、增摩、抗磨损及高效润滑机制，从几何、物理、材料和控制等角度优化工程摩擦副性能的材料。仿生摩擦材料的研究涉及多个学科领域，包括生物学、生物物理学、生物化学、物理学、控制论和工程学等。它的主要目标是开发出具有优异综合性能的材料，包括良好的剪切强度、降噪性能、摩擦性能和耐磨性能。在制备仿生摩擦材料时，可以采用多种技术手段，如增强层、增韧阻尼层和耐磨层的设计，以及使用特定的组分，如钢纤维、羧甲基纤维素、硬脂酸、树脂、改性酚醛树脂、聚丙烯酸酯等。此外，还可以使用造粒技术、部分造粒技术、第二黏结剂和仿生结构设计等手段来开发新型摩擦材料。

2.3.1　仿生耐磨材料

仿生耐磨材料是一种受自然界生物体启发而设计的工程材料，旨在模仿生物体表面的耐磨特性，从而改善工程应用中的磨损问题。这种材料的设计灵感，来源于自然界中生物体经过长期进化而形成的独特结构和功能，如贝壳、穿山甲、竹材、蚯蚓等生物体的耐磨特性。

1. 仿贝壳耐磨材料

水生动物的摩擦磨损研究，主要集中于同属于优良天然生物复合材料的潮间带贝类。贝壳珍珠母以其所具有的"砖-泥"式微观结构而闻名，如图 2-20 所示。贝壳珍珠母结构主要由 95%~99% 的晶体状无机矿物质和 1%~5% 的有机蛋白成层相间排列而成。最外层为角质层，主要由壳基质组成，能耐酸碱的腐蚀，起保护贝壳的作用；棱柱层较厚，通常由角柱状方解石构成；珍珠层为最底层，常由叶状文石组成，是一种优异的有机-无机界面复合材料，贝壳珍珠层微结构尤其是文石晶体的结晶学取向性，是珍珠层具有优异力学性能和珍珠光泽的重要原因。对于不同种类贝壳，珍珠母晶片的厚度为 0.3~1.5μm 不等；对于同种贝壳的珍珠母，晶片厚度则是基本相同的。晶片的形状呈小平板状，大多为六边形，如图 2-20c 所示，板面与贝壳壳面平行，板面径长为 5~8μm。各晶片相互堆砌镶嵌、成层排列，相邻层间的晶片边界线互相错开，形成一个相互重叠的中心区域和一个重叠区域，如图 2-20e 所示。根据晶片的不同排列方式，珍珠母可分为柱状和片状两种，柱状珍珠母的结构中文石晶片排列较为有序，每相邻两层的文石晶片端部的错开距离基本保持一致，故从侧面（横截面）看上去各层晶片边界连接成柱状；片状珍珠母的结构中晶片的排列则显得无序一些。作为生物陶瓷材料，贝壳除了具有高强韧性外，通常还表现出良好的耐磨特性，如珍珠蚌的干滑动耐磨性甚至可以与类金刚石碳涂层相比。

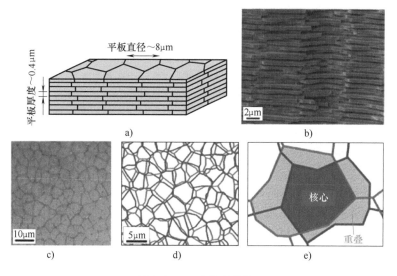

图 2-20　贝壳微观结构

a）砖层结构　b）实物图　c）显微镜结构图　d）分格图　e）核心区域

2. 仿穿山甲鳞片耐磨材料

穿山甲鳞片是穿山甲挖洞扒土的有效工具，在整体形态上具有一定的曲率变化，外表面呈宏观非光滑形态，是典型的双向等强度的板壳结构，有一定的回弹能力，既坚固耐磨，又利于减黏脱土。穿山甲鳞片表面呈现出纵向棱纹与横向凹槽交错变化的非等格几何网状形态。材料分析表明，穿山甲鳞片由极细的棱柱结构单元和叠片结构单元混合形成，蛋白组成主要为 α-角蛋白和 β-角蛋白。在干摩擦磨损条件下，由于起始磨屑黏附于对摩物而形成鳞片-鳞片接触面，从而有利于减小摩擦系数并进入稳定的磨损阶段。穿山甲鳞片磨损速率是载荷和滑动速度的函数，当载荷较小时，磨损速率迅速增大；而当载荷超过 50N 或 70N 时，磨损速率开始逐渐降低；且高速下的磨损速率显著大于低速下的磨损速率。在自由式磨料磨损条件下，穿山甲鳞片具有显著的摩擦磨损各向异性特征。当磨料平行于棱纹方向（纵向）滑动时，棱纹上接触应力分布均匀，磨料既不发生滚动效应也不发生引导效应，从而使鳞片表现出较强的耐磨性；但当磨料滑动方向与棱纹垂直（横向）时，在棱纹迎砂面具有更高的接触应力，从而导致更为严重的磨损。在挖掘行进过程中穿山甲鳞片主要经历的是纵向纹理磨损，可见这是在长期进化过程中优化形成的特殊表面形态，具有优良的耐磨损性能。

3. 仿竹材耐磨材料

目前，关于植物摩擦磨损研究主要集中于竹材这种性能优良的天然生物复合材料。竹子是一种以维管束纤维为强化组织，以薄壁细胞为基本组织的天然生物材料。长期的自然进化和基因控制的生物自组装过程沿着竹壁层方向形成了一个多尺度、多层次的梯度结构。竹的多层梯度结构如图 2-21 所示。在毫米尺度上，竹子形成了典型的维管束功能梯度结构，维管束体积分数沿壁层方向从外向内减小。在微观尺度上，竹子平行连接形成了由维管束纤维和薄壁细胞组成的两相复合结构。在纳米尺度上，竹子形成了以木质素和半纤维素为基质，

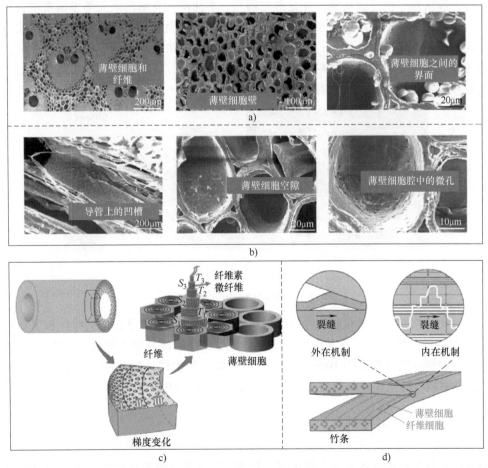

图 2-21　竹的多层梯度结构

a) 电镜图　b) 细胞壁结构图　c) 梯度变化　d) 断裂示意图

以纤维素为增强相的复合结构。竹材的主要化学组分木质素将纤维素有机联系起来,可吸收冲击能量,避免局部压力集中,有效抑制裂纹扩展,其作用相当于能量储存系统。竹竿的纤维体积分数沿径向由外向内逐渐减小。竹原纤维是竹材的主要组成成分。竹原纤维按一定的取向,以同心圆的形式交替组成。宽层纤维相对于中心轴取向角为3°~10°,薄层取向角为30°~90°,大多数在30°~45°范围内取值,这是竹子具有高耐磨性及优良力学强度的主要原因。竹材的拉伸强度、纤维密度、弹性模量、弯曲强度等性能,都是在竹青部分有最高值,而后沿着厚度方向逐渐降低。由于竹纤维的密度从表到里逐渐减小,且竹纤维的硬度高于基体材料的硬度,故竹材表层的耐磨性最高,具有可以与工程合金相比拟的性能。

4. 其他仿生耐磨材料

通过对新疆岩蜥体表磨损特性进行研究,研究人员揭示了岩蜥体表抗冲蚀特性是鳞片间凹槽形态(图2-22a)、皮肤多层结构与梯度材料(图2-22b)耦合作用的结果。对岩蜥抗冲蚀机制的进一步研究表明,材料耦元的刚性强化和柔性吸收机制是材料具有良好抗冲蚀特性的重要因素。当鳞片受到冲击时,法向分力被鳞片表面具有变形能力的角皮层和皮下结缔组织所吸收,而切向分力则被鳞片间的柔性连接所分散和吸收,从而极大程度地降低了冲蚀磨损。此外,沙漠蝎子抗冲蚀功能同样是形态耦元、柔性耦元及结构耦元等多因素耦合作用的结果。背板表面的凹槽和凸包属于形态耦元;背板的连接膜及背板和腹板的连接侧膜由于具有良好的收缩性,属于柔性耦元;而体表硬质相角质层、角皮层与其下软质相的中层、结缔组织层等构成软硬相间的梯度材料,属于材料耦元,其中,硬质相能减少切削和犁削,软质相能吸收沙粒冲蚀的能量,从而有利于抵抗冲蚀磨损。

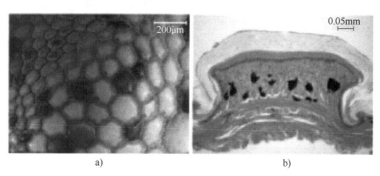

图 2-22　新疆岩蜥皮肤

a)头部表面形态　b)皮肤切片

经过对比,根据沙漠蜥蜴的抗冲蚀磨损耦合机制设计加工的单元仿生样件和耦合仿生样件(图2-23)的抗冲蚀性,可以得出沟槽形态仿生样件的抗冲蚀性提高约20%,壳复合结构仿生样件的抗冲蚀性提高约10%,而形态-材料耦合仿生样件的抗冲蚀性能最多可提高约39%,这说明耦合仿生样件具有比单元仿生样件更好的抗冲蚀效果。

2.3.2　仿生减阻材料

当流体在真实环境中流过一个物体时,根据不同的情况可能会产生许多类型的阻力,如摩擦阻力、形状阻力(压差阻力)、诱导阻力、波动阻力和干涉阻力等,其中摩擦阻力和形状阻力是最常见也是影响最大的两类阻力,目前的减阻技术主要研究如何降低这两类阻力的

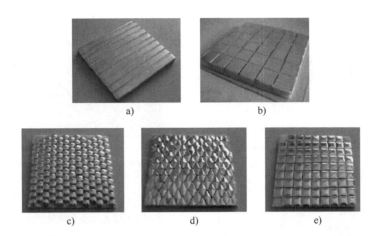

图 2-23 基于沙漠蜥蜴体表特性的单元仿生样件与耦合仿生样件

a）沟槽形态仿生样件 b）壳复合结构仿生样件 c）球缺形态：材料耦合仿生样件

d）菱柱形态：材料耦合仿生样件 e）梯台形态：材料耦合仿生样件

负面影响。对于形状阻力，自然界中的生物一般是尽可能地使自身形态呈流线型，这样可以大大减少压差阻力。

对于摩擦阻力，不同的生物采用了不同的策略，其中最典型的三类：海豚，可以利用其光滑柔性表面的黏弹特性形成顺服表面，从而延缓表面流体的转捩，实现高效的游动；鲨鱼，表面具有精细的三维齿状结构，可以有效地调控近壁面的湍流结构，从而实现高速的游动；荷叶，可以在表面形成一层气垫，从而导致水滴在荷叶表面的摩擦阻力减小。经过近几十年的研究，这三种策略已经逐渐发展成为减阻技术中最重要的三大分支，即行波减阻、微结构减阻和超疏水减阻。

1. 海豚表面启发的顺服表面减阻材料

顺服表面是指在水流的冲击下会被动发生形变的柔性表面。顺服表面可以更好地适应水流流过，使水流中引起转捩发生的不稳定波变弱，进而推迟层流在表面的转捩，使层流区域在表面变长，从而实现减阻。顺服表面是最典型的也是最早启发学者们开始研究其减阻性能的表面，即海豚表面（图 2-24a）。海豚表面非常光滑，平均表面粗糙度 Ra 值仅 $5.3\mu m$ 左右。通过进一步切片研究发现，海豚表皮下方有许多可以感受水压的乳头结构（图 2-24b）。这些被包裹在皮下组织的液体会随着压力的变化流出或流入细管，细管嵌入皮下组织导致皮肤上下收缩或肿胀，进而产生振动。这种受到湍流的压力变化而被动地振动并导致行波在表皮上传播，从而推迟表面流体转捩进而减少摩擦阻力的情况称为顺服表面减阻。

顺服表面与水流相互作用的关系对于研究减阻机理是非常重要的。顺服表面对水流产生的非定常力的响应性区别较大，因此很难用统一的模型去解释。目前的理论模型有两类：第一类是以表面为主体的模型，即考虑表面的运动方程时不考虑垂直于表面的变量影响；第二类则是以体积为主体的模型，该模型同时考虑表面的运动和垂直于表面的运动。对于表面型减阻模型，理论认为产生一个负的雷诺剪应力是减少湍流不稳定发展的方法。根据表面型减阻模型设计了一种各向异性的顺服表面（图 2-25a）；Carpenter 根据该表面提出了各向异性的弹簧-平板-杆模型（图 2-25b），用来分析和解释减阻的原因。当杆的偏转角度等于 0 时，就变成了经典的 Kramer 顺服表面，即弹簧-平板模型。对于体积型减阻模型，则是从理论上

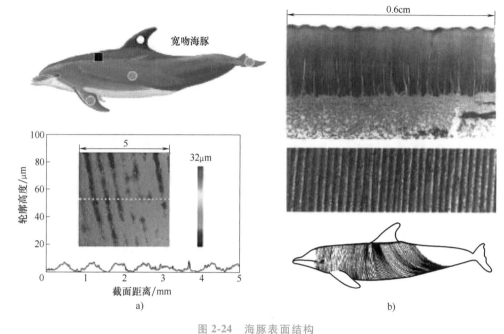

图 2-24　海豚表面结构

a）海豚表面的形貌表征　b）海豚表面内部的乳头结构与遍布全身的褶皱

最简单的顺服表面出发，认为表面是一层理想均匀的黏弹性层。Duncan 等根据 Navier 方程，适当扩展黏弹性相，从而提出了体积型减阻模型。随后，又发展出了单层和双层的各向异性纤维复合顺服表面模型（图 2-25c）。

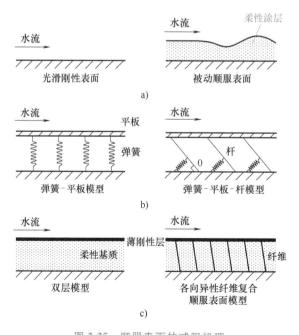

图 2-25　顺服表面的减阻机理

a）顺服表面示意图　b）表面型减阻模型　c）体积型减阻模型

非定常流体在顺服表面的流动涉及两种含波介质的相互作用，与刚性平面的区别在于顺服表面涉及失稳模式的扩散。对于刚性平面和顺服表面，Tollmien-Schlichting（TS）波是导致边界层不稳定从而转捩的原因。除此之外，对于顺服表面目前还有两类不稳定因素，即色散和行波颤振。通过对边界层的雷诺剪切力的研究表明，壁面的柔性对扰动速度既有局部影响也有较长范围的影响。尽管局部增加雷诺应力不利于稳定，但是从长程来看总体的雷诺剪切力会大大下降。由于雷诺应力产生的能量减少和向壁面传递的能量增加，柔度的增加对TS波具有稳定作用。对于行波颤振，其产生的主要原因是壁面压力脉动产生不可逆功。阻尼会起到不利的作用，当阻尼增大时，壁面的行波颤振会被色散作用取代。行波颤振的临界速度小于色散的临界速度，因此阻尼的增加更倾向于稳定行波颤振，从而使得色散成为主要的不稳定性。总之，TS波的抑制有利于减阻，行波颤振和色散则对减阻不利。

2. 鲨鱼皮表面启发的微结构减阻材料

海洋中高速游动的生物为减少船舶和其他水下航行器（如潜艇、鱼雷等）的阻力提供了灵感，其中鲨鱼可以称为海洋中的"速度之王"，世界上速度最快的鲨鱼（Lsurus oxyrinchus）速度可以超过56km/h。鲨鱼之所以可以游动得如此之快，除了完美的流线型身体将压差阻力降至最低，还与表面的三维齿状结构有关。这与海豚光滑的表面截然相反。鲨鱼皮表面含有精细的表面微结构，可以有效调控近壁面的湍流结构，从而大大降低表面的摩擦阻力。这打破了人们曾经认为只有越光滑的表面才更能有效减阻的常规认知，并开启了微结构减阻的新思路。

鲨鱼表面的齿状结构大小为0.2~0.5mm，分为外层和内层，如图2-26所示。外层由牙釉质组成，内层则是坚硬的骨骼结构。齿状结构表面还存在平行于水流方向的沟槽，沟槽高度约为8μm，宽度约为60μm。值得注意的是，这种齿状结构不会随着鲨鱼的增长而变大，其大小主要取决于生长的位置和鲨鱼的种类。通过直接用新鲜鲨鱼皮或复制鲨鱼皮齿状结构进行减阻分析的结果表明，鲨鱼皮确实可以减少阻力、提高游速和防污。由于鲨鱼皮表面齿状体结构复杂，难以大规模生产。为了方便研究，研究人员往往将鲨鱼皮表面精细的三维结构，简化成不同形状的肋条结构。一般将含有沟槽的三维齿状结构简化成截面形状为三角形（或V形）、梯形、圆形、矩形和波浪形等的二维肋条结构，再根据不同肋条结构的形状和尺寸，在一定条件下（如流体介质和流体速度）获得最佳的减阻能力。

尽管早年对关于肋条结构表面的减阻效果进行了许多研究与优化，但是人造肋条表面与真实的鲨鱼皮相比显然还有很大的差距。这主要是因为，真实的鲨鱼皮表面的齿状结构是三维的（图2-26），除了肋条之外，还可以在水流的作用下改变攻角，使得鲨鱼皮可以更加适应水流。随着3D打印技术的兴起，鲨鱼皮复杂的三维结构也得以完美复制。目前，关于鲨鱼皮简化的二维肋条结构的减阻研究已经比较全面，基本上可以实现8%左右的减阻效果，不过对于三维的齿状结构的减阻机理研究还不够，甚至出现了很多矛盾的地方。

关于鲨鱼皮减阻的机理，针对二维肋条结构有两种理论，如图2-27所示。

第一种理论是突出高度理论，突出高度是指高于黏性底层的高度。突出高度又分为两种情况：当水流方向与肋条结构平行时，突出高度如图2-27c上部所示，指从肋条顶端到沟槽底部黏性底层处的高度；当水流方向与肋条结构垂直时，由于沟槽内部会产生低流速的涡流，相当于提高了黏性底层的高度，这种情况的突出高度如图2-27c下部所示，这时纵向的突出高度与横向的突出高度会有一个高度差，该高度差说明水流更容易沿着肋条方向运动，

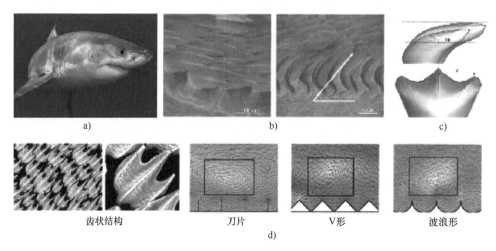

a）鲨鱼皮表面的齿状结构　　齿状结构　　刀片　　V形　　波浪形

d)

图 2-26　鲨鱼皮的结构

a）鲨鱼皮表面的齿状结构　b）齿状结构的侧视图　c）齿状结构的三维模型　d）二维肋条结构

很少发生横向运动，肋条结构可以将水流限制在肋条之间，减少横向运动的消耗，从而减少阻力。另外，当流向涡的尺度比肋条的间距要大时，漩涡与肋条尖端的接触面积很小，这也减少了与壁面的摩擦阻力。

　　第二种理论是二次涡理论。尺度较大的流向涡不会进入槽内，但是会有一些尺度较小的二次涡进入槽内，而这些停留在槽内的二次涡会对阻力产生影响。当肋条的宽度和深度适当时，沟槽底部会出现涡流，这些涡流像轴承一样不断滚动，使其与壁面的摩擦阻力变成动力，从而实现减阻，如图 2-27b 所示。二次涡可以有效地削弱湍流动量的交换，减少流向涡射流和扫流事件的发生。同时，二次涡的存在会导致流体在流经微结构表面时发生部分滑移。总之，肋条结构的存在可以阻碍流向涡的展向运动，并且肋条结构还会在流动方向上产生涡流，将高湍动能区域推离肋条表面，使湍流动量传递和表面摩擦减小。

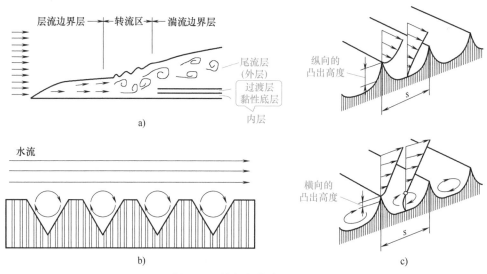

图 2-27　鲨鱼皮的减阻机理

a）平板边界层的发展过程　b）二次涡理论　c）突出高度理论

3. 荷叶表面启发的超疏水减阻材料

新型的非光滑表面减阻技术中，最典型的就是超疏水减阻。超疏水表面通常由经过化学处理的疏水的微/纳米尺度结构组成。疏水表面最普遍的区分方式是根据接触角来定义，即当水与表面的接触角大于150°，称该表面为超疏水表面。

关于超疏水减阻机理，目前普遍用有效滑移长度给予解释。当超疏水表面处于水下时，在粗糙结构之间会捕获空气。与传统的固液界面无滑移的边界条件不同，超疏水表面上的部分气液界面将导致有效滑移。当滑移长度与流体结构的特征尺寸相当时，可以产生减阻效果。根据 Navier 润滑模型，润滑长度 λ 表示润滑速度线性外推至 0 的虚拟表面与真实表面（$y = 0$）之间的距离。在层流中，超疏水表面减阻主要与滑移长度和流动几何形状的特征长度有关，当滑移长度与流体几何形状的特征长度相当时，可以显著减少表面摩擦阻力。但是在湍流中，滑移长度不再是决定湍流减阻的唯一决定性因素，不仅涉及固体壁面的有效滑移，而且涉及近壁面湍流结构的抑制，如图 2-28 所示。因此，要想实现有效的超疏水减阻，有三个基本原则：表面微结构之间要有足够的宽度，即产生尽可能大的滑移长度；微结构的高度要低，要小于流体的黏性尺度；最好有多级结构来帮助保持气体和抵抗液体的浸润。

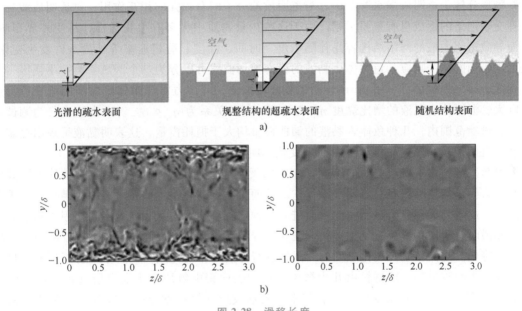

图 2-28　滑移长度

a) 不同表现的滑移长度　b) 抑制近壁面湍流的结构

2.3.3　仿生润滑材料

润滑是改善摩擦副的摩擦状态、降低摩擦阻力、减缓磨损、提高机器运行效率、降低能源消耗的一种技术措施。同时，润滑是生物减小摩擦阻力的有效方式，生物润滑包括体内润滑和体表润滑两方面。许多植物体、细菌分泌的黏液具有超润滑性能。动物关节处存在着典型的体内润滑，而土壤动物体表则存在着典型的体表润滑。润滑主要靠动物黏膜细胞分泌出的黏液。在成分上，动物黏液中90%是水，除此之外还含有一些糖蛋白、磷脂、DNA 等生物大分子，对生物黏液的流变行为起重要作用。

1. 仿鱼黏液润滑材料

鱼类体表黏液是保护鱼体的第一道屏障。黏液的作用主要是润滑鱼的体表，减少与水的摩擦，使鱼体游动阻力减小。鱼类体表黏液主要成分是多糖、蛋白质及其他微量物质，具有较强的亲水性。鱼类体表黏液通常处于湿滑状态，表现为一种软物质。软物质最大的特性是对外界给予的瞬间或微弱的刺激，能产生相当显著的响应和大形变，黏液在鱼体表面形成的黏液层即为软物质层。研究表明，软物质层的柔性表面似乎更易表现出低的摩擦力。对于鱼类体表黏液的减阻原因，目前主要存在两种观点：一种观点认为黏液的局部溶解衰减了微湍流时边界层的振动，鱼鳞与表面黏液组成的波状表皮可以控制湍流边界层，黏液在水流冲刷下不可避免地会流失，牺牲性减阻方式要求黏液和鳞片之间有较大的黏附力避免过快流失，从而大大减小游动时的阻力；另一种观点认为黏液中的长链聚合物减小了压力梯度，相应地减小了摩擦。

泥鳅体表覆盖着一层透明的黏稠状液体，主要成分是水和透明质酸（HA），实际上是聚电解质透明质酸的水溶液。此外，黏液中还含有少量的蛋白质、多肽、氨基酸、核酸等，这些物质分散于透明质酸水溶液中，与透明质酸分子间有较强的相互作用，对透明质酸分子物理交联网络的形成也有重要贡献。由于这些少量物质中大多有生物活性，易受外界影响，从而导致透明质酸的网络结构容易伴随浓度、时间、温度、剪切速率等外界条件发生变化，显示出不同的流变响应。鱼类体表黏液的稳态剪切曲线可以分为三个区域：第一牛顿区、非牛顿区、第二牛顿区，可用 Carreau 模型较好地拟合，剪切力对泥鳅体表黏液的流变行为影响巨大。泥鳅体表黏液的增比黏度 η_{sp} 与浓度 c 间的关系为 $\eta_{sp} \propto c^{2.7}$。动态流变行为测试显示，在试验范围内，几种鱼体表黏液的储能模量均大于损耗模量，这表明黏液呈现出更多的弹性，且储能模量及损耗模量随频率 ω 变化不明显。

鲇鱼表面通常展现出湿滑的特性（亲水的天然大分子层）。事实上，在鲇鱼处于平静状态时，人们仍然能够很容易地用手抓住它。然而，一旦鲇鱼发生挣扎，将很容易从人们手中挣脱掉；此时，人们会感触到鱼皮表面进入一种硬化和超滑的状态。这主要是因为鲇鱼受到外界刺激时，肌肉系统应激发生了快速硬化，导致手掌和鱼皮表面接触点大幅度减小，摩擦力显著降低。受鲇鱼肌肉硬化触发的润滑转变行为启发，研究人员制备了一种新型的模量自适应润滑水凝胶材料，该材料由几十微米厚度的表面聚电解质亲水润滑层（模拟鲇鱼湿滑的表皮）和具有热触发相变特征的底部水凝胶承载层（模拟鲇鱼的肌肉单元）组成。科研人员通过球-盘往复滑动摩擦测试的方式验证了制备材料的智能润滑调控行为。低温条件下，材料处于软质凝胶态（模量：~0.3MPa），尽管润滑层处于高度水化状态，但滑动剪切仍然会引起材料的严重弹性畸变，此时摩擦对偶与材料表面接触充分，使得界面摩擦系数较大（μ：~0.37）。进一步的，在维持材料表层水化状态不变的条件下，对材料进行加热，发现承载层凝胶快速发生相分离进而瞬间变硬（模量：~120MPa），大幅度抑制了滑动剪切过程中材料的变形，此时摩擦对偶与材料表面接触点减小，摩擦系数显著降低（μ：~0.027）。

2. 仿蚯蚓体表液润滑材料

蚯蚓是典型的具有体表分泌液的土壤动物，当蚯蚓在土壤中运动或受到刺激时，便从体腔内分泌出液体物质。蚯蚓体表液是含有黏蛋白的水稀溶液，体表液成为界面滑动的剪切层，在蚯蚓与土壤滑动接触过程中具有体表润滑作用。蚯蚓体表分泌液在运动减黏降阻过程中也起着非常大的作用。蚯蚓体表液中占有 99.71% 的物质是水，其余 0.29% 为固态物质。固态物质中，大分子有机物质占主要比例，分子质量分别为 3 万和 5 万左右。蛋白类物质含量达 0.17%，约占固态物质的 59%，蛋白类黏性很大，但由于含量少，所以分泌液是一种低黏性水溶液。

当蚯蚓在黏湿土壤中蠕动前进时，会分泌出与外界环境相适应的一定量体表液。尽管液层较薄，但使蚯蚓体表完全浸润其中，形成由蚯蚓体表、体表液、土壤表面组成的三层润滑界面（图 2-29）。体表液提供了一个弱剪切层，在土壤动物体表与土壤层之间形成润滑界面，可降低土壤对动物体表的黏附。当蚯蚓在土壤中穿行时，背孔可以适时将由表皮黏液细胞分泌的体表液喷射出来，环节状体表可以均匀地将体表液分布到蚯蚓体表和周围土壤中，体表液渗入土壤形成一层液体膜。实际上蚯蚓就是在这层液体膜的保护下运动的。同时蚯蚓运动时伸缩前进，就单个体节而言，在运动中会呈现出曲率不断变化的弧形凸圆面，使蚯蚓体表与土壤形成楔形空间。这样不仅可以减小蚯蚓与土壤的接触面积，而且可以使液体膜更易进入摩擦表面，得到更好的润滑效果，大大降低蚯蚓与土壤之间的摩擦，减少蚯蚓体表损伤。此外，蚯蚓运动时体表受到周围土壤的刺激后会在同一体表面形成正负电位分布，即电渗现象。虽然其体表电位幅值只有毫伏级，却可以改善体表润滑状态，即电渗作用可以改善表面润滑膜的分布和增加其厚度，避免土壤黏附与体表发生磨损破坏。

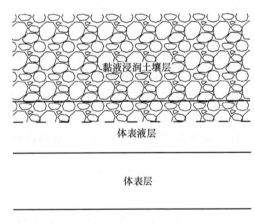

图 2-29 蚯蚓润滑界面示意图

3. 仿人体滑液润滑材料

滑液是人体器官组织分泌物，主要起到润滑器官和组织及排毒的作用。滑液通常包括关节滑液、胃滑液、眼睛滑液、大肠滑液和胸、腹膜滑液等。滑液是人体器官中必不可少的一部分，如果关节滑液缺乏就会导致关节僵硬、疼痛甚至变形肿胀，出现关节炎等关节疾病；如果胃滑液缺乏就会导致胃酸过多，损伤胃黏膜；如果眼睛滑液缺乏则会使眼睛干涩、眼屎多、视物模糊等；如果大肠滑液缺乏就会导致便秘；如果胸、腹膜滑液缺乏则会使人感到胸闷、疲劳、腹胀、腹痛等。

以人工关节为例，关节滑液中的生物大分子在剪切作用下会在软骨表面组装形成一层以透明质酸（HA）为主链，糖蛋白和纤维素为侧链的多级"刷"型大分子，这种生物分子在溶液中具有一定的黏弹性，可以很容易地固定大量水分子达到润滑的效果。受此启发，近年来，通过表面接枝亲水性聚合物刷以减小表面摩擦并改善材料表面水润滑性能的研究得到研究者广泛关注。

4. 其他滑液

蜗牛黏液的主要成分与动物黏液一致，主导润滑作用的仍是黏蛋白。对比各种软体动物类（如蜗牛、蛤和章鱼）的黏附机制，发现不同的表面粗糙度对蜗牛的黏附影响不大。这主要是由于黏液的存在，表面张力变化不大。但是，干湿状态对蜗牛的黏附力影响较大。莼菜黏液与玻璃表面的摩擦系数可降至 0.005，形成一种超润滑状态。这种黏液的超润滑机理如图 2-30 所示，黏液中的多糖分子构成纳米片状结构，在片状结构间充满水分子形成水化层，从而获得超润滑性能。

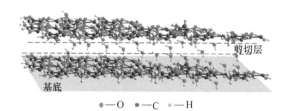

图 2-30　莼菜黏液超润滑机理示意图

2.4　仿生抗冲击材料

生物系统必须能够承受战斗和防御造成的碰撞过程中产生的冲击。因此，通过进化，生物材料通过特殊的结构设计和材料特性，以及复杂的能量吸收机制，能够在受到冲击时保持稳定，避免或减轻损伤。这种特性使得抗冲击生物在自然界中得以生存和繁衍。仿生抗冲击材料是指模仿自然界某些生物或物质的结构特点，设计出的能够有效吸收冲击能量的材料。这些材料通常具有较高的韧性，能够在受到冲击力时有效地吸收能量，减少损坏的可能性。

2.4.1　抗冲击生物材料的特征与典型结构

在生物材料系统中，存在着一些影响材料性能的一般化结构和材料特征，包括层级尺度、复合材料、多孔结构、材料界面，以及材料的黏弹性和黏塑性，这些特征对于生物材料系统的抗冲击性能都可以发挥一定的作用。

在多个长度尺度（纳米、微观、介观、宏观）上可识别的离散结构元素协同作用，可增强结构的整体力学性能。从原子尺度到宏观尺度，所有生物材料的自组装都具有层次性。这是抗冲击生物材料的层级尺度特征。

由两种或两种以上的、具有不同界面的材料或相组成的材料，具有不同于材料组成成分的特性。生物材料是一种复合材料，在矿化系统中通常由陶瓷相和聚合物相组成，在非矿化系统中通常由晶体相和无定形相组成。刚性相提供必要的刚度和强度，而柔性相则赋予延展性。生物复合材料的性能往往优于其组成成分的简单复合性质。这是抗冲击生物材料展现的复合材料性能。

固体材料中充满空气或流体的间隙可以存在于所有长度尺度上。所有生物材料都具有一定程度的孔隙率，因为在整个自然界中都可以找到各种孔隙形状和密度。多孔材料通常会增加能量吸收能力，同时还能减轻整体质量。这是抗冲击生物材料的多孔结构特征。

性质不同的两相之间共用边界。界面可以阻止裂纹扩展，增强柔韧性，并有助于材料在变形过程中的黏性响应。所有生物材料都具有界面，因为它们具有复合材料的性质。用于定义这些界面的排列方式和材料也是多种多样的。这是抗冲击生物材料的界面特征。

黏塑性是指材料在应力和应变随时间变化的情况下，同时表现出黏性和弹性反应的特性。黏塑性是指材料特性涉及随时间变化的永久变形，包括滑动、分层和微裂纹，这些行为可以耗散能量。此外，脉冲阻尼是抗冲击材料的一个重要特征。这是抗冲击生物材料的黏弹性和黏塑性。

除了上述一般化结构和材料特征，在生物材料系统中还存在几种典型的特殊设计元素，通常在微观和介观尺度上。与抗冲击性能有关的结构设计元素，主要包括夹层、分层、管状、缝合和梯度等。这些特殊设计元素有的单独存在，但更多的情况下是共存的。

1. 夹层结构

夹层结构是指两层坚硬的材料被一层较软的多孔层（芯层）隔开，形成轻质、坚硬、强韧和吸能的材料，适用于许多生物系统的高应变率和低应变率。夹层结构是分层结构中的一种类型。具有代表性的生物材料系统包括鸟类喙、骨、头骨、龟壳、角、椰子皮、坚果和木材等（图 2-31）。坚硬的外表面可防止穿刺并抵抗反复的低应变率冲击，而芯层可耗散能量并防止裂纹桥接两个外层，防止在撞击下发生灾难性故障。

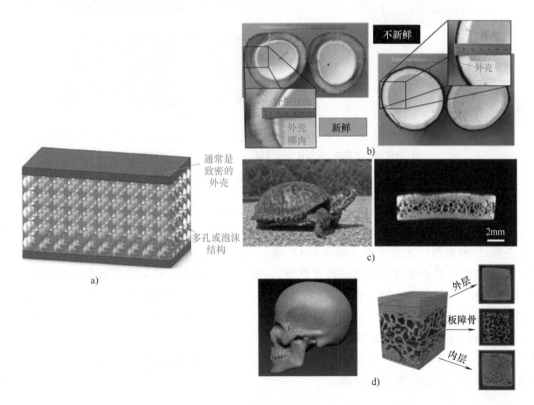

图 2-31　夹层结构示意图及代表性生物材料系统

a）夹层结构示意图　b）椰子皮　c）龟壳　d）头骨

2. 分层结构

分层结构（图 2-32a）具有明显的层界面，可作为裂纹消散器。贝壳珍珠层内部的刚柔材料呈"砖泥"层状结构式分布，在冲击载荷作用下通过层间片层滑移，延长裂纹扩展路径，具有良好的自我强化效应和能量耗散机制，如图 2-32b 所示。海螺壳的断裂功可以达到珍珠层的 9~10 倍，原因在于其具有独特的三层软硬相交叉层状结构，在分层界面处可以有效地抑制裂纹的扩展，避免造成完全的破损，如图 2-32c 所示。以鱼鳞为代表的分层螺旋结构，可以使裂纹的扩展路径产生扭曲，耗散能量，而甲壳类动物的趾肢则运用分层螺旋-正弦结构，进一步提高引起结构断裂所需的能量，大幅提高结构的损伤容限，如图 2-32d 所示。

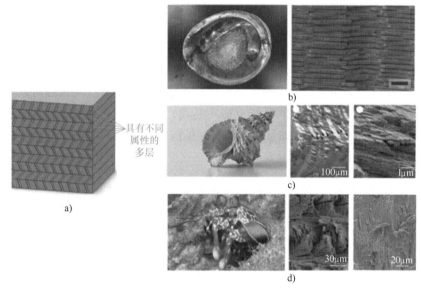

图 2-32　分层结构示意图及代表性生物材料系统

a）分层结构示意图　b）贝壳珍珠层　c）海螺壳　d）螳螂虾趾肢

3. 管状结构

管状结构（图 2-33a）是指沿特定轴线排列的空心通道，是生物材料中的微观结构元素之一。以管状结构为特征的具体生物材料系统包括木材、动物的蹄（图 2-33b）、角（图 2-33c）和骨骼、人类牙齿（图 2-33d）等。从功能上讲，管状结构可提供营养（如牙本质、骨骼中的骨质和甲壳类动物的外骨骼等），提供韧性附着（甲壳类动物）和阻止裂缝传播（蹄、角、鱼鳞）。在力学方面，这些结构通过消除裂纹尖端的应力奇异点，并在压缩时使管状结构塌陷来阻止裂纹生长，从而提高了断裂韧性和能量吸收能力。它们还可以作为散射中心，降低冲击产生的纵向应力脉冲的振幅，这对于承受高速负载（高达 10m/s）的蹄和角非常重要。这种负载会产生振幅很大的弹性波，这些波的散射可降低其总体振幅，从而最大限度地减少对下层活组织的损害。

4. 缝合结构

缝合结构是指连接两个相邻相的波浪形或互锁界面，一般由两部分组成：刚性缝合齿和顺应性界面层，如图 2-34a 所示。缝合结构通常出现在需要控制材料界面内在强度和柔性的

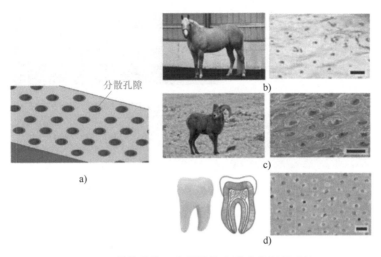

图 2-33　管状结构示意图及代表性生物材料系统

a）管状结构示意图　b）马蹄壁　c）羊角　d）人类牙齿

区域。具有缝合结构的生物材料系统包括巴西龟和棱皮龟的甲壳（图 2-34b）、哺乳动物的头骨（如鹿角，图 2-34c）和蝾螈、三刺鱼的骨盆、箱鱼的鳞片连接处（图 2-34d）、硅藻的外骨骼表面、犰狳的骨膜及菊石的壳等。

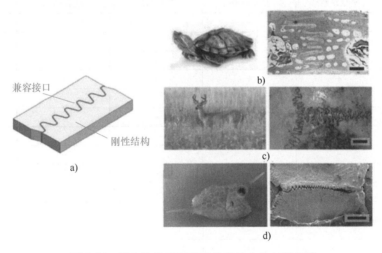

图 2-34　缝合结构示意图及代表性生物材料系统

a）缝合结构示意图　b）龟壳　c）鹿角　d）箱鱼鳞片

5. 梯度结构

梯度结构是指材料属性（如模量、密度）、结构（如孔隙率）或成分的渐变，如图 2-35a 所示。成分梯度常见于刚性表面与韧性基底相结合的护甲、牙齿和武器中，如鱼鳞（图 2-35b）、蟹爪（图 2-35c）、人类牙齿（图 2-35d）和大量动物的牙齿等，以适应材料之间的属性不匹配（如弹性模量、强度），并提供韧性、抗磨损或阻止裂纹生长。而孔隙梯度广泛存在于动植物材料系统中，通常也会与一些其他的结构特征共存，如柚子、椰子和龟壳夹层结构的中间层，以及动物蹄、角部位管状结构等。

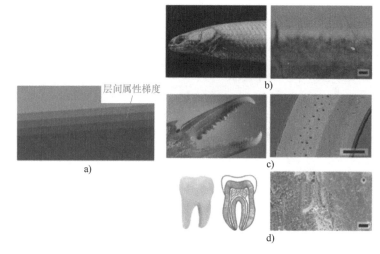

图 2-35　梯度结构示意图及代表性生物材料系统

a）梯度结构示意图　b）鱼鳞　c）蟹爪　d）人类牙齿

表 2-1 汇总了典型抗冲击生物材料系统中结构特征的对比。

表 2-1　典型抗冲击生物材料系统中存在的结构特征

生物材料系统	夹层结构	分层结构	管状结构	缝合结构	梯度结构
柚子	+	+	–	–	+
椰子	+	+	–	–	+
木	+	+	+	–	+
蹄	+	+	+	+	+
角	+	+	+	–	+
穿山甲鳞片	–	+	–	+	–
肌腱	–	+	–	–	–
韧带	–	+	–	–	–
软骨	–	+	–	–	+
骨	+	+	+	–	+
龟甲壳	+	+	–	+	+
人类头骨	+	–	–	+	+
啄木鸟头骨	+	–	–	–	+
啄木鸟喙	+	+	–	–	+
麋鹿角	–	–	+	–	+
海螺	–	+	–	+	–
螳螂虾	–	+	–	+	+

2.4.2　生物材料抗冲击机制

除了结构设计，抗冲击生物还拥有复杂的能量吸收机制。当受到冲击时，它们可以通过弹性变形、塑性变形等方式将冲击能转化为热能，从而减小对自身结构的破坏。同时，一些抗冲击生物还能利用自身的生物化学反应来吸收能量，进一步增强其抗冲击能力。不同结构特征在抵抗冲击载荷条件下的机制是存在差异的，表2-2中列出了不同抗冲击结构特征及材料属性的能量吸收机制的差异，并给出了可设计的参数，用于指导仿生抗冲击结构设计。

表2-2 不同抗冲击结构特征及材料属性的能量吸收机制

冲击设计元素/材料属性	能量吸收机制	可定制的设计
层级	每一级协同工作，以增强整体效果。存在于任意能量吸收机制当中	增加层级排序，合并多个结构元素，调控尺度范围
夹层	顶面骨折和起皱；芯部屈曲、致密化和剪切；黏弹性阻尼、应变储能	外层与芯层厚度之比、芯层的几何单元结构、向芯层添加的流体类型、密度和单元大小的梯度
管状	屈曲、塌陷、分层、裂纹挠度	尺寸、形状（圆形与椭圆形）、体积分数、添加增强层、密度和直径梯度、加载方向
分层	微屈曲、分层、裂纹挠度、层间剪切、微裂纹	层状排列（分层、六边形同心、旋转层等）、界面的几何形状（波浪形）
梯度	断裂能、裂纹挠度、局部孔隙塌陷	连续梯度、阶跃式梯度、孔隙率梯度
缝合	通过将压缩转换为剪切来减弱冲击应力，减少压力波	缝合线的几何形状（正弦波、三角形、梯形）、波纹度（振幅、波长、频率）、加载方向、附加层次结构

1. 夹层结构抗冲击机制

夹层结构在低速条件下能量吸收机制主要依赖于外层和芯层的协同作用，过程发生如下：顶面开裂、起皱、断裂和分层→芯层屈曲→面和芯层脱黏→芯层致密化和压实→芯层剪切和开裂→外层纤维拉出→底层发生损伤。这种能量吸收机制在很大程度上取决于外层和芯层的材料特性（如面的刚度、芯层的密度和交联程度）和几何形状（如纵横比、外层与芯层厚底比、芯层中的单元结构）。夹层结构提高了材料可以吸收的应变能，同时将冲击力分散到大面积上，并阻止了孔隙和层界面处的裂纹。

2. 管状结构抗冲击机制

在管状结构中，半径、体积分数、壁厚、取向、材料成分和增强程度，是影响管状结构力学响应的重要因素。管状结构的典型吸能机制是屈曲、弯曲、塌陷、分层、振动和抑制裂纹扩展，通过塑性变形机制增加能量吸收和偏转裂纹来增强抗冲击性。

3. 分层结构抗冲击机制

层状结构材料通常在具有不同特性的相邻材料层之间创建一个弱的牺牲界面，用于偏转在撞击过程中扩展的裂缝，迫使它们采取曲折的吸能路径。这种结构广泛存在于生物体中，可以由矿化和非矿化组织组成。层状结构的微变形机制（如微屈曲和分层）使其成为最佳的能量吸收设计。层状结构有各种不同的排列方式，这些结构会产生曲折的断裂路径和裂缝阻断界面，同时还会通过分层和屈曲耗散能量。

4. 梯度结构抗冲击机制

材料中的界面通常是集中应力的位置并且导致失效的薄弱环节。为了有效地将能量传递到具有不同力学性能的新型材料上，通常会逐渐改变材料的性质，而不是产生离散的边界。这种力学性能的逐渐变化通常称为梯度结构，属于功能梯度材料的分类。虽然界面可以阻止裂纹扩展，但容易引发内部应力集中。材料性能的梯度不仅可以消除这些局部应力集中，还可以引起裂纹尖端钝化和偏转。

5. 缝合结构抗冲击机制

缝合界面允许对强度、刚度和能量吸收进行区域控制。缝合界面的间隙内一般存在一种黏弹性材料，通常是胶原蛋白，将刚性组件固定在一起。因此，缝合结构存在对材料特性（如弹性模量）的依赖性。此外，交叉程度、形状（三角形、梯形、正弦形等）等几何特征和分层顺序也会影响缝合结构的性能。因此，缝合结构通过形成一个柔性连接来提高抗冲击性能，这种连接可以在冲击载荷下耗散能量而不会失效，同时还限制了互锁机构接触时连接处的总变形量。

抗冲击生物的研究对于工程领域有着重要的启示作用。许多工程师开始模仿抗冲击生物材料的结构设计和能量吸收机制，来设计更加安全、高效的防护结构。

2.5 其他仿生力学材料

2.5.1 仿生减振材料减振机制

仿生减振材料是一类模仿生物体内结构，用于吸收和减少冲击力的材料。这类材料广泛应用于各个领域，包括航天航空、军工、工业机械等，它们需要同时具备轻质、超薄、防护性强、支撑性强、性能可调控、可以反复撞击数万次的特性。

动物经过长期的自然选择，已形成许多卓有成效的承载、运动和能量转换系统，其高强度、小巧性、灵敏性、稳定性、高效性和可靠性令人惊叹不已。例如生活在崎岖、复杂地形及丛林地带善于跑跳的动物，已经演变为对外界环境具有很强适应性的缓冲肌体，与身体融为一体的四肢已进化成相当精巧、高效的生物缓冲减振结构，具有良好的抗冲击性和对振动的缓冲能力。生物体缓冲减振结构对振动能的耗散率可达70%以上，而人造缓冲减振结构一般不超过40%。生物体缓冲减振结构往往能随环境的变化自动调节其"活"的结构参数，使其始终处于最佳状态，而人造的机构往往仅可对部分振型载荷进行缓冲，一旦环境发生变化，其缓冲性能就会显著恶化。因此，无论是在阻尼材料的性能方面，还是在阻尼结构能量转换效率方面，目前人造缓冲减振结构都与生物体缓冲减振结构相差甚远。

1. 仿猫减振材料

众所周知，作为动物减振缓冲方面的典型代表，猫科动物在长期的自然进化过程中掌握了卓越的缓冲能力。例如，野猫的跳跃距离能够达到自身长度的4.5倍；生活在高山地带的雪豹可以轻松地纵身跃上3~4m的高崖，还可以一跃跳过15m宽的山涧；美洲狮跳跃能力极强，能从10~13m高的树上或悬崖上跳下，也能跃过近7m的高度或10~13m的距离。

在猫科动物的运动肢体中，软组织占有较大的比例，当其在行进中受到振动与冲击时，这些软组织会随着力、速度和作用时间的强度，自主、适时地进行调整，以使整个阻尼缓冲系统的状态处于瞬时最佳值。另外，骨骼肌同样起着重要的作用：骨骼肌是动物体内所占比例最大的组织，几乎占体重的1/3~1/2，骨骼肌是受躯体神经支配的随意肌，大多附着在骨骼上。通过骨骼肌牵引内骨骼产生运动是脊椎动物特有的运动方式，这种运动以其灵活性、多样性及高效性而著称，这对动物的个体生存及种族延续具有重要意义，骨骼肌的特性具有潜在的工程应用前景。受家猫和老虎跳跃着陆缓冲方式的启发，研究人员对航天员缓冲座椅系统做了仿生设计改进。

2. 仿啄木鸟减振材料

红冠啄木鸟每秒敲击 20 次，每天最多 12000 次，撞击瞬时速度约为 25 km/h，加速度为 $1200g$。通过解剖研究得出的结论是啄木鸟具有天然的"防振装置"。啄木鸟的大脑比较小，包覆在大脑之外的头部结构的面积相对较大，大脑承受的撞击力相对分散。啄木鸟的头盖骨十分坚固，并在大脑的周围有一层海绵状骨骼，里面充满了液体，在它的脑骨外的肌肉特别发达且能够消减振动，如图 2-36 所示。啄木鸟在啄击树木时，它的喙啄击的方向会与树木保持垂直，以避免在与树木撞击的一刹那出现晃动，从而产生导致脑膜撕裂或者脑震荡的扭力。啄木鸟的喙也有减振装置，这个减振装置就是其下颚的软骨。啄木鸟的下颚通过一块十分强健发达的肌肉与头盖骨联系起来，在喙与树木产生碰撞之前，这块肌肉会快速收缩，其作用是成为一块撞击的缓冲区，并能成功地将撞击产生的冲击力绕过大脑直接传到头盖骨的底部和后部。啄木鸟眼睛在减振方面也有着十分巧妙的组织结构。在啄击树木的一瞬间，啄木鸟眼睛的瞬膜会快速闭上，以避免溅出的木屑溅到眼睛，同时将眼球包住，避免其因撞击被崩出。

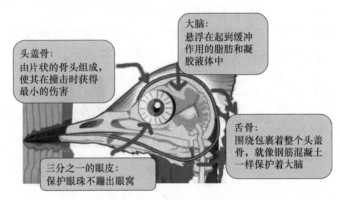

图 2-36　啄木鸟头部精密的防脑震荡系统

啄木鸟头部具有精密的防脑震荡系统（图 2-36），而不是单一结构起作用。研究人员利用运动生物力学观测、解剖形态学、材料力学特性分析、有限元应力分析等方法，全面分析了啄木鸟撞击树干的过程，比较了啄木鸟和戴胜在啄物过程中头部运动方式的差异，发现啄木鸟头部不仅具有线性加速度，还伴有旋转加速度；通过形态学观测手段，发现啄木鸟上下喙部结构具有不等长的特点，其下喙坚硬承载部分比上喙长 1.2mm，这使得撞击时的应力可集中于下颚，从而避免撞击力传递到脑部造成脑损伤。研究发现啄木鸟特殊的舌骨能够有效地减缓其颈椎受伤风险，啄木鸟舌骨自其鸟喙下侧开始，左右分叉绕到颅骨后侧，延伸到上方，并在前额前方再度交会。啄木鸟啄树干的过程中，不仅需要用力向前撞击，头部向后摆动时的速度、加速度也非常大，而特殊的舌骨此时就好像是"安全带"，有效地避免了颈椎向后折断。显微 CT 扫描显示，啄木鸟颅骨有不同于其他鸟类的海绵状的骨小梁，可使颅骨更有"弹性"。啄木鸟头骨的特殊形态结构可以有效地缓冲撞击。

从啄木鸟可以得到多种启发，首先是这些微电子器件应该尽可能设计得小而轻，以提高它的抗冲击性能；同时，可以参照啄木鸟的头部结构设计功能类似于海绵状软骨的多孔材料层，用以衰减应力波和耗散冲击能量，还可以采用类似于啄木鸟舌骨的黏弹性缓冲器，对关键的微电子器件进行多重保护。比如根据啄木鸟舌骨构造设计的汽车座椅，通过改变发生碰撞时交通设施的受力点，可避免冲击力传导到驾驶室等人员所在的位置，可以达到保护乘客颈部和头部的作用，避免在发生碰撞时颈椎受伤。航天员返回舱的设计中，有多项啄木鸟仿生设计。此外啄木鸟上下颌不等长的防振研究还被应用到鞋子的设计中，已有厂家据此进行运动鞋的改进。

2.5.2 仿生隔振材料隔振机理

　　振动问题广泛存在于各种机械设备和建筑结构中，并且很容易由人为或自然因素引起。振动会影响精密仪器的功能，缩短机器的使用寿命，甚至导致结构的变形损坏。因此，应将振动控制在合理的、能接受的范围内，以避免经济损失或灾难性事故。从宏观骨骼框架到微观生物组织，生物生理结构本身具有良好的刚度调节和抗冲击能力，具有极佳的防护效果。与传统的非线性隔振器不同，仿生隔振器可以同时实现大的位移行程、低的共振频率和可调的承载能力。

　　恢复力、惯性力和阻尼力仍然是影响结构动力响应的主要因素。针对三种不同的非线性行为，仿生隔振机理大致分为三种类型：刚度调节机理（非线性恢复力）、质量辅助机理（非线性惯性力）和阻尼机理（非线性阻尼力），如图 2-37 所示。

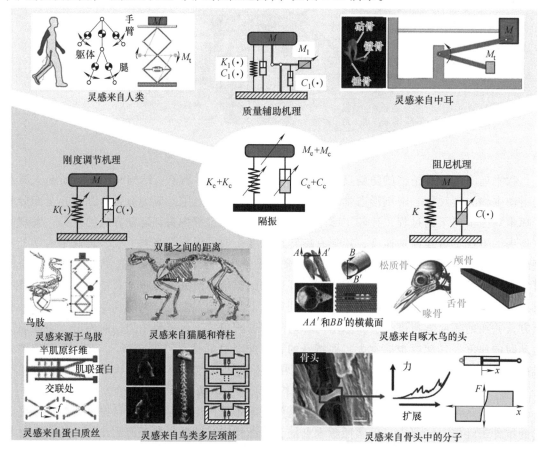

图 2-37　仿生隔振机理概览

1. 刚度调节机理

该类仿生隔振器的设计和创新主要关注恢复力。首先，深入探讨生物结构保持运动稳定机理，提出变刚度仿生结构。该类结构通常可以实现高静低动特性，并且该特性可以通过改变结构参数实现灵活的调整以应对外部负载的变化。此外，该类仿生隔振器的高静低动范围远大于传统的非线性隔振器（如准零刚度隔振器等）。因此，当受到低频大振幅激励时，仿生隔振器在衰减效率和工作稳定性方面表现更好。

通过模拟鸟脖子的多椎骨结构和头部的注视稳定性，已有研究提出一种多层准零刚度非线性隔振器。经典的三弹簧准零刚度模型被用来模拟颈椎各椎体，数值结果表明增加层数可以获得较低的刚度和较弱的非线性，多层准零刚度有效地扩展了工作位移行程，保证了其良好的隔振性能，特别是对于低频或超低频、大振幅振动。

2. 质量辅助机理

生物运动的稳定性往往是通过不同组织器官之间的协同作用来实现的。受此启发，在仿生隔振系统中附加一个辅助质量用于模拟这种协同作用机制。辅助质量产生的惯性力起到"四两拨千斤"的作用效果，增加系统的等效质量，从而降低隔振器的共振频率，使隔振器能在低频、超低频段有效工作。比如，声音的有效传播需要中耳适应空气和耳蜗之间的声阻抗。借鉴这一点，已有研究提出一种用悬臂梁构造隔振器的设计方法。V形杆上端与需要隔振的主质量相连，另一端与辅助质量相连。V形杆的转动点通过铰链与底座连接。该设计可以有效抑制基座上的振动传递到主质量。V形杆对辅助质量提供的惯性力进行放大，使等效质量显著增加，降低隔振器的谐振频率，使隔振器可以在较低的频率范围内有效工作。

3. 阻尼机理

生物结构独特的阻尼机理可以在短时间内迅速衰减外界输入的能量，有效地保护器官免受冲击或撞击损伤。首先对真实的生物阻尼进行了深入的探索，得到了理想阻尼的力学特性。通过设计紧凑型或复合型的仿生隔振器或阻尼器，使其阻尼力-位移滞回曲线与理想阻尼一致。这种采用阻尼机理的仿生隔振器或阻尼器在抗冲击和结构控制方面表现出色。

啄木鸟具有保护头部免受撞击伤害的能力。已有研究建立啄木鸟整个啄木过程全身段的力学模型，并受啄木鸟颅骨松质骨的启发，开发了一种抗冲击系统，为微电子设备提供全面的保护。用两个金属外壳代替喙骨和颅骨；选择黏弹性材料层模拟舌骨；用密贴的微型玻璃模拟海绵骨。黏弹性材料层夹在两个金属外壳之间并预压缩。这样，黏弹性材料层可以提供弹性，有效地抑制输入激励的放大。微机械装置由微玻璃和气隙紧密地封装在一起。因此，力学激励可以在短时间被吸收。试验结果显示，当频率超过海绵骨的截止频率时，仿生减振系统可以吸收 90% ~ 99% 的振动。

思　考　题

1. 仿生浸润材料与仿生黏附材料的异同点有哪些？
2. 智能响应浸润界面主要分为哪几类？都有什么特点？
3. 仿生摩擦材料的主要目标是什么？
4. 成分梯度、孔隙梯度分别存在于哪些地方？
5. 仿生隔振机理分为哪三种类型？

参 考 文 献

[1] LIU M X, WANG S T, WEI Z X, et al. Bioinspired design of a superoleophobic and low adhesive water/solid interface [J]. Advanced Materials, 2009, 21 (6): 665-669.

[2] GUO H S, YANG J, XU T, et al. A robust cotton textile-based material for high-flux oil-water separation [J]. ACS Applied Materials & Interfaces, 2019, 11 (14): 13704-13713.

[3] KANG H J, LIU Y Y, LAI H, et al. Under-oil switchable superhydrophobicity to superhydrophilicity transition on TiO₂ nanotube arrays [J]. ACS Nano, 2018, 12 (2): 1074-1082.

[4] YONG J L, CHEN F, YANG Q, et al. Photoinduced switchable underwater superoleophobicity-superoleophilicity on laser modified titanium surfaces [J]. Journal of Materials Chemistry A, 2015, 3 (20): 10703-10709.

[5] LI L J, LIU L, LEI J L, et al. Intelligent sponge with reversibly tunable super-wettability: robust for effective oil-water separation as both the absorber and filter tolerate fouling and harsh environments [J]. Journal of Materials Chemistry A, 2016, 4 (31): 12334-12340.

[6] ICHIMURA K, SANG-KEUN O, NAKAGAWA M. Light-driven motion of liquids on a photoresponsive surface [J]. Science, 2000, 288: 1624-1626.

[7] QU R X, LIU Y N, ZHANG W F, et al. Aminoazobenzene@ Ag modified meshes with large extent photo-response: towards reversible oil/water removal from oil/water mixtures [J]. Chemical Science, 2019, 10 (14): 4089-4096.

[8] PERNITES R B, SANTOS C M, MALDONADO M, et al. Tunable protein and bacterial cell adsorption on colloidally templated superhydrophobic polythiophene films [J]. Chemistry of Materials, 2012, 24 (5): 870-880.

[9] WANG Q B, XU B J, HAO Q, et al. In situ reversible underwater superwetting transition by electrochemical atomic alternation [J]. Nature Communications, 2019, 10 (1): 1212.

[10] KRUPENKIN T N, TAYLOR J A, SCHNEIDER T M, et al. From rolling ball to complete wetting: the dynamic tuning of liquids on nanostructured surfaces [J]. Langmuir, 2004, 20 (10): 3824-3827.

[11] YANG C, WU L, LI G, Magnetically responsive superhydrophobic surface: in situ reversible switching of water droplet wettability and adhesion for droplet manipulation [J]. ACS Applied Materials & Interfaces, 2018, 10 (23): 20150-20158.

[12] DROTLEF D M, BLÜMLER P, PAPADOPOULOS P, et al. del Campo, Magnetically actuated micropatterns for switchable wettability [J]. ACS Applied Materials & Interfaces, 2014, 6 (11): 8702-8707.

[13] LV T, CHENG Z J, ZHANG D J, et al. Superhydrophobic surface with shape memory micro/nanostructure and its application in rewritable chip for droplet storage [J]. ACS Nano, 2016, 10 (10): 9379-9386.

[14] WANG J N, LIU Y Q, ZHANG Y L, et al. Wearable superhydrophobic elastomer skin with switchable wettability [J]. Advanced Functional Materials, 2018, 28 (23): 1800625.

[15] WU D, WU S Z, CHEN Q D, et al. Curvature-driven reversible in situ switching between pinned and roll-down superhydrophobic states for water droplet transportation [J]. Advanced Materials, 2010, 23 (4): 545-549.

[16] CAI Y H, CHEN D Y, LI N J, et al. A smart membrane with antifouling capability and switchable oil wettability for high-efficiency oil/water emulsions separation [J]. Journal of Membrance Science, 2018, 555: 69-77.

[17] OSICKA J, ILČIKOVÁ M, POPELKA A, et al. Simple, reversible, and fast modulation in superwettability, gradient, and adsorption by counterion exchange on self-assembled monolayer [J]. Langmuir, 2016,

32 (22): 5491-5499.

[18] AUTUMN K, LIANG Y A, HSIEH S T, et al. Adhesive force of a single gecko foot-hair [J]. Nature, 2000, 405 (6787): 681-685.

[19] SCHOLZ I, BARNES W J P, SMITH J M, et al. Ultrastructure and physical properties of an adhesive surface, the toe pad epithelium of the tree frog, litoria caerulea white [J]. The Journal of Experimantal biology, 2009, 212 (2): 155-162.

[20] TRAMACERE F, PUGNO N M, KUBA MICHAEL J, et al. Unveiling the morphology of the acetabulum in octopus suckers and its role in attachment [J]. Interface, 2015, 5 (1): 20140050.

[21] LEE H, SCHERER N F, MESSERSMITH P B. Single-molecule mechanics of mussel adhesion [J]. Proceedings of the National Academy of Sciences of the United States of America, 2006, 103 (35): 12999-13003.

[22] KAMINO K. Underwater adhesive of marine organisms as the vital link between biological science and material science [J]. Mar. Biotechnol. (NY), 2008, 10 (2): 111-121.

[23] ZIIANG L W, CHEN H W, GUO Y R, et al. Micro-nano hierarchical structure enhanced strong wet friction surface inspired by tree frogs [J]. Adv. Sci., 2020, 7 (20): 2001125.

[24] ZHU Q W, LI R, YAN Y Y, et al. Sustainable snail-inspired bio-based adhesives with ultra-high adhesion [J]. Adv. Funct. Mater., 2024, 34: 2402734.

[25] BARTHELAT F, TANG H, ZAVATTIERI P D, et al. On the mechanics of mother-of-pearl: a key feature in the material hierarchical structure [J]. Journal of the Mechanics and Physics of Solids, 2008, 55 (2): 306-337.

[26] HAN S Y, HE Y Y, HE H Z, et al. Mechanical behavior of bamboo, and its biomimetic composites and structural members: a systematic review [J]. Journal of Bionic Engineering, 2024, 21 (1): 56-73.

[27] 高峰, 黄河, 任露泉. 新疆岩蜥三元耦合耐冲蚀磨损特性及其仿生试验 [J]. 吉林大学学报 (工学版), 2008, 38 (3): 586-590.

[28] 黄河. 基于沙漠蜥蜴生物耦合特性的仿生耐冲蚀试验研究 [D]. 长春: 吉林大学, 2012.

[29] 刘明杰, 吴青山, 严昊, 等. 仿生减阻表面的进展与挑战 [J]. 北京航空航天大学学报, 2022, 48 (9): 1782-1790.

[30] WAINWRIGHT D K, FISH F E, INGERSOLL S, et al. How smooth is a dolphin? The ridged skin of odontocetes [J]. Biology Letters, 2019, 15 (7): 20190103.

[31] LANG A W, JONES E M, AFROZ F. Separation control over agrooved surface inspired by dolphin skin [J]. Bioinspiration & Biomimetics, 2017, 12 (2): 1-35.

[32] GROSSKREUTZ R. An attempt to control boundarydayer turbu-lence with nonisotropie compliant walls [J]. University Seience Journal (Dar es Salaam), 1975, 1: 67-73.

[33] DUNCAN J H, WAXMAN A M, TULIN M P. The dynamics of waves at the interface between a viscoelastic coating and a fluid flow [J]. Journal of Fluid Mechanics, 1985, 158: 177-197.

[34] YEO K S. The stability of boundarydayer flow over single-and multi-layer viscoelastic walls [J]. Journal of Fluid Mechanics, 1988, 196: 359-408.

[35] TIAN G Z, ZHANG Y S, FENG X M, et al. Focus on bioinspired textured surfaces toward fluid drag reduction: recent progresses and challenges [J]. Advanced Engineering Materials, 2022, 24 (1): 2100696.

[36] ZHANG Y L, ZHAO W Y, MA S H, et al. Modulus adaptive lubricating prototype inspired by instant muscle hardening mechanism of catfish skin [J]. Nature Communications, 2022, 13 (1): 377.

[37] 李安琪. 蚯蚓体表液的初步研究 [J]. 工业技术经济, 1990, 6 (2): 34-35.

[38] LI J, LIU Y, LUO J, et al. Excellent lubricating behavior of brasenia schreberi mucilage [J]. Langmuir, 2012, 28 (20): 7797-7802.

[39] GLUDOVATZ B, WALSH F, ZIMMERMANN E A, et al. Multiscale structure and damage tolerance of coconut shells [J]. Journal of the Mechanical Behavior of Biomedical Materials, 2017, 76: 76-84.

[40] RHEE H, HORSTEMEYER M F, HWANG Y, et al. A study on the structure and mechanical behavior of the Terrapene carolina carapace: a pathway to design bio-inspired synthetic composites [J]. Materials Science and Engineering: C, 2009, 29 (8): 2333-2339.

[41] WU Q Q, YANG C L, OHRNDORF A, et al. Impact behaviors of human skull sandwich cellular bones: theoretical models and simulation [J]. Journal of the Mechanical Behavior of Biomedical Materials, 2020, 104: 103669.

[42] KAMAT S, SU X, BALLARINI R, et al. Structural basis for the fracture toughness of the shell of the conch Strombus gigas [J]. Nature, 2000, 405 (6790): 1036-1040.

[43] WEAVER J C, MILLIRON G W, MISEREZ A, et al. The stomatopod dactyl club: a formidable damage-tolerant biological hammer [J]. Science, 2012, 336 (6086): 1275-1280.

[44] MCKITTRICK J, CHEN P Y, TOMBOLATO L, et al. Energy absorbent natural materials and bioinspired design strategies: a review [J]. Materials Science and Engineering: C, 2010, 30 (3): 331-342.

[45] KRAUSS S, MONSONEGO-ORNAN E, ZELZER E, et al. Mechanical function of a complex three-dimensional suture joining the bony elements in the shell of the red-eared slider turtle [J]. Advanced Materials, 2009, 21 (4): 407-412.

[46] NICOLAY C W, VADERS M J, Cranial suture complexity in white-tailed deer (Odocoileus virginianus) [J]. Journal of Morphology, 2006, 267 (7): 841-849.

[47] YANG W, NALEWAY S E, PORTER M M, et al. The armored carapace of the boxfish [J]. Acta Biomaterialia, 2015, 23: 1-10.

[48] BRUET B J F, SONG J, BOYCE M C, et al. Materials design principles of ancient fish armour [J]. Nature materials, 2008, 7 (9): 748-756.

[49] CRIBB B W, RATHMELL A, CHARTERS R, et al. Structure, composition and properties of naturally occurring non-calcified crustacean cuticle [J]. Arthropod Structure and Development, 2009, 38 (3): 173-178.

[50] ROY S, BASU B. Mechanical and tribological characterization of human tooth [J]. Mater. Charact., 2008, 59 (6): 747-756.

[51] HA N S, LU G X, XIANG X M. Energy absorption of a bio-inspired honeycomb sandwich panel [J]. Journal of Materials Science, 2019, 54 (8): 6286-6300.

[52] CLARK J, JENSON S, SCHULTZ J, et al. Study of impact properties of a fluid-filled honeycomb structure [J]. ASME Int. Mech. Eng. Congr. Expo. Proc., 2013, 9: 2-7.

[53] WANG L Z, CHEUNG J T M, PU F, et al. Why do woodpeckers resist head impact injury: a biomechanical investigation [J]. PloS One, 2011, 6 (10): e26490.

[54] YAN G, ZOU H X, WANG S, et al. Bio-inspired vibration isolation: methodology and design [J]. Appl. Mech. Rev., 2021, 73 (2): 020801.

[55] 冯西桥, 赵红平, 李博. 仿生力学前沿 [M]. 上海: 上海交通大学出版社, 2020.

[56] 冯西桥. 生物材料力学与仿生学 [M]. 上海: 上海交通大学出版社, 2017.

第3章
仿生光学材料

光学功能材料是在力、声、热、电、磁和光等作用下，光学性质发生变化的一类材料。光学功能材料能够调控光的传播、吸收、发射、散射等光学过程，实现对光的控制和操控，从而广泛应用于光学器件、光电子器件、光通信、光储存等领域。自然界中的生物经历千百万年的进化，身体表面出现了诸多光学现象。例如，飞蛾的复眼是由圆锥形凸起组成的，能有效地在更广泛的波长范围内极大地减少光反射，减少天敌发现它的概率和最大限度地捕捉光线，以便在黑暗中看到东西；蝴蝶翅膀上的鳞片有多种功能，其中最显而易见的就是提供色彩和光泽；白甲虫是由鳞片与角质层的细丝堆叠成的多孔结构，其鳞片在细丝之间平均有约30%的空气体积，提供了一个理想的散射空间，提升其在炎热夏天的生存能力。自然界中的光学现象为人类获得光学功能材料提供了启发。

3.1　光的基本性质与能量分析

3.1.1　光谱区及其分类

1. 太阳光谱

太阳辐射是指太阳以电磁波的形式向外发射能量，这些电磁波包括紫外线、可见光和红外线等。太阳辐射是地球上最重要的能量来源，驱动了地球的大气运动、水循环及生态系统的能量流动，其强度和分布受到太阳活动、大气层及地理位置等多种因素的影响。太阳辐射可以按照波长划分为三种主要类型：

（1）紫外线辐射　波长范围为10~400nm。紫外线具有较高的能量，对生物和材料的光化学反应有重要影响。

（2）可见光辐射　波长范围为400~700nm。可见光是人眼可以感知的光线，不同波长对应不同的颜色，也是植物进行光合作用的主要光源。

（3）红外线辐射　波长范围为700nm~100μm。红外线主要以热能的形式存在，对地球的温度调节起着重要作用。

太阳是能量最强、天然稳定的自然辐射源，其中心温度为 1.5×10^7 K，压强约为 10^{16} Pa。内部发生由氢转换成氦的聚核反应。太阳聚核反应释放出巨大的能量，其总辐射功率为 3.8×10^{26} W，其中被地球接收的部分约为 1.7×10^{17} W。太阳的辐射能量用太阳常数表示，太阳常数是在平均日地距离上、在地球大气层外测得的太阳辐射照度值。从 1900 年有测试数据以来，其测量值几乎一直为 1350 W/m^2。对大气的吸收和散射进行修正后的地球表面值约为这个值的 2/3，约 1000 W/m^2。

太阳可以近似看作一个表面温度为 5778K 的黑体。根据黑体辐射定律，可以计算在不同波长下太阳辐射的强度分布，如图 3-1 所示。太阳辐射的能量波长分布在 200~2500nm 之间，其中大约 7% 的能量位于紫外波段（200~400nm），大约 50% 的能量位于可见光波段（400~700nm），其余 43% 的能量位于红外波段（700~2500nm）。

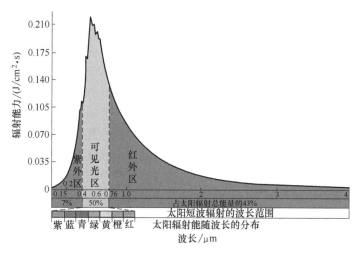

图 3-1　太阳光谱的能量分布与波长的关系

维恩位移定律描述了黑体辐射的峰值波长与温度（T）之间的关系，有

$$\lambda_{\max} = b/T \tag{3-1}$$

式中　$\lambda_{\max}$——辐射强度最大值对应的波长；

　　　b——比例常数，称为维恩位移常数（约为 2.897×10^{-3} m·K）。

维恩位移定律表明，随着温度升高，黑体辐射的峰值波长会向更短的波长移动，即温度越高，辐射越强，$\lambda_{\max}$ 越向短波长的范围位移，如图 3-2 所示。根据维恩位移定律，可以计算出太阳辐射强度的峰值波长约为 500nm，在可见光波段内。

大气层对太阳辐射有一定的吸收和散射作用，使得地表接收到的辐射有所减少。不同波长的电磁波在大气中的穿透性不同，紫外线在高层大气中被臭氧层吸

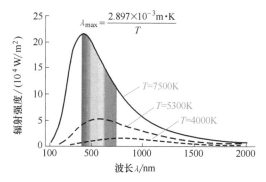

图 3-2　不同温度下黑体辐射强度峰值与波长的关系

收，大部分可见光则能够穿透到达地表。太阳辐射是地球气候系统和生态系统的主要能量来

源，它驱动了天气现象、气候变化和生物光合作用。通过吸收太阳辐射，地球表面和大气获得能量，从而保持适宜的温度，支持生命活动。

2. 红外辐射光谱

辐射是任何物体的固有性质，任何温度高于绝对零度（0K）的物体都会不断辐射能量，辐射的形式可以是紫外光、可见光、红外线等，这取决于物体的温度。同时，物体也会不断吸收来自其他物体的辐射能量。地球表面物体吸收太阳辐射的能量，使其温度升高。吸收的能量一部分用于加热物体，一部分通过对流和传导传递给周围环境，还有一部分则以红外辐射的形式向外发射。地球表面的温度范围通常在 $200 \sim 330K$ 之间，这样的温度下，地球主要以红外波长（$2.5 \sim 25\mu m$）辐射能量。地球的红外辐射在传递过程中会被大气中的气体（如水蒸气、二氧化碳等）吸收和散射，从而衰减辐射强度。只有在某些波长范围内这种吸收才会较少，使得地球表面的热量可以通过红外辐射传递到太空，从而实现热平衡。这些受到大气衰减作用较轻、透射率较高的波段称为"大气窗口"。如图3-3所示，$3 \sim 5\mu m$ 和 $8 \sim 14\mu m$ 是两个主要的"大气窗口"。由于热量总是从高温区域传

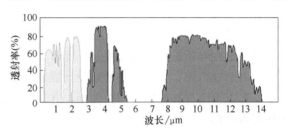

图3-3　红外大气窗口波长

递到低温区域，太空的温度非常低，接近绝对零度（0K），地球表面的温度相对于太空而言是高温的。因此，通过红外辐射，地球表面的热量可以通过"大气窗口"传递到寒冷的太空，而不会被大气中气体大量吸收。

3.1.2　辐射测量的基本概念

辐射测量是指测量辐射源辐射量。测量仪主要包括光度导轨、积分球、单色仪、分光光度计、光谱辐射计及傅里叶变换光谱辐射计。

1. 辐射测量的基本参数

（1）辐射强度　对于光学材料，辐射强度的测量需要考虑材料的光学特性对辐射传播的影响。由于材料可能对不同波长的辐射具有不同的反射、折射和吸收系数，因此测量到的辐射强度可能与在自由空间中的辐射强度有所不同。例如，对于具有高反射率的仿生材料，测量到的辐射强度可能会因反射而增强；而对于具有高吸收性的仿生材料，辐射强度可能会显著降低。

（2）辐射剂量　辐射剂量是衡量辐射对材料或生物体产生影响的重要参数。在测量光学材料的辐射剂量时，需要考虑材料的结构和光学特性对辐射能量沉积的影响。例如，某些仿生材料可能具有特殊的能量吸收机制，导致辐射能量在材料中的分布不均匀，从而影响辐射剂量的准确测量。

（3）光谱特性　光学材料通常对不同波长的辐射具有特定的响应。因此，在辐射测量中，需要对辐射的光谱特性进行分析，以了解材料在不同波长下的光学性能和辐射响应。例如，通过测量材料的反射光谱、透射光谱或吸收光谱，可以确定材料对不同波长辐射的选择性吸收或反射特性，从而为辐射测量和应用提供依据。

2. 辐射测量方法

（1）光学测量技术　利用光学仪器，如分光光度计、光谱仪、显微镜等，对光学材料的光学性能进行测量。这些仪器可以测量材料的反射率、透射率、吸收率、散射特性等，从而间接推断材料对辐射的响应。例如，通过测量材料在不同波长下的反射率和透射率，可以计算出材料的辐射吸收系数和散射系数，进而评估材料对辐射的防护性能。

（2）辐射探测器　使用辐射探测器，如电离室、闪烁探测器、半导体探测器等，直接测量辐射的强度、剂量或能量。在测量仿生光学材料时，需要考虑探测器与材料的相互作用及材料对辐射的影响。例如，某些辐射探测器可能对特定波长的辐射具有较高的灵敏度，而对其他波长的辐射响应较弱。在选择探测器时，需要根据测量的辐射类型和波长范围进行合理选择。

（3）模拟与计算方法　利用计算机模拟和计算方法，如蒙特卡洛模拟、有限元分析等，对辐射在仿生光学材料中的传播和相互作用进行模拟。这些方法可以帮助理解材料的光学特性和辐射响应机制，为辐射测量和设计提供理论支持。例如，通过模拟辐射在材料中的传输过程，可以预测材料的辐射防护性能，并优化材料的结构和光学特性，以提高辐射测量的准确性和可靠性。

发射率是一个无量纲数值，用来描述一个物体表面发射热辐射的效率，是实际物体在特定温度下发射的辐射能与同温度下黑体发射的辐射能的比值。黑体的发射率为1，表示其在任何温度下都是完全辐射体；实际物体的发射率在0~1之间，是局部发射体。发射率取决于物体的材料、表面性质（如光滑或粗糙、氧化层等）、温度和波长等因素。在实际应用中，发射率对于热辐射的测量和热管理具有重要意义。高发射率的物体在相同温度下能够发射更多的红外辐射能量，低发射率的物体则发射较少的红外辐射能量。发射率与温度和波长相关，即物体在不同波长的发射率不同，其可以同时表示为波长和温度的函数，记作 $\varepsilon(\lambda, T)$。

根据基尔霍夫定律表明，任何物体在热平衡时，其吸收的辐射能量与其发射的辐射能量必须相等，否则物体的温度会发生变化，直到新的平衡状态。对于同一物体来讲，在特定的温度和波长下，其吸收率 A 等于其发射率 ε。吸收率 A、反射率 R 和透射率 T 之间的关系可以通过能量守恒定律来解释。在辐射过程中，三者之和必须等于1。因此可以表示为

$$R+T+A=1 \tag{3-2}$$

已知在热辐射问题中，发射率 ε 和吸收率 A 相等，结合上面的能量守恒关系，可以得出

$$\varepsilon=1-R-T \tag{3-3}$$

对于不透明物体，T 为零，因此物体在特定波长下的发射率与其反射率之和等于1。换句话说，物体在某一波长下发射的能量越多，反射的能量就越少，反之亦然。因此，高发射率的材料（如黑体）在热成像中表现为"热"物体，因为它们吸收并重新发射了大部分入射的辐射能量；而高反射率的材料则在热成像中表现为"冷"物体，因为它们反射了大部分入射的辐射能量，发射的辐射较少。

3. 积分球在辐射测量基本概念中的应用

积分球是一个内壁涂有白色漫反射材料的空腔球体（图3-4），又称为光度球、光通球等。球壁上开一个或几个窗孔，用作进光孔和放置光接收器件的接收孔。积分球的内壁应是良好的球面，通常要求它相对于理想球面的偏差应不大于内径的0.2%。球内壁上涂以理想的漫反射材料，也就是漫反射系数接近于1的材料。常用的红外积分球材料是 Au 或 Ag，通

过磁控溅射均匀地附着在内壁上，Au 在 $2.5\sim25\mu m$ 光谱范围内的光谱反射比都在 99% 以上，这样，进入积分球的光经过内壁涂层多次反射，在内壁上形成均匀照度。为获得较高的测量准确度，积分球的开孔比应尽可能小。开孔比是指积分球开孔处的球面积与整个球内壁面积之比。

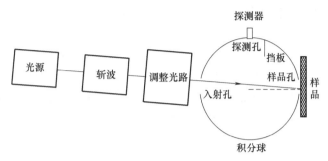

图 3-4　红外积分球测量原理

积分球传统的应用是测量灯具的总光通量。这项技术起源于 20 世纪初，作为对比不同类型灯具输出光通量最简单快速的方法。如今，积分球光谱分析仪常用于测量 LED、通用照明、工程照明、便携式灯具产品等的电学和光度性能。这些应用中积分球直径可以小至 5cm，大至 3m 甚至更大。采用积分球可以更有效地测量任何尺寸或形状的传统和固态光源的总光谱通量和颜色。积分球配合光谱仪，可测量重要的光谱参数，例如光谱通量、色度、相关色温、CRI、TM-30、峰值波长和主波长等。

3.1.3　表面光学反射的基本原理

1. 降低表面反射的基本原理

照射到样片表面的光遵守光的反射、折射定律。如图 3-5 所示，表面平整的样片（如硅片）放置在空气中，有一束强度为 I_0 的光照射前表面时，将在入射点发生反射和折射。以 I_0' 表示反射光强度，I_1 表示折射光强度。这时入射角等于反射角，并且

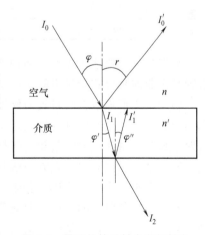

$$\frac{\sin\varphi}{\sin\varphi'}=\frac{v}{v'}=\frac{\dfrac{c}{v}}{\dfrac{c}{v'}}=\frac{n}{n'} \qquad (3\text{-}4)$$

式中　φ'——入射光进入硅中的折射角；

$\quad v$、v'——空气及硅中的光速；

图 3-5　界面处的反射光和折射光

$\quad n$ 和 n'——空气及硅的折射率；

$\quad c$——真空中的光速。

任何媒质的折射率都等于真空中的光速与该媒质中的光速之比。

定义反射光强度 I_0' 与入射光强度 I_0 之比为反射率，以 R 表示；透射光强度 I_2 与入射光强度 I_0 之比为透射率，以 T 表示。当介质材料对光没有吸收时，$T+R=1$。半导体材料对光

有吸收作用，因此，还要考虑材料对光的吸收率。

光垂直入射到材料表面时，反射率可以表示为

$$R = \frac{I'_0}{I_0} = \left(\frac{n_0 - n_1}{n_0 + n_1}\right)^2 \tag{3-5}$$

当入射角为 φ 时，折射角为 φ'，则反射率可以表示为

$$R = \frac{I'_0}{I_0} = \frac{1}{2}\left[\frac{\sin^2(\varphi - \varphi')}{\sin^2(\varphi + \varphi'_1)} + \frac{\tan(\varphi - \varphi')}{\tan(\varphi + \varphi'_1)}\right] \tag{3-6}$$

一般说来，折射率大的材料，其反射率也较大。太阳能电池用的半导体材料的折射率、反射率都较大，因此在制作太阳能电池时，往往都要使用减反射膜、几何陷光结构等减反射措施。应当注意，材料的折射率与入射光的波长密切相关，表 3-1 为硅和砷化镓的折射率与波长的关系。

表 3-1　硅和砷化镓的折射率与波长的关系

波长/μm	折射率 η	
	Si	GaAs
1.1	3.5	3.46
1.0	3.5	3.5
0.90	3.6	3.6
0.80	3.65	3.62
0.70	3.75	3.65
0.60	3.9	3.85
0.50	4.25	4.4
0.45	4.75	4.8
0.40	6.0	4.15

菲涅耳公式描述了光波在两种不同折射率的介质中传播时反射和折射的规律。菲涅耳反射则是由菲涅耳公式推导出的光的反射规律。而菲涅耳反射是由于介质折射系数的突变引起的。因此，人们通过在材料表面修饰反射系数连续变化的多层薄膜，来减少由于反射引起的光学损失。工业生产中制备抗反射涂层时常用四分之一光波长法，即在材料表面涂上若干层折射系数介于基底折射系数和空气折射系数之间的材料，而每一层的光学厚度是抗反射光波长的四分之一。四分之一光波长法制备抗反射薄膜的减反射原理图如图 3-6 所示。

在图 3-6 中没有抗反射涂层时，只有在空气和基底材料界面处存在一束反射光 $R \cdot I$，这是由菲涅耳反射引起的光学反射能量损失。当基底材料表面有抗反射薄膜时，存在两束反射光。$R_{01} \cdot I$ 这束反射光是由于空气与抗反射薄膜界面折射系数不同而产生的，而另一束反射光 $R_{1s} \cdot T_{01} \cdot I$ 是由于抗反射薄膜与基底材料界面处折射系数不同而产生的。这两束反射光发生光学干涉，当干涉强度相互抵消达到干涉最弱时为最佳的抗反射薄膜。抗反射薄膜中理想的光学干涉图样如图 3-6 所示，反射光 R_1 与反射光 R_2 发生干涉，两束反射光的波峰与波谷重合或者波谷与波峰重合。在经典的薄膜光学中，可以计算出两束反射光的干涉公式

$$\Delta = 2nh = \begin{cases} m\lambda & \text{加强} \\ (2m+1)\lambda/2 & \text{减弱（选用）} \end{cases} \tag{3-7}$$

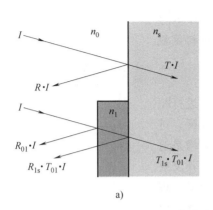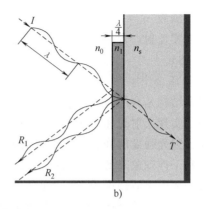

图 3-6　薄膜抗反射涂层光路图

a）基底和蒸镀普通薄膜　b）形成驻波的薄膜厚度

根据干涉公式可以获得如下推论：$m=0$ 时干涉最弱，薄膜的厚度为 $4nh=\lambda$（即光学薄膜的光学厚度为四分之一光波长），此时样品在此波长处的光学反射率为零。

光波垂直入射到基底表面，在基底与空气界面处形成反射光，反射光与入射光同侧（图 3-7a），当厚度处于四分之一波长时，其表面的反射率公式可写成

$$R=\frac{(n_0-n_1)^2}{(n_0+n_1)^2}=\frac{(1-n_1/n_0)^2}{(1+n_1/n_0)^2} \tag{3-8}$$

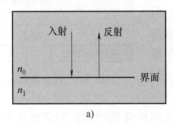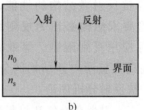

图 3-7　界面反射示意图

a）基底界面处的反射　b）具有单层抗反射薄膜界面处的反射

n_0、n_1 越接近，表面反射率就越低。例如，对于从空气入射介质场合（$n_0=1$），当 $n_1=1.44\sim1.92$，反射率 $R=3.25\%\sim10\%$（在可见和近红外区）。而在红外区域（硅和锗基底），反射率 $R>31\%$。

在入射界面上镀一层低折射率（$n_0<n_{\mathrm{f}}<n_{\mathrm{s}}$）的膜层，能够减少反射率（图 3-7b）。

$$R=\left|\frac{\eta_0-Y}{\eta_0+Y}\right|^2$$

$$Y=n_{\mathrm{f}}^2/n_{\mathrm{s}},（\lambda/4\ 波长膜厚） \tag{3-9}$$

反射率为零的条件为 $\eta_{\mathrm{f}}=\sqrt{\eta_0\eta_{\mathrm{s}}}$。

典型单层减反膜反射率-波长曲线呈 V 形（图 3-8），存在一个谷底，在此波长处具有最小反射率。

单层减反膜理论上只能在一个波长处实现零反射率，所以色中性差，即反射率的波长相关性强，影响成像系统的色平衡。

实际上，满足 $\eta_f = \sqrt{\eta_0 \eta_s}$ 条件的光学玻璃并不存在，很难实现零反射。常用的薄膜最低折射率材料是氟化镁（$n = 1.38$）。

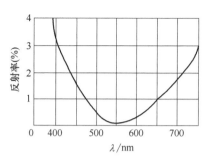

图 3-8　典型单层减反膜反射率与波长的关系

2. 等效介质理论

抗反射微结构是利用光的衍射和干涉现象，进行相干光波叠加，实现反射光和透射光强度的重新分配，进而实现表面反射光强度的降低。由于抗反射微结构是通过光的衍射和干涉现象降低表面反射光强度的，其反射率可以通过经典电磁波理论和光学理论衍生出的多种理论模拟得出。衍生出的理论从大方向可分为标量衍射法、等效介质理论和矢量衍射理论。其中矢量衍射理论主要分为模态法、有限元法、时域有限差分法、严格耦合波理论、C 方法、边界元法和频域有限差分法等，其关系如图 3-9 所示。由于抗反射微结构工作的波长远大于结构的周期或与结构周期相当，标量衍射理论不再适用，因此严格耦合波理论和等效介质理论是抗反射微结构分析的主要理论。严格耦合波理论主要是利用光学方程计算抗反射微结构的性能，但是为了便于建立模型要求结构必须为规则结构才能计算，因此实际应用受到限制。等效介质理论可以实现对非周期性抗反射微结构的分析，因此它是比较重要的抗反射分析理论。

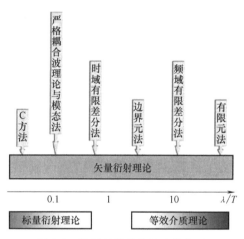

图 3-9　抗反射微结构的理论体系

菲涅耳反射是由于入射光在空气和材料这两种介质中的折射系数不同，导致折射系数在两种介质的界面处是不连续的，从而引起光反射。为了减少不必要的界面反射，通过在材料表面修饰折射系数连续变化的多层薄膜来减少由于反射引起的光学损失。等效介质理论是将亚波长的微结构等效为连续的多层膜，不同截面处有一定的结构折射率。等效介质理论是应用最为广泛的理论。在等效介质理论中，将基底上的亚波长结构等效成一层均匀的介质薄膜，这层不存在的介质层没有真实的折射系数，这里给其一个等效折射系数 n_{eff}。等效介质薄膜的等效折射系数 n_{eff} 是结构周期和结构尺寸的函数，等效折射系数的计算公式为

$$n_{eff} = \sqrt{\frac{(1-f+fn_{sub}^2)\left[f+(1-f)n_{sub}^2\right]+n_{sub}^2}{2\left[f+(1-f)n_{sub}^2\right]}} \tag{3-10}$$

式中　f——抗反射微结构的填充因子，是结构占周期的体积比；

　　n_{sub}——基底材料的折射系数；

　　n_{eff}——抗反射微结构的等效折射系数。

填充因子 f 的计算公式和计算过程如图 3-10 所示。

等效介质理论分析锥形结构示意图如图 3-11 所示。将图 3-11 中 1、2、3 处的三个截面折射系数定义为 n_1、n_2 和 n_3。由等效折射系数计算公式可以看出如下关系：$n_{air} > n_1 > n_2 > n_3 >$

n_{sub}，锥形结构相当于在空气和基底之间加入折射系数依次递变的多层薄膜，来减小空气的折射系数和基底折射系数的突然变化，这样可以使折射系数变化比较缓慢，达到减少表面反射的效果。

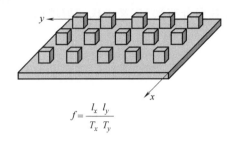

$$f = \frac{l_x}{T_x}\frac{l_y}{T_y}$$

图 3-10　填充因子 f 的计算示意图

l_x—结构在 x 轴上的边长　l_y—结构在 y 轴上的边长

T_x—结构周期在 x 轴上的边长　T_y—结构周期在 y 轴上的边长

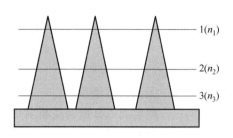

图 3-11　等效介质理论分析锥形结构示意图

将基底上的抗反射微结构等效成均匀的介质薄膜，这样既能够省去如严格耦合波理论的烦琐计算，又能够获得与试验结论相似的结果。基于等效介质理论分析，可以通过调节亚波长微结构的尺寸，进而调节等效薄膜的等效折射系数，克服天然材料折射系数过少的限制，给光学元件的发展和应用带来重大突破。如图 3-12 所示，将亚波长周期结构等效为一层均匀的介质薄膜，利用薄膜光学原理分析计算两个反射光的干涉情况。

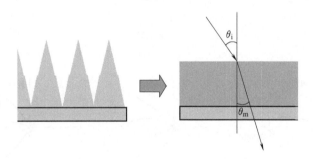

图 3-12　等效介质理论法分析示意图

计算两束反射光的光程差（图 3-12），从光程差的角度能够获得抗反射光栅干涉公式

$$n_m \sin\theta_m - n_i \sin\theta_i = k\lambda / d \tag{3-11}$$

式中　n_m——构筑抗反射微结构基底的折射系数；

$\quad n_i$——等效介质薄膜的等效折射系数，并且 $n_{\text{air}} < n_i < n_m$；

$\quad k$——光栅衍射级数，一般默认 $k = 0$，计算光上的零级衍射，此时可以获得高性能的抗反射微结构；

$\quad d$——薄膜厚度或微结构的厚度。

3. 米氏散射理论

纳米或者微米颗粒具有散射可见光的能力，其散射在光线向前的方向比向后的方向更强，方向性比较明显。当颗粒直径较大时，米氏散射可近似为夫琅禾费衍射。当大气中粒子的直径与辐射的波长相当时发生的散射称为米氏散射，如云雾的粒子大小与红光（750nm）的波长接近，所以云雾对红光的散射主要是米氏散射。因此，米氏散射对多云潮湿天气的影响较大。Mie 提出的米氏散射理论是对于处于均匀介质的各向同性的单个介质球在单色平行光照射下，基于麦克斯韦方程边界条件下的严格数学解。100 多年来，米氏散射理论得到了很大发展，适用范围逐渐推广。如颗粒形状推广到多层的各项同性介质球和折射率渐变的各向同性介质球，以及无限长圆柱形颗粒（折射率按柱面分布）。广义米氏散射理论还可推广到椭球散射体

$$a = \frac{n_1 \pi df}{c} \tag{3-12}$$

式中　　a——无因次粒径参量；

　　　　n_1——颗粒周围分散介质折射率；

　　　　d——颗粒直径；

　　　　f——光的频率；

　　　　c——光速。

图 3-13 显示随着 a 的增加，散射光强呈现前向集中。对于一些颜料，颗粒大小影响颜色。原因在于 d 的增加使 a 增加，反射率峰值位移呈现不同的颜色。

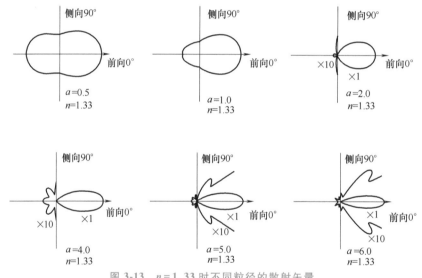

图 3-13　$n = 1.33$ 时不同粒径的散射矢量

3.1.4　辐射制冷原理

辐射冷却现象是由于材料在不同波段吸收和发射的能量差值导致的。例如，辐射冷却材料可有效地反射太阳光谱波段（$0.25 \sim 2.5 \mu m$）的大部分太阳光辐射。同时，这些材料还能通过发射红外波段的能量来调节自身温度。如图 3-14 所示，材料在阳光下，会经历一系列热交换过程。在此过程中，物体会遵循光的反射、吸收与透射规律，反射掉部分太阳辐射，同时吸收或透射其余部分。这一过程体现了光的多种物理特性在热交换中的重要作用，反射率 R、吸收率 A 和透射率 T 三者之和为 100%。如果材料表面对太阳光全谱的反射率接近 100%，那么材料表面几乎没有能量流入，这时材料表面的进入能量相当于 0。同时材料具有一定的温度，引起材料表面具有一定的热辐射，也就是红外发射，如果材料表面的红外发

射率较强，材料表面的能量会不断地辐射给寒冷的太空。如果不考虑周围传热的过程，其表面的温度会持续降低，直至温度接近太空中的绝对零度。辐射冷却材料能够通过辐射方式有效地将热量散发到宇宙空间，从而实现降温效果。这一过程的辐射传热，是一种常见的表面散热方法。这已经被证明是一种有效的冷却策略，几乎不需要额外的能源消耗。因此，辐射冷却技术是一种绿色、节能和可再生的冷却方法，具有巨大的开发和应用潜力，有利于实现"碳中和"的可持续发展目标，这对于缓解全球气候变暖、保护生态环境，以及促进经济社会的可持续发展具有重大意义。

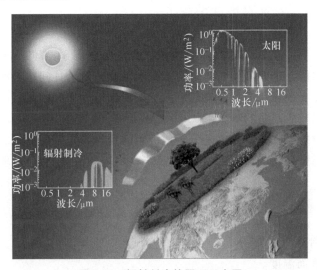

图 3-14　辐射制冷的原理示意图

3.1.5　普朗克黑体辐射定律

黑体辐射是指一个物体完全吸收所有入射辐射的能力，并以所有波长的辐射形式重新发射出来。普朗克黑体辐射定律（也称为普朗克定律或黑体辐射定律）所描述的，就是在任意温度 T 下，从一个黑体中发射出的电磁辐射的辐射率与频率彼此之间的关系。

普朗克定律能量密度频谱的形式为：

$$u_\nu(\nu, T) = \frac{4\pi}{c} I_\nu(\nu, T) = \frac{8\pi h\nu^3}{\lambda^3} \frac{1}{e^{\frac{h\nu}{kT}} - 1} \tag{3-13}$$

式中　ν——振动频率；

　　　h——普朗克常数；

　　　λ——红外辐射波长；

　　　T——热力学温度；

　　　k——玻尔兹曼常数。

黑体辐射是一个重要的物理现象。它在热辐射、光学传感器和太阳能电池等领域都有广泛的应用。

1）黑体辐射在热辐射领域有广泛的应用。由于热辐射的能谱密度与温度呈指数关系，因此通过测量物体发出的辐射功率密度，可以准确地测量物体的温度。

2）黑体辐射在光学传感器领域也有重要的应用。光学传感器利用物体发出的辐射功率密度来检测物体的特征。例如，在光电探测器中，通过测量黑体辐射的光强来判断物体的位置和形状。

3）太阳能电池是一种利用太阳光转化为电能的器件。黑体辐射在太阳能电池中起着关键的作用。太阳光照射到太阳能电池上时，被吸收并转化为电能。黑体辐射的性质使得太阳能电池可以高效地转化太阳光的能量。

3.1.6 光在样品表面的热量平衡

量子理论研究表明，在 $0.25 \sim 2.5 \mu m$ 波段，光的吸收源于电子跃迁，吸收的热量经过转化，变成物体的内能，进而促使物体温度上升。因此，对于日间辐射冷却材料的设计和应用，其核心目标是在光照充足的日间也能有效地实现辐射冷却。因此，需要这类材料尽可能多地反射太阳光，以减少热量的吸收。

材料在红外波段的吸收，本质上是分子偶极矩的变化与光振荡电场之间发生相互作用的结果。任何物体的温度高于绝对零度（即 0K 或 -273℃）时，都会自发地产生红外辐射，其波长计算公式为

$$\lambda_m = \frac{2898}{T} \tag{3-14}$$

式中　λ_m——热辐射峰值波长；

　　　T——物质表面温度。

人类之所以能看到太阳辐射的光，却难以察觉身边物体产生的辐射热，原因在于太阳的温度极高，达到了约 6000K。根据维恩位移定律可知，太阳辐射峰值恰好位于可见光波段，可使人们能直接观察到太阳的光芒。相比之下，常温物体的温度大约在 300K，其热辐射的峰值波长则落在红外波段，这一波段并不在人类的视觉观察范围内。因此，红外线是不可见的电磁波。

红外光同样适用于光的吸收、反射、透射定律，与太阳光谱波段的存在形式类似。此外，根据基尔霍夫热辐射定律，当系统处于热平衡状态时，对于任意给定的波长，其吸收率 A 与发射率 ε 相等。因此，如果一个物体在某一波长下表现出较高的红外吸收能力，那么在相同的波长下，它也会展现出较强的热辐射能力。

3.2 光学功能材料基础

3.2.1 光子晶体与光子带隙

1. 光子晶体的定义与分类

光子晶体是指具有光子带隙特性的人造周期性电介质结构，有时也称为 PBG 光子晶体结构，是由不同折射率的介质周期性排列而成的人工微结构。简单来说，光子晶体具有波长选择性的功能，可以有选择性地使某个波段的光通过而阻止其他波长的光通过。如果只在一

个方向上存在周期性结构，那么光子带隙只能出现于这个方向。如果在三个方向上都存在周期结构，那么可以出现全方位的光子带隙，特定频率的光进入光子晶体后将在各个方向都禁止传播。光子晶体（又称为光子禁带材料）的出现，使人们操纵和控制光子的梦想成为可能。按照光子晶体的光子禁带在空间中所存在的维数，可以将其分为一维光子晶体、二维光子晶体和三维光子晶体。

2. 自然界中的光子晶体

在自然界中，蝴蝶翅膀、变色龙的皮肤、鸟的羽毛、猫眼石都呈现出鲜艳的颜色。这些鲜艳的颜色源于周期性排列的微观结构，是典型的自然光子晶体。例如，南美蓝色晶闪蝴蝶呈现鲜艳的蓝色（图 3-15a），主要是由于其表面有众多的微米鳞片衍射形成的。南美蓝色晶闪蝴蝶表面布满鳞片（图 3-15b~d），鳞片表面具有大量的 $1\mu m$ 的凸起，在凸起表面还存在 200nm 的凹槽，这个结构对 400nm 波长的光形成高反射，呈现鲜艳的蓝色。

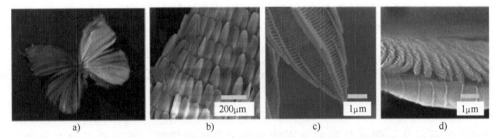

图 3-15　自然界中的光子晶体：南美蓝色晶闪蝴蝶的翅膀

a）光学镜头下蝴蝶的翅膀　b）电子显微镜下蝴蝶翅膀的微观结构

c）电子显微镜下蝴蝶翅膀鳞片的 45°角视图　d）电子显微镜下蝴蝶翅膀鳞片的 90°角视图

自然界中蝴蝶翅膀、孔雀翎羽、甲虫外壳等闪烁着的彩色金属光泽（图 3-16），往往都源于光子晶体特殊的周期性纳米结构对于特定波长的选择性反射。蓝闪蝶的鳞片结构为典型的一维光子晶体。鸟类羽毛微观的周期性条纹结构属于二维光子晶体，孔雀艳丽的尾羽正是

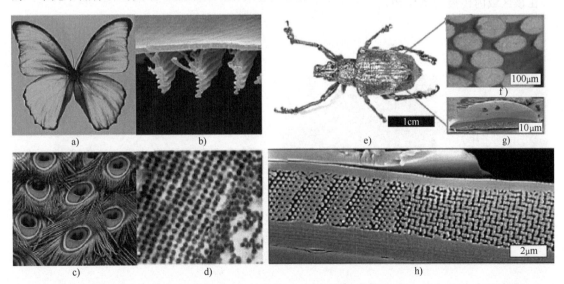

图 3-16　蓝闪蝶、孔雀、象鼻虫及其表面微结构

a）、b）蝴蝶光学照片和表面微结构　c）、d）孔雀羽毛照片及表面微结构　e）~h）象鼻虫光学照片及表面微结构

这种类型。甲虫的金属色外壳也是典型的光子晶体，如象鼻虫的金刚石晶格结构外壳，能有效反射绿光，而对其他波长透明。

除经历了亿万年演化的生命体之外，自然界还存在其他光子晶体，比如欧泊（图 3-17）。欧泊又称为蛋白石，这种宝石因内部堆积的 SiO_2 小球而表现出特殊的变彩效应，常常作为宝石的调色板。

图 3-17 欧泊及其 SEM 图

酱牛肉的切面，也常常闪烁着荧光绿（图 3-18）。这其实要归因于平整切面密集的肌纤维对于光线的反射。所以，酱牛肉切面也是典型的二维光子晶体。

光子晶体的发现为人工制备光学功能材料、调节光的行为，奠定了理论基础。光子晶体可以产生一系列称为光子带隙的"禁止"频率，能量位于禁带中的光子不能通过介质传播，从而可用来抑制、减慢、限制或引导某些晶格方向的电磁波，可以用于抑制自发发射、增强半导体激光器及光学元件的集成和小型化制造各种小型化集成光电、量子光学设备乃至集成光量子平台。

3. 光子带隙

光子带隙是指某一频率范围的波不能在光子晶体中传播，即这种结构本身存在"禁带"。光子带隙也是光子晶体最典型的特征。1987 年，John 和 Yablonovitch 预测了光子带隙效应，将半导体中的能带结构概念扩展到光子学。在半导体中，穿过有序原子晶格的电子会经历周期性电位，这种相互作用会产生一个能量带，在该能量带上电子被禁止向任何方向传播。就像半导体影响电子的流动一样，光子晶体会影响光子的流动。由于光子晶体内部不同电介质晶格之间的折射率对比，光在晶格表面散射/衍射后会产生相应频率的禁带，从而无法在该区域内传播（图 3-19）。

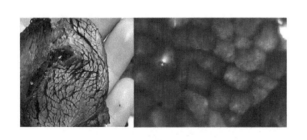

图 3-18 酱牛肉切面

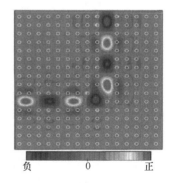

负   0   正

图 3-19 空气中由介电棒组成的二维光子晶体
对光的完全限制和平滑引导展示

注：白色圆圈表示介电棒

折射率对比度越大，该光子带隙就越宽。对于完全光子带隙，光在各个方向的传播都被禁止。相应的，部分光子带隙仅在某些方向上阻止光的传播（图 3-20）。

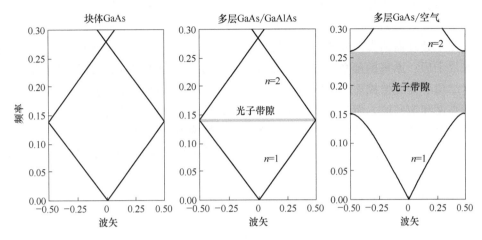

图 3-20　三种不同多层薄膜计算的光子带隙与折射率的关系

65

3.2.2　光学 Bragg-Snell 定律

一般情况下，单分散胶体颗粒都会按照面心立方最密堆积的方式进行排布，形成有序的三维晶格结构。在这种结构中，每个微球颗粒占据一个晶格点位置，其中微球的体积分数大约为 74%，颗粒间的空隙约为 26%。因为和自然界中蛋白石结构类似，因而三维胶体晶体结构又称为蛋白石结构。三维胶体晶体衍射的波长服从 Bragg-Snell 定律

$$m\lambda = 2nd\sin\theta \tag{3-15}$$

式中　m——衍射的级数；

λ——入射光的波长；

n——体系的平均折射率（包括空隙和胶体粒子）；

d——晶格间距；

θ——入射光与衍射晶面之间的掠射角。

二维胶体晶体与三维胶体晶体结构类似，只是二维胶体晶体仅仅由单层球有序排列形成。一维光子晶体最典型的实例就是磁性光子晶体。超顺磁颗粒在磁场的诱导下排列成有序的一维链状结构。当入射光垂直入射到一维光子晶体表面时，它的衍射波长同样也可以用 Bragg-Snell 方程来模拟，简化后的 Bragg-Snell 公式为

$$m\lambda = 2(n_1 d_1 + n_h d_h) \tag{3-16}$$

式中　m——衍射级；

n_1 和 n_h——低折射率和高折射率材料的折射率；

d_1 和 d_h——低折射率和高折射率材料的厚度；

λ——衍射波长。

3.2.3　结构色

结构色，又称为物理色，是一种由光的波长引发的光泽，是由于昆虫体壁上有极薄的蜡

层、刻点、沟缝或鳞片等细微结构，使光波发生折射、漫反射、衍射或干涉而产生的各种颜色。如甲虫体壁表面的金属光泽和闪光等是典型的结构色。结构色外形美观，它不会因被化学药品或热水处理而消失。但若把表皮放入与其折光率相同的无色液体中，颜色就会消失，当取出来放干后，原来的颜色又恢复，如鳞翅目成虫鳞片上的颜色。自然界中复杂精细的微、纳米结构对光的操控而产生的结构色，非常引人注目。这些结构色往往比色素颜色具有更高的明亮度和饱和度，而且在低毒性、稳定性、抗光化学降解性等方面具有独特的优势。因此，结构色在产生绚丽结构色装饰、美容等众多领域中发挥越来越重要的作用。多数结构色往往具有彩虹效应，然而在一些应用中却希望获得在很大视角范围内稳定的颜色，甚至是希望材料呈现出的颜色与角度无关。生物体中的一些精巧结构，为设计和构筑可以产生大视角颜色显示的结构提供了很好的参考。

3.2.4　仿生光学材料的概念

光功能材料作为当前材料研究的前沿热点，广泛应用于显示、传感、光催化、光电转换、光热转换、生物、医学和信息等众多领域。为了满足现有的及潜在的应用需求，人们对光功能材料的性能提出更高和更加多样化的要求。自然界中的许多生物体在经历了亿万年的优胜劣汰后，不断进化出优异的光学结构，并在很多功能上显现出特有的优势，这为开发新型的光功能材料提供了独特的灵感来源。通过直接利用生物模板或借鉴生物体产生特殊功能的光学机制，许多仿生光学材料已经被成功制备，并在诸多应用领域中表现出优异的性能，极大地促进了新型光功能材料的研究和应用。以生物体表面的微观结构为原型，构筑特定的光学属性的材料，并在外场（电、光、磁、热、声、力等）作用下，改变仿生材料的折射率、间距、排布方式或感应电极化等，实现对入射光信号的探测、调制及能量或频率转换作用的光学材料，即为仿生光学材料。

3.3　仿生光散射材料

3.3.1　自然界中光散射材料的生物模型

光与连续介质中随机分布的微小颗粒或结构相互作用，将会发生光的散射。散射现象在生物体中普遍存在，然而比较有趣的是许多生物体中存在一些特殊的散射结构，这些结构仅仅具有亚微米厚度，但仍可比较均匀地散射整个可见光波段的光，产生白色。最典型的实例当属粉蝶科的蝴蝶，其由于存在密集的蝶呤色素颗粒，显著提高了对入射光的散射，导致蝶翅显现出明亮的白色；而且蝶呤色素颗粒的分布越密集，产生的白色越明。如图 3-21a 和 b 所示，对菜粉蝶白色鳞片的分析发现，这些蝶呤色素颗粒呈椭球状（长度大约为 450nm，宽度大约为 200nm），密集地镶嵌排列在脊和横肋上，这些蝶呤色素颗粒的折射率在整个可见光波段均大于 2，与空气相差较大，因此具有很强的散射能力，其与鳞片上的脊和横肋等微纳结构的协同作用产生明亮的白色。某些甲虫也是因异常明亮的白色而受到人们的关注，虽然其组分材料的折射率仅大约 1.56，但是其独特的结构引起的多重散射，可以使较薄的结构产生明亮的白色。如图 3-21c 和 d 所示，在白金龟甲虫中大约 $7\mu m$ 厚的鳞片上，存在各向异性、无序的几丁质网络结构，由直径约 250nm、长度不足 $1\mu m$ 的互相连通的几丁质棒组成，其填充率可达 60%，在各个角度观察均呈现明亮的白色。此外，在一些水生动物中也发现了可以均匀散射可见光的结构。例如，普通乌贼的皮肤上有许多白色条纹，主要源于白色素细胞中无序分布的浅色体微球（平均直径为 704nm±54nm，有效折射率为 1.51±0.02）对光的非相干散射。

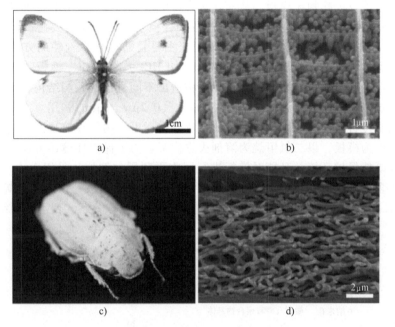

图 3-21 一些生物体中的散射结构

a）菜粉蝶的照片 b）菜粉蝶鳞片结构的扫描电镜图像 c）白金龟甲虫 d）白金龟甲虫鳞片结构的扫描电镜图像

3.3.2 仿生光散射材料的制备方法与应用

1. 孔洞结构辐射制冷材料的制备方法

孔洞结构辐射制冷材料是在聚合物基体内构造不同尺寸的孔洞（图 3-22a），利用孔洞对太阳光的散射（图 3-22b）来减少能量的输入。由米氏理论可知，当孔径处于入射光线波长的一半时，对入射光线的散射效果最好。目前采用的造孔方法主要有相分离法、模板法、间接造孔法和纤维法，下面主要介绍前两种方法。

（1）相分离法 相分离法是通过调控温度改变混合物的状态使聚合物与溶剂分离，形成以聚合物为连续相，溶剂为分散相的两相结构，再通过一定手段去除溶剂的方法，如图 3-22c 所示。按照溶剂去除方法主要分为溶剂挥发法和冷冻干燥法两种。

1）溶剂挥发法。溶剂挥发法是利用低沸点的物质作为溶剂，使其汽化从液态变为气态。将水、丙酮及 P（VdF-HFP）组成的前驱体溶液喷涂到基材上，丙酮的快速蒸发导致 P（VdF-HFP）与水相分离，形成微液滴和纳米液滴，水蒸发后形成多孔结构。通常选择易挥发的物质（水、丙酮及四氢呋喃）等作为溶剂，并利用其与聚合物基体来制备制冷材料。

2）冷冻干燥法。冷冻干燥法是利用低温条件使溶剂升华从固态变为气态，将左旋聚乳酸、右旋聚乳酸、1,4-二烷及水混合，然后进行冷冻干燥，构造出两种不同直径的孔洞结构。

相分离法通过选择不同的溶剂与聚合物组合、调节温度或湿度等参数调控多孔材料的孔洞形貌和分布状态。在实际应用中，相分离法制备过程简单、可制备不同孔径的材料，但存在孔隙分布不均匀及溶剂挥发污染环境的问题。

（2）模板法 模板法制备孔洞结构辐射制冷材料是将颗粒模板与聚合物基体混合后成型，再通过一定手段去除颗粒模板，从而在聚合物中留下与模板尺寸相同的孔洞结构，如图3-22d所示。在采用模板法制备孔洞结构的过程中，模板的去除是需要解决的问题之一。采取 $CaCO_3$、SiO_2 和 ZnO 等无机材料作为模板时，主要是通过化学刻蚀的方法去除模板。例如，将 $CaCO_3$ 颗粒作为模板分散进聚氯乙烯中，用 HCl 去除 $CaCO_3$ 模板制备出多孔制冷材料。还可通过选择不同粒径的颗粒作为模板，构造出不同直径的孔洞结构，提高太阳光反射率。例如，通过在 PMMA 聚合物中添加 SiO_2 颗粒（$0.2\mu m$、$5\mu m$），用氢氟酸刻蚀后得到具有不同孔径的制冷材料。除采用化学刻蚀的方法外，还可采用物理溶解的方法去除模板。例如，以石蜡油作为模板，以二氯甲烷为溶剂去除模板。为了保护环境还可以用水溶性物质作为模板，这样既能保护环境，又能对模板进行回收再利用。例如，采用 NaCl 和糖晶体作为模板构造出了多孔制冷材料。采用高温退火的方法也能去除模板；以聚苯乙烯微球为模板，PDMS 为基体，在 PDMS 固化后采用高温退火使聚苯乙烯微球分解，留下孔洞结构。

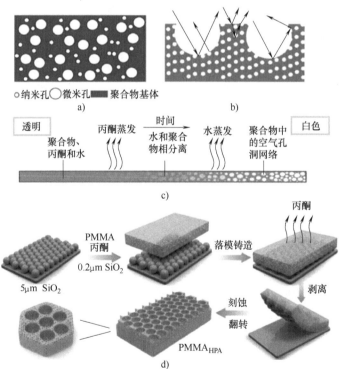

图 3-22 孔洞结构辐射制冷材料的制备方法
a）孔洞结构示意图 b）孔洞结构散射太阳光示意图 c）相分离法示意图 d）模板法示意图

2. 仿生白甲虫光学材料的应用

依据白甲虫复杂的生物结构，研究人员设计了坚固的陶瓷冷却器。在对白甲虫鳞片散射系统研究的基础上，采用分层多孔结构设计，获得了近乎理想的冷却陶瓷。该冷却陶瓷制造简单，不需要精密仪器，也不需要精心调节参数，并且具有优异的日间冷却性能，从而降低室内冷却的能耗。这些特性加上高热发射率，使这种陶瓷能够在室外环境中提供持续的亚环境制冷。研究表明，中午时，带有白色冷却陶瓷的屋顶比商业瓷砖屋顶凉爽近5℃。利用被动辐射制冷技术最直接和最有吸引力的方法是使用冷却器覆盖建筑围护结构表面，冷却器可以直接暴露在天空中以减少建筑物的热负荷，如图3-23所示。冷却陶瓷的颜色、耐候

图3-23　仿生白甲虫光学材料作为建筑围护结构的应用

性、机械坚固性，以及抑制莱顿弗罗斯特效应的能力等主要特点，确保了其耐用性和多功能性，从而促进了其在各种应用领域（尤其是建筑施工领域）的商业化。

3.4　仿生光吸收材料

3.4.1　自然界中光吸收材料的生物模型

一些昆虫的眼睛和翅膀中的纳米减反增透结构，属于非常典型的光学结构。例如，夜蛾复眼中的纳米结构，其表面有许多圆锥形的凸起，这些凸起呈六方结构紧邻在一起，相互之间的距离为170nm，高度一般在200nm。这就是一种折射率匹配结构。这种结构的复眼表面折射率比没有这种结构的复眼表面的折射率要低两个数量级。咖啡透翅天蛾透明翅膀上也有类似的凸起结构，如图3-24所示。通过将咖啡透翅天蛾翅膀上的凸起磨平

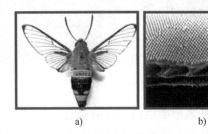

a)　　　　　　　b)

图3-24　咖啡透翅天蛾

a）透明翅膀　b）翅膀的微结构

之后的光谱研究发现，被磨平后的翅膀反射率大大提高。这种规则排列的亚波长尺度由上到下递增的圆锥形或类似凸起，形成了一层折射率由空气到基质递增的过渡层，可以有效减少光线的反射。

飞蛾复眼的表面凸起结构具有很好的抗反射性能，它的凸起结构与基底是同一种材料，这可以有效地避免薄膜抗反射热膨胀系数不匹配等诸多问题，如图3-25所示。飞蛾复眼优异的性能获得了科研工作者的广泛关注，促使抗反射微结构获得了快速的发展，现在对这种类似飞蛾复眼结构的理论分析与微结构的性能设计都比较成熟。

a)　　　　　　　b)

图3-25　飞蛾复眼的SEM图

a）复眼整体示意图　b）复眼表面放大示意图

3.4.2 仿生光吸收材料的应用

1. 蛾眼抗反射结构

一些夜视昆虫如蛾的复眼表面分布着大量的纳米柱阵列（图 3-26），这种复眼结构使得飞蛾眼表面的反射光几乎不存在，这有利于飞蛾在夜间观察目标，保障飞蛾的飞行安全。

类蛾眼抗反射结构的作用机理：当结构尺寸远大于入射光波长时，部分光被吸收，剩余光被散射和反射；当结构尺寸和入射光波长接近时，光会在结构内部进行多次内反射，形成"光陷"进而实现抗反射效果；当结构尺寸为比入射光波长小的纳米结构或亚波长结构时，入射光对这种结构并不敏感且逐渐弯曲，等价于实现了梯度渐变折射率的减反射效果。

2. 基于蛾眼抗反射结构的黑硅材料

传统硅的反射率，高达 40% 以上，严重制约了硅基光子敏感器件的应用。1.07eV 的大带隙限制了块状硅的有用波长范围光谱，尤其是当波长高于 $1.1\mu m$ 时。此外，电磁波谱上的高反射率严重影响了基于硅的光电器件的效率和灵敏度。

所以在硅表面实现具有减反射功能的表面是十分必要的。而通过纳米压印或激光辐照在硅表面制备成的类蛾眼抗反射表面，会变成深黑色，因此被称为黑硅（图 3-27）。

下面简要介绍基于黑硅所制成的光电器件，以展示蛾眼抗反射结构在光电器件中的应用。

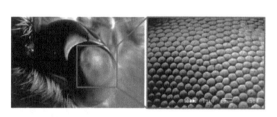

图 3-26 蛾眼及表面结构示意图   图 3-27 黑硅示意图

（1）硅基太阳能电池 有效地进行光捕获对太阳能电池是至关重要的，因此制备减反射表面对于提高太阳能电池的功率转换效率（PCE）有着重要的作用。减反射结构的引入可以十分显著地改善光吸收，提供全角度宽光谱范围内的低反射率，使得结构表面具有自清洁功能，这些均能够改善硅基太阳能电池在实际应用中的性能。

（2）光电探测器 光电探测器能够把光信号转换为电信号，其原理基于半导体材料的光电导效应，即利用光照辐射改变被辐照材料表面的电导率。光电探测器在红外成像和红外遥感等领域有着至关重要的作用。减反射结构可以增加器件的光吸收，对提高光电探测器的灵敏度有很大帮助。非掺杂黑硅制成的光电二极管在近红外波段可实现大于 50% 的高吸收率。

3. 仿生减反射材料的应用

减反射结构广泛应用于许多光学器件中，例如 LED 显示屏、光探测器、多器件组成的精密光学系统、太阳能电池等，以减少界面处的反射。自然界中存在的一些性能优异的减反射结构，例如许多昆虫复眼、蝴蝶翅膀、蝉翅和一些花瓣上存在的亚微米尺度的结构，可以在很宽的波长范围内起到很好的减反射效果，这给人们提供了不同的仿生减反射材料的构建思路。许多仿生减反射结构已经在多种无机半导体材料（包括硅、锗、砷化镓、锑化镓、二氧化硅、二氧化钛等）和有机材料的基体上被制备出来，例如纳米柱、纳米锥、纳米针等阵列结构。为了抑制宽波段入射光在空气-基体材料界面处的菲涅耳反射，这些仿生减反射结构的参数也不断地被深入研究，以优化空气与基体材料之间的折射率渐变分布。一般的，为了获得宽波段的减反射效果，纳米结构阵列常常需要具有足够的高度和合理的排列密度。此外，一些仿生减反射结构往往兼具一些其他性能，如超疏水、防雾等。这对于光学器件的实际应用也非常重要。上述仿生减反射结构均是比较规则的阵列结构，虽然在一定的入射角范围内具有很好的减反射效果，但当入射光的角度更大时，常常效果不佳。一些蝴蝶翅膀中存在的准有序结构（如透翅蝶中的不完全规则的纳米柱阵列）具有更大角度范围的减反射效果，这将启发人们制备全方向的减反射结构。

4. 仿生光学材料在光催化中的应用

光催化过程可以直接将光能转化为化学能，在环境和能源等领域有着重要的潜在应用，受到人们的广泛关注。为了提高光催化效率，人们开发了许多不同的仿生结构。一般的，将生物多孔结构引入光催化系统中，一方面可以为反应提供较大的表面积，另一方面也有助于捕获光子。通过生物模板法，空心球、空心管等许多空心结构已经被制备出来，用于提高光催化效率。例如，使用细菌作为模板，PbS 和 ZnS 的空心球和空心管结构被成功制备，由于光在空腔中的多重散射，有助于提高材料对光的吸收，从而在用于光降解酸性品红时展现出优良的光催化活性；使用大肠杆菌作为模板，合成了具有纳米多孔结构的空心 CdS 微米棒，用作光催化产氢的光电极时展现出优良的特性；利用油菜花粉作为模板制备的掺杂铜的空心 TiO_2 微球，具有较强的光吸收能力，并可以高效地光催化降解金霉素；使用孢子作为生物模板，结合溶胶凝胶法制备的 TiO_2 巴氏球形结构，在用于降解罗丹明 B 时，展示出很高的光降解活性。此外，使用其他的多孔生物结构，如玫瑰花瓣的细胞壁、贝壳等作为模板制备而成的 TiO_2 多孔结构，也可以提高光催化效率。用绿色树叶作为生物模板，制备具有分级结构的仿生多孔 TiO_2 和掺氮 TiO_2，可以有效地捕获光能，并实现高效的光催化产氢；而且通过利用掺氮 TiO_2 复制树叶的完整精细结构，并使用 Pt 纳米颗粒代替树叶的光合色素，可以起到助催化的作用，从而制备出具有更高催化效率的人造树叶。

5. 仿生光吸收材料在光热转化中的应用

光热转化是自然界中普遍存在的物理过程，也是许多生物体利用光能的重要方式。对于这种光能转化过程而言，有效地捕获光能并高效地转化成可利用的热能是至关重要的。许多生物体进行光热转化产生水蒸气时，通过局域性地控制蒸发表面，从而实现高效的蒸发。受此启发，在空气-水界面处，由金纳米颗粒自组装构成的仿生光热转化膜被成功制备，并用于高效的水蒸发。由于金纳米颗粒在特定波长光的激发下发生表面等离子体共振，具有很大的光吸收截面，可以有效地捕获光能并转化成热能，这种仿生的金纳米颗粒薄膜可以将光能和产生的热能聚集在空气-水界面处，从而有效利用光能并降低热能损失，提高水蒸发效率。此外，还有一种效率更高的仿生光热蒸发薄膜，其通过在无尘纸基底上沉积金纳米颗粒制备而成。与金纳米颗粒薄膜相比，纸基金纳米颗粒薄膜具有更大的表面粗糙度值，有助于光的多重散射，从而具有更高的光吸收，而且这种多孔薄膜产生更小的热损失，更有利于获得高效的水蒸发效率。仿生减反射结构或陷光结构也可以用于提高对光的吸收率，从而提高光热转化效率，例如，使用裳凤蝶的前翅作为基底，在这种兼具减反射结构和陷光结构的生物光子结构上合成了 Au 纳米颗粒与 CuS 纳米颗粒相结合的复合材料，从而可以吸收从可见光到红外光波段的光能，高效地进行光热转化。

3.5 仿生光子晶体材料

3.5.1 自然界中光子晶体材料的生物模型

光在二维光子晶体结构中传输时，由于存在布拉格（Bragg）散射而受到调制，从而在一定情况下形成光子禁带，反射出鲜明的结构色。在某些海洋动物中存在二维光子晶体结构。例如，鳞沙蚕背侧面的脊柱（图3-28a）上，存在着与脊柱平行的空心圆柱的密排结构（图3-28b），该结构可以看作二维光子晶体结构，当入射光垂直于脊柱轴时，可以观察到与脊柱轴平行的颜色条。栉水母也存在二维光子晶体结构，由规则排列的纤毛组成，随着入射光角度的变化反射出不同波段的光，如图3-28c、d所示。此外，在一些鸟类的羽小枝中也发现引起羽毛呈现虹彩颜色的二维光子晶体结构。这些光子晶体常常由密排的黑素体或空心圆柱组成，在垂直于羽小枝皮层表面的方向产生不完全光子禁带，而且不同的点阵常数导致羽毛呈现出不同的颜色。例如，黑喉鹊的羽毛中呈六方排列的空心圆柱阵列构成的二维光子晶体结构，使羽毛呈现黄绿色，而绿头鸭的颈部羽毛中，六方排列的棒状黑素体阵列分布在角蛋白中，构成二维光子晶体，在不同的角度下可以观察到从绿色到蓝色的虹彩颜色变化，如图3-28e、f所示。一些蝶翅的光子结构也被模仿，用于开发新型的光学材料。

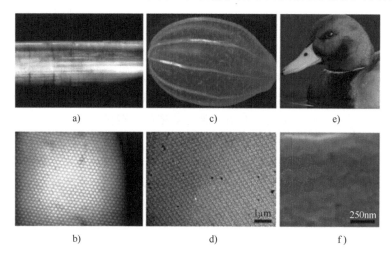

图3-28 一些生物体中的二维光子晶体结构

a）鳞沙蚕的脊柱照片 b）鳞沙蚕脊柱的电子显微照片 c）栉水母的照片
d）栉水母中纤毛结构的截面图 e）绿头鸭的颈部羽毛的结构色 f）绿头鸭的羽小枝的截面扫描电子显微照片

3.5.2 仿生光子晶体材料的应用

1. 仿生光子晶体液相传感器

以有机多孔框架结构为例，通过在溶剂中加入可调节表面张力的表面活性剂，使得有机多孔框架结构纳米颗粒在溶剂表面组装成密排结构，然后将基片保持与胶体光子晶体单层膜平行，将单层膜提拉至基片表面，在基片上获得排布规则的结构，如图 3-29 所示。可见光入射角为 0°时，其与镜面的夹角接近 90°，由 $m\lambda = 2nd\sin\theta$ 可知，当有机多孔框架结构的尺寸不同时，其反射峰的波长也不同，因此呈现红、黄、绿等颜色。图 3-29a～d 显示了所得光子晶体的特写 SEM 图像，纳米晶体在六角形密堆积平面中的良好排列。这些图像还揭示了与晶格无序相关的少量缺陷；然而，这种缺陷不会降低光子晶体的谐振反射率。由尺寸为 270nm、210nm、160nm 和 140nm 的纳米晶体组成的光子晶体在光学图像上分别显示为红色、黄色、绿色和浅蓝色，如图 3-29e～h 所示。通过测量相应光子晶体的反射光谱（图 3-29i），可以清楚地显示，随着构成相应光子晶体的纳米晶体尺寸的增加而变化，波长最大值从410nm 逐渐转变为 600nm，光谱的颜色从浅蓝色移动到红色。图 3-29j 提供了所述光子晶体颜色的反射光谱在国际照明委员会（CIE）颜色空间中的坐标表示，返回的结果与光学图像基本一致。

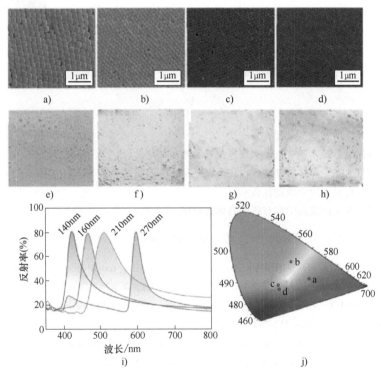

图 3-29　由金属有机框架（MOF）做成的光子晶体及光子反射光谱

a）270nm　b）210nm　c）160nm　d）140nm　e）红色　f）黄色　g）绿色　h）浅蓝色

i）光子晶体的光学反射光谱　j）基于光子晶体反射光谱计算的 CIE 1931 色度图

2. 仿生光子晶体电学传感器

将合成的聚二茂铁硅烷（PFS）这种特殊的聚合物，填充在 SiO_2 蛋白石结构中，之后使用氢氟酸溶液去除掉其中的 SiO_2 纳米微球，制备 PFS 反蛋白石结构（图 3-30a）。由于聚二茂铁硅烷在电场作用下会产生膨胀，晶体点阵堆积方式发生变化，光谱上反射峰会产生移动（图 3-30b），因此可以用作电场的传感器。依据 $m\lambda = 2nd\sin\theta$，可以在通电过程中利用聚二茂铁硅烷仿生膨胀，使光子晶体的反射峰位置发生变化，从而获得不同的颜色（图 3-30c）。

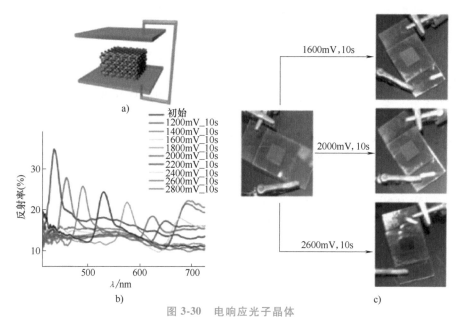

图 3-30 电响应光子晶体

a）PFS 反蛋白石结构 b）不同电场下的光子晶体反射光谱 c）不同电场下光子晶体光学照片

思 考 题

1. 常见的表面光学反射基本原理有哪些？

2. 是否可以通过辐射制冷领域设计实现水蒸气收集？如何设计？

3. 自然界中常见的光子晶体有哪些？在仿生光子晶体方面都有哪些具体的应用？

4. 仿生光吸收材料制备的原理是什么？

5. 仿生光学材料在生产实践中都有哪些具体的应用？

参考文献

[1] HAECHLER I, PARK H, SCHNOERING G, et al. Exploiting radiative cooling for uninterrupted 24hour water harvesting from the atmosphere [J]. Sci. Adv., 2021, 7 (26): eabf3978.

[2] FANG Y S, ZHAO X, CHEN G R, et al. Smart polyethylene textiles for radiative and evaporative cooling [J]. Joule, 2021, 5 (4): 752-754.

[3] SHI J Y, HAN D L, LI Z C, et al. Electrocaloric cooling materials and devices for zero-global-warming-potential, high-Eeficiency refrigeration [J]. Joule, 2019, 3 (5): 1200-1225.

[4] ZHAO B, HU M K, AO X Z, et al. Performance evaluation of daytime radiative cooling under different clear sky conditions [J]. Appl. Therm. Eng., 2019, 155: 660-666.

[5] WU X K, LI J L, JIANG Q Y, et al. An all-weather radiative human body cooling textile [J]. Nat. Sustain., 2023, 6 (11): 1446-1454.

[6] WU D, LIU C, XU Z H, et al. The design of ultra-broadband selective near-perfect absorber based on photonic structures to achieve near-ideal daytime radiative cooling [J]. Materials and Design, 2018, 139 (2): 104-111.

[7] ZHAI Y, MA Y G, DAVID S N, et al. Scalable-manufactured randomized glass-polymer hybrid metamaterial for daytime radiative cooling [J]. Science, 2017, 355 (6329): 1062-1066.

[8] MANDAL J, FU Y K, OVERVIG A C, et al. Hierarchically porous polymer coatings for highly efficient

passive daytime radiative cooling [J]. Science, 2018, 362 (6412): 315-319.

[9] ZHAO X P, LI T Y, XIE H, et al. A solution-processed radiative cooling glass [J]. Science, 2023, 382 (6671): 684-692.

[10] ZHAO D L, TANG H J. Staying stably cool in the sunlight [J]. Science, 2023, 382 (6671): 644-645.

[11] CHAN Y H, ZHANG Y, TENNAKOON T, et al. Potential passive cooling methods based on radiation controls in buildings [J]. Energy Conversion and Management, 2022, 272: 116342.

[12] LI T, ZHAI Y, HE S M, et al. A radiative cooling structural material [J]. Science, 2019, 364 (6442): 760-763.

[13] FAN X C, SHI K L, XIA Z L. A radiative cooler with thermal insulation ability [J]. Infrared Physics and Thechnology, 2020, 105: 103169.

[14] WHITWORTH G L, JARAMILLO-FERNANDEZ J, PARIENTE J A, et al. Simulations of micro-sphere/shell 2D silica photonic crystals for radiative cooling [J]. Optics Express, 2021, 29 (11): 16857-16866.

[15] JARAMILLO-FERNANDEZ J, WHITWORTH G L, Pariente J A, et al. A self-assembled 2D thermofunctional material for radiative cooling [J]. Small, 2019, 15 (52): e1905290.

[16] LIN C J, LI Y, CHI C, et al. A solution-processed inorganic emitter with high spectral selectivity for efficient subambient radiative cooling in hot humid climates [J]. Adv. Mater., 2022, 34 (12): e2109350.

[17] TANG K C, DONG K C, LI J C, et al. Temperature-adaptive radiative coating for all-season household thermal regulation [J]. Science, 2021, 374 (6574): 1504-1509.

[18] AN L Q, MA J X, WANG P Z, et al. In situ switchable nanofiber films based on photoselective asymmetric assembly towards year-round energy saving [J]. Journal of Materials Chemistry A, 2024, 12 (29): 18304-18312.

[19] GOLDSTEIN E A, RAMAN A P, FAN S H. Sub-ambient non-evaporative fluid cooling with the sky [J]. Nature. Energy, 2017, 2 (9): 17143.

[20] 付跃刚, 欧阳名钊, 胡源. 仿生光学技术与应用 [M]. 北京: 科学出版社, 2020.

[21] 索末莫. 光学 [M]. 徐朝鹏, 边飞, 等译. 北京: 科学出版社, 2021.

[22] LIN K X, CHEN S R, ZENG Y J, et al. Hierarchically structured passive radiative cooling ceramic with high solar reflectivity [J]. Science, 2023, 382 (6671): 691-697.

[23] 胡志宇, 木二珍. 红外辐射制冷与应用 [M]. 上海: 上海交通大学出版社, 2022.

[24] 麦克劳德. 薄膜光学 [M]. 徐德刚, 贾东方, 王与烨, 等译. 4版. 北京: 科学出版社, 2016.

75

第 4 章
仿生磁性功能材料

近几十年，磁性功能材料的应用范围快速扩展，从工业生产到家庭生活，都已离不开磁的应用。永磁、磁记录和高频材料的进步，支撑了计算机、电信设备及电器持续升级，成为新材料产业的重要组成部分。永磁体的回归取代了年产量为数十亿的微型电动机中的电磁铁。磁记录支撑了信息革命和互联网。卫星通信和光通信使用了多种旋磁器件、磁光器件和应用磁场的电子或光的有源器件。磁学在地球科学、医学影像和相变理论中都有重大进展。总之，磁学和磁技术的发展，既构成科学技术史的一个方面，更为生产发展和社会进步做出了重要的贡献。

4.1 磁学与磁性材料基础

4.1.1 磁学基础

1. 静磁学基础

在磁学发展历史中，存在两个学派："物理学派"和"工程学派"。这两个学派既存在显著的区别，又能在很多磁学问题上相互补充。"物理学派"建立在电流磁场的基础上，而"工程学派"则是由磁极发展而来的。两个学派在哪种相互作用最能反映磁性本质的问题上产生了分歧，进而衍生出不同形式的一系列磁学公式，并且采用了两种不同的单位制。本书并非磁学方面的专著，因此没有自始至终采用单一单位制作为磁学标准，而是为了便于理解和适应，选用合适的单位制来介绍相关问题。讨论电流磁场时，采用国际单位制（SI 单位制）；而描述磁极之间相互作用时，则采用厘米-克-秒单位制（CGS 单位制）。

2. 磁极

磁场的概念最早是在磁极的基础上发展而来的，人们一般将磁极受到作用力的空间称为磁场。1750 年英国科学家米歇尔发现了磁极之间相互作用的规律。1785 年，法国科学家库仑验证并完善了该定律。该定律比电流磁场的发现早了几十年。经过反复的实验，科学家们发现了两个磁极之间的相互作用力与磁极强度 p 成正比、与磁极间距的二次方成反比

$$F \propto \frac{p_1 p_2}{r^2} \tag{4-1}$$

式（4-1）与电荷库仑定律的表达式类似，但又有显著区别。电荷可以独立存在，但科学家们认为单个磁极无法独立存在。因此，在实验中将非常长的条形磁体的端部近似为单个磁极。将自由悬挂的条形磁体朝北和朝南的端部分别称为北极和南极。按照惯例约定，磁场源于北极，归于南极，如图 4-1 所示。在 CGS 单位制中，式（4-1）的比例常数是 1，则有

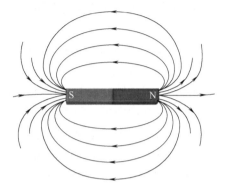

$$F = \frac{p_1 p_2}{r^2} \tag{4-2}$$

式中　　r——磁极间距（cm）；

　　　　F——相互作用力（dyn，达因）。

图 4-1　条形磁体周围的磁极和磁力线分布

根据式（4-2）可以得出磁极强度的定义：单位磁极强度相当于 1cm 的两个单位磁极之间产生 1dyn 的作用力。

而在 SI 单位制中，式（4-1）的比例常数为 $\frac{\mu_0}{4\pi}$［μ_0 为真空磁导率，其值为 $4\pi \times 10^{-7}$，单位为 Wb/(A·m)］。因此有

$$F = \frac{\mu_0}{4\pi} \times \frac{p_1 p_2}{r^2} \tag{4-3}$$

在 SI 单位制中，磁极强度单位为 A/m，力的单位为 N，$1N = 10^5 dyn$。

为了理解磁力是如何产生的，可以想象某一个磁极产生了磁场，该磁场对另一个磁极产生了力的作用，即

$$F = \left(\frac{p_1}{r^2}\right) p_2 = H p_2 \tag{4-4}$$

因此，单位强度的磁场对应于单位磁极受到 1dyn 的力。根据定义，磁场强度为

$$H = \frac{p_1}{r^2} \tag{4-5}$$

在 CGS 单位制中，磁场的单位是 Oe（奥斯特），因此单位磁场强度就是 1Oe。

SI 单位制中，类似地表示磁极之间相互作用力的表达式为

$$F = \frac{\mu_0}{4\pi} \frac{p_1}{r^2} p_2 = \mu_0 H p_2 \tag{4-6}$$

可以发现，在 SI 单位制中，$H = \frac{1}{4\pi} \times \frac{p_1}{r^2}$，单位为 A/m，$1Oe = 1000/4\pi A/m$。

3. 磁通量

磁通量 Φ 指磁极所产生的磁场以通量的形式被传输到远处，定义为磁场法向分量的表

面积分。这意味着通过垂直于磁场方向的单位面积的磁通量等于磁场强度。因此，磁通量等于磁场强度乘以面积

$$\varPhi = HA \qquad (4\text{-}7)$$

CGS 单位制中，磁通量的单位为 Mx（麦克斯韦）。在 SI 单位制中，磁通量的表达式为

$$\varPhi = \mu_0 HA \qquad (4\text{-}8)$$

在 SI 单位制中磁通量的单位为 Wb（韦伯）。

4. 安培环路定理

奥斯特发现磁针靠近电流时会发现偏转现象，磁学的发展由此翻开了新的历史篇章，这也促进了电磁学的产生。随后，安培在实验中发现小电流环与小磁体所产生的磁场是相同的，从而提出了"分子电流"猜想。如今人们知道，磁效应起源于电子的轨道运动和自旋角动量。从电流的角度出发，磁场可定义为：以无限长的直导线内电流强度为 1A 时，在导线径向 1m 位置处所产生的磁场强度为 $1/2\pi$ A/m。

如果电流不是流经直导线，一般形式的电路会产生何种磁场？安培注意到，电流所产生的磁场既取决于电路的形状，又取决于电流强度。磁场沿某一闭合路径的线积分等于该闭合路径所包围的总电流 I

$$\oint H \mathrm{d}l = I \qquad (4\text{-}9)$$

在 SI 单位制中，这个表达式称为安培环路定理，用于计算载流导体所产生的磁场。

5. 毕奥-萨伐尔定律

毕奥-萨伐尔（Biot-Savart）定律给出了与安培环路定理等效的描述。该定律指出单位长度导体 $\mathrm{d}l$ 上电流所产生的磁场 $\mathrm{d}H$ 为

$$\mathrm{d}H = \frac{\mu_0}{4\pi} \frac{I \mathrm{d}l \times e_\mathrm{r}}{r^2} \qquad (4\text{-}10)$$

式中 r——磁场位置距导体的径向距离；

   e_r——沿径向的单位矢量。

6. 磁矩

物质磁性最直观的表现是磁体之间的吸引力或排斥力。磁矩是条形磁体或电流环在外磁场中所受的力偶矩。可以用磁极或电流来定义磁矩。假设条形磁体与磁场 H 成 θ 角（图 4-2）。如前所述，单个磁极所受的作用力为 $F = pH$。磁体所受的力矩等于磁力与其质心之间的距离的乘积

$$pH\frac{l}{2}\sin\theta + pH\frac{l}{2}\sin\theta = pHl\sin\theta = mH\sin\theta \quad (4\text{-}11)$$

式中 m——磁矩，$m = pl$，表示磁极强度与磁体长度的乘积，定义为：磁体在与之相垂直的 1Oe 磁场中所受的力偶矩。

对于电流为 I，面积为 A 的电流环，其磁矩定义为

$$m = IA \qquad (4\text{-}12)$$

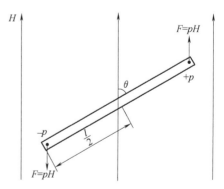

图 4-2 条形磁体在磁场中受到的力矩

在 CGS 单位制中，磁矩的单位为 emu。在 SI 单位制中，其单位为 A·m²。

7. 磁偶极子

磁偶极子磁性的大小和方向可以用磁矩来表示。当磁偶极子与外磁场垂直时，约定其能量值为零。因此，当磁偶极子在磁场中转动 $d\theta$ 角度时，所做的功为

$$dE = mH\sin\theta d\theta \tag{4-13}$$

当磁偶极子与外磁场成 θ 角时，其能量为

$$E = \int_{\pi/2}^{\theta} mH\sin\theta d\theta = -mH \tag{4-14}$$

式（4-14）描述了 CGS 单位制中磁偶极子在磁场中的能量。在 SI 单位制中，磁偶极子在磁场中的能量表达式为 $E = -\mu_0 mH$。

8. 磁感应强度、磁化强度与磁通密度

当磁场 H 作用于材料时，材料对磁场的响应称为磁感应强度 B。B 与 H 之间的关系取决于材料的性质。在某些材料中，B 与 H 呈线性关系。但人多数情况下，二者之间的关系十分复杂。

在 CGS 单位制中，描述 B 和 H 之间关系的方程式为

$$B = H + 4\pi M \tag{4-15}$$

式中　M——材料的磁化强度，其定义为单位体积的磁矩

$$M = \frac{m}{V} \tag{4-16}$$

M 是材料的基本属性，取决于基本组成离子、原子的单个磁矩，以及这些磁矩之间的相互作用情况。同样的，磁化强度既可以看作大小相等且相互平行排列的磁偶极子磁矩（图 4-3a），又可以看作磁体内部可相互抵消的闭合电流环的集合（图 4-3b）。在 CGS 单位制中，M 的单位是 emu/cm³。

在 SI 单位制中，B、H 和 M 之间的关系为

$$B = \mu_0(H + M) \tag{4-17}$$

式中，M 的单位与 H 相同，即 A/m；μ_0 的单位为 Wb/(A·m) 或 H/m；因此 B 的单位为 Wb/m² 或 T（特斯拉），有 $1Gs = 10^{-4}T$。

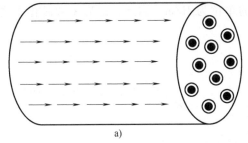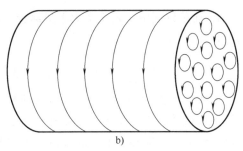

图 4-3　从两个角度理解磁化强度

a）大小相等且相互平行排列的磁偶极子　b）磁体内部可相互抵消的闭合电流环

材料内部的磁通密度与磁感应强度 B 是相同的概念。与真空中 $H = \Phi/A$ 相类似，在材料内部有 $B = \Phi/A$。基于内外磁通密度差异的特点，磁性材料可以分为不同的类型。

如果材料内部磁通量小于外部，则为抗磁性材料。这类材料具有抵抗外磁场进入材料内部的特点，其组成原子或离子的磁偶极矩通常为零。如果材料内部磁通量稍稍大于外部，则

为顺磁性材料或反铁磁性材料，此时组成原子或离子的磁偶极矩不为零。如果材料内部磁通量稍大于外部，则为铁磁性材料或亚铁磁性材料。这里给出了不同磁性材料内部磁偶极矩分布的示意图，如图 4-4 所示。下一节将介绍材料不同磁性取向的形成原因和相应的材料特性及应用。

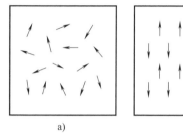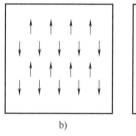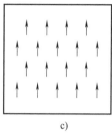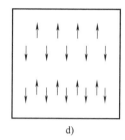

图 4-4　磁性材料中磁偶极矩的不同排列方式

a）顺磁　b）反铁磁　c）铁磁　d）亚铁磁

9. 磁化率与磁导率

材料的磁性能，不仅取决于材料的磁化强度和磁感应强度，还取决于这些参量随磁场的变化规律。M 和 H 的比值称为磁化率，有

$$\chi = \frac{M}{H} \tag{4-18}$$

磁化率表示材料对外磁场的响应程度，在 CGS 单位制中，其单位为 $emu/(cm^3 \cdot Oe)$。B 和 H 的比值称为磁导率，有

$$\mu = \frac{B}{H} \tag{4-19}$$

磁导率表示材料对外磁场的导磁特性。高磁通密度材料通常具有高磁导率。在 CGS 单位制中，μ 的单位为 Gs/Oe，根据式（4-15）、式（4-18）和式（4-19），可得出磁化率和磁导率之间的关系

$$\mu = 1 + 4\pi\chi \tag{4-20}$$

在 SI 单位制中，磁化率为无量纲量，磁导率的单位为 H/m。因此，磁导率和磁化率之间存在关系

$$\frac{\mu}{\mu_0} = 1 + \chi \tag{4-21}$$

图 4-5 给出了抗磁性材料、顺磁性材料和反铁磁性材料的磁化曲线，这几种材料的 $M\text{-}H$ 皆呈线性关系。即便在很大的外磁场下也只能产生很小的磁化强度，并且撤销外磁场后磁化强度为零。抗磁性材料的 $M\text{-}H$ 曲线斜率为负，因此磁化率很小且为负值，而磁导率略小于1。对于顺磁性材料和反铁磁性材料，$M\text{-}H$ 曲线斜率为正，磁化率为较小的正数，磁导率略大于1。

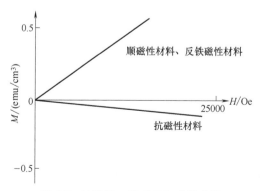

图 4-5　抗磁性、顺磁性和反铁磁性材料的磁化曲线

图 4-6 给出了铁磁性材料和亚铁磁性材料的磁化曲线。显然，这两种材料的 $M\text{-}H$ 曲线与抗磁性材料、顺磁性材料和反铁磁性材料差异很大。在这种情况下，很小的外磁场就可以产生很大的磁化强度，并且存在饱和磁化，即当外磁场超过某一定值时，磁化强度趋于饱和，继续增大外磁场后，磁化强度增加不明显。显然，χ 和 μ 都是很大的正数。可以发现，当材料磁化饱和后，外磁场降至零时，磁化强度并不为零，该现象称为磁滞。磁滞现象对材料的实际应用非常重要。例如，利用撤销外磁场后铁磁性材料和亚铁磁性材料依然保留一定磁化强度的特性，可以将其制成永磁体。

10. 磁滞回线

随外磁场的撤销，铁磁性材料和亚铁磁性材料的磁化强度并没有降为零。实际上，当外磁场降至零后继续反向施加时，铁磁性材料和亚铁磁性材料会进一步表现出有趣的特性。描述 B（或 M）随 H 变化关系的曲线称为磁滞回线。图 4-7 为典型的铁磁性材料和亚铁磁性材料磁滞回线示意图。

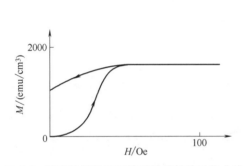

图 4-6　铁磁性材料和亚铁磁性材料的磁化曲线

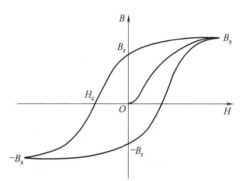

图 4-7　铁磁性材料和亚铁磁性材料的磁滞回线

初始时，材料处于原点位置处的磁中性状态。随外磁场沿正向增加，材料磁化强度沿曲线从零增大到 B_s。虽然磁化强度在饱和后为常数，但由于 $B=H+4\pi M$，B 值会继续增大。B 在 B_s 点的值称为饱和磁感应强度。B 从磁中性的退磁状态磁化至 B_s 的曲线称为标准磁感应曲线。

饱和后，当 H 降至零时，磁感应强度由 B_s 降至 B_r。B_r 称为剩余磁感应强度或剩磁。磁感应强度降至零时，对应的反向磁场称为矫顽力，用 H_c 表示。根据矫顽力的大小，铁磁性材料可以分为永磁材料和软磁材料。永磁材料需要很大的外磁场才能使磁感应强度降至零或反向饱和磁化；而软磁材料既容易饱和磁化又容易退磁。

当反向磁场继续增大时，材料进一步被反向饱和磁化。若重复前面步骤、降低反向磁场、改变磁场方向、增大正向磁场，材料又会被正向饱和磁化。整条曲线就称为主磁滞回线，回线的两端都代表磁饱和，并且关于原点呈反转对称性。铁磁性材料和亚铁磁性材料的实际应用在很大程度上取决于其磁滞回线的特征。

4.1.2　磁性材料的分类与应用

物质的磁性是组成物质基本粒子的磁性的具体反映。组成物质的最小单元是原子，原子又由电子和原子核组成。电子因其轨道运动和自旋效应而具有轨道磁矩和自旋磁矩。原子核具有核磁矩，但其值很小，几乎对原子磁矩无贡献。这样，原子磁矩主要来自原子中的电子，并可看作由电子轨道磁矩和自旋磁矩构成。

因此所有的物质都具有磁性，但并不是所有物质都能作为磁性材料来应用。按照磁体磁化时磁化率的大小和符号，可以将物质的磁性分为五种：抗磁性、顺磁性、反铁磁性、铁磁性和亚铁磁性，它们分别对应于不同的内部磁结构。并且物质的磁性并不是一成不变的。同一种物质，在不同的环境条件下，可以具有不同的磁性。例如，铁磁性物质在居里温度以下是铁磁性的，达到居里温度则转变成顺磁性；重稀土金属在低温下是强磁性的，在室温或高温下则是顺磁性。不同磁性物质的磁化率与温度的关系曲线（χ-T 曲线）如图 4-8 所示。磁性材料发展到今天，出现了一大批磁性体和磁性器件，品类繁多，功能各异。因此把物质磁性和磁性材料的应用分类认识是十分必要的。

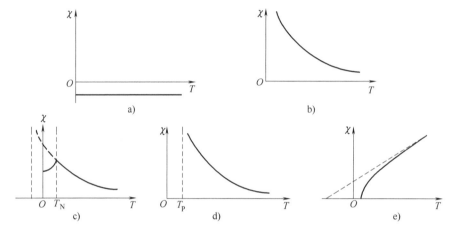

图 4-8 五种磁性的磁化率与温度的关系曲线
a）抗磁性 b）顺磁性 c）反铁磁性 d）铁磁性 e）亚铁磁性

1. 抗磁性材料及应用

抗磁性是指在外磁场的作用下，原子系统获得与外磁场方向反向的磁矩的现象。它是一种微弱磁性，相对磁化率为负值且很小，典型数值在 10^{-5} 数量级。只有那些壳层被填满而没有净磁矩的原子才会体现出抗磁性。其他材料中，抗磁性通常会被更强的相互作用（如铁磁性或顺磁性）所掩盖，因而不表现出抗磁性。

抗磁性产生的机理：在受到外磁场作用时，基于电磁感应作用原子中会产生感应电流。根据楞次定律，感应电流的方向与外磁场方向相反，因此原子的感生磁矩也与外磁场完全相反，抗磁磁化率为负值。外磁场强度越高，获得的"反向"磁矩越大。某些自由原子的自旋磁矩和轨道磁矩都因相互抵消而使总净磁矩为零，但感生磁矩总是与外磁场的方向相反，因而这类原子仍表现出抗磁性。

虽然所有物质都存在抗磁性，但只有那些不存在其他磁特性的物质才能成为抗磁性物质。抗磁性物质的所有原子或分子轨道通常都被完全填充或者完全为空。因为所有原子壳层都被完全填充，所以惰性气体都是抗磁性物质。许多由双原子分子构成的气体也具有抗磁性，如氧气（O_2），这是由于电子在分子轨道上相互配对，从而使分子不存在净磁矩。

抗磁性材料没有永久磁矩，因此与其他磁性材料不同，不存在广泛应用。然而，由抗磁性材料和顺磁性材料组合成的合金却有一个非常有趣的用途。由磁化率为负值的抗磁性材料与磁化率为正值的材料组成的合金，在每个温度下都存在一个特定的组成，在该组分的合金内部磁性刚好完全抵消，磁化率为零。此时合金完全不受磁场影响，因此可以被用于精密磁性测量中。

此外，磁场诱导的液晶取向是近年来新发展起来的一种抗磁性应用。当液晶材料的抗磁磁化率为各向异性时，强磁场可诱导其取向。因为抗磁性材料具有将磁通量排斥出材料内部的倾向，所以液晶在磁场中有序取向，使抗磁磁化率绝对值最大的方向垂直于磁场。通过调整液晶的成分可以改变其抗磁磁化率，进而控制其宏观取向程度。该效应也可以用于对介孔无机材料进行取向调控，例如，利用液晶表面活性剂填充各向异性的孔洞，可调控二氧化硅等介孔材料在磁场中的取向。

最著名的抗磁性材料是超导体。将抗磁性金属（如铅）在磁场中冷却，达到某一临界温度 T_c 时，材料将自发地将内部所有磁通量排斥到材料外部。若 $B = \mu_0(H + M) = 0$，则 $M = -H$，$\chi = M/H = -1$。磁导率为 $\mu = 1 + \chi = 0$，因此，该材料在磁场中是完全不导磁的。磁通量被材料排斥的现象称为迈斯纳效应（图4-9），该效应使超导体成为理想抗磁体。由于在超导态时材料的电阻率为零，抵抗外场的感应电流能够完全抵消外磁场的作用。因此，磁通量的排斥现象是与材料的超导态同时发生的。然而，超导体与传统抗磁性材料存在本质的区别，超导体的抗磁磁化率是由材料中抵抗外磁场的宏观电流产生的，而并非来源于电子轨道运动的改变。利用具有高临界磁场的超导磁体可以制成产生强磁场的超导线圈。此外，超导体还可以应用于核磁共振成像（NMRI）、超导量子干涉仪（SQUID）等仪器当中。

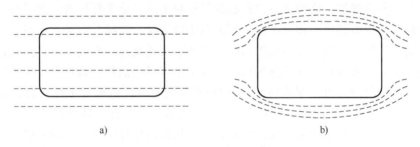

图4-9　迈斯纳效应示意图

a）正常态　b）超导态

2. 顺磁性材料及应用

顺磁性描述的是一种弱磁性，在弱磁场中，顺磁性材料的磁通密度与外磁场成正比，因此磁化率一般为常数。顺磁磁化率一般为 $10^{-6} \sim 10^{-3}$ 数量级。由于磁化率略大于零，相应的磁导率也略大于1。顺磁性通常出现在那些具有净磁矩的材料中。在顺磁性材料中，磁矩之间的耦合作用很弱，因此热能会引起磁矩的随机取向，如图4-10所示。当加外磁场后，磁矩开始取向，对于目前技术水平能够实现的磁场强度而言，仅有一小部分能够偏转到外磁场方向（图4-10）。

许多过渡元素的盐类具有顺磁性。在过渡金属盐中，金属阳离子的 d 轨道是部分填充的，因此都具有磁矩。阴离子将阳离子在空间上彼此分隔开，因此相邻阳离子的磁矩之间相互作用较弱。稀土元素的盐也往往具有顺磁性。该类物质的原子磁矩由高度局域化的 f 电子产生，并且相邻粒子的 f 电子之间没有重叠。顺磁性物质还包括部分金属（如铝）和部分气

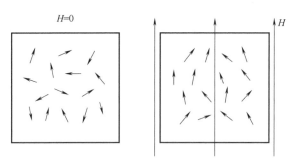

图 4-10 顺磁性材料在无磁场和中等强度磁场中磁矩排列示意图

体。铁磁性材料在居里温度以上时，热能会破坏磁矩之间的有序作用，进而转变为顺磁性。

顺磁体不存在永久净磁矩，因此与抗磁体类似，没有广泛的应用。然而可以采用绝热退磁工艺，利用顺磁体来获得超低温。若将顺磁体在强磁场中冷却至液氦温度（在绝对零度以上若干度），则磁体的磁化强度接近饱和，大部分自旋平行于磁场方向。如果紧接着将顺磁体绝热（如通过移除液氦并保持真空的方式），并缓慢移除外磁场，则其温度将进一步降低。其原因：当磁场移除后，自旋将随机取向，因此必须通过做功来破坏自旋在磁场中形成的有序结构。而自旋所利用的唯一能量是热能，因此当利用热能来实现退磁时，磁体的温度降低了。利用顺磁体的绝热去磁技术，可以获得低至千分之几开尔文的超低温。此外，还可以利用顺磁体来研究这类具有原子磁矩而磁矩相互之间不存在强关联作用的材料的电性能。

3. 铁磁性材料及应用

铁磁性是一种强磁性，这种强磁性的起源是材料中的自旋平行排列，而平行排列导致自发磁化。铁磁材料中磁偶极子相互平行排列的微小区域称为磁畴。在退磁状态下，铁磁性材料中不同磁畴内的磁化矢量具有不同的取向，因此宏观磁化强度趋近于零，而磁化过程使所有磁畴平行取向。铁磁性材料在外磁场作用下显示出很强的磁性，根据图 4-6 可以发现，只要施加一个较弱的磁场（几十奥斯特），就可以将铁磁材料从初始磁中性状态磁化至强度为 $1000emu/cm^3$。一方面，它们的磁导率很大；另一方面，它们有明显的磁滞效应。

铁磁性材料在工程技术领域的应用极为广泛。从铁磁性材料的性能和使用方面来看，按矫顽力的大小可以将铁磁性材料分为软磁材料、硬磁材料和矩磁材料，如图 4-11 所示。

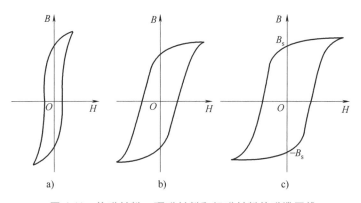

图 4-11 软磁材料、硬磁材料和矩磁材料的磁滞回线
a）软磁材料 b）硬磁材料 c）矩磁材料

（1）软磁材料 具有低矫顽力和高磁导率的磁性材料称为软磁材料。软磁材料主要包括以金属软磁材料和铁氧体软磁材料为代表的晶体材料、非晶态软磁合金及近年来发展起来的纳米晶软磁合金，如纳米粒状组织软磁合金、纳米构造软磁薄膜和纳米线等。应用最多的软磁材料是软磁铁氧体。软磁材料既易于磁化也易于退磁，适合在交变电流中使用，因此被广泛应用于电工设备和电子设备中，如变压器、继电器、电动机和发电机等。以变压器为例：变压器是利用电磁感应原理来改变交流电压的装置，主要由初级线圈、次级线圈和铁心（磁心）构成，软磁铁心用于生产和引导磁通，构成变压器中的主要磁路部分，如图4-12所示。铁氧体心还可以应用于高频滤波器、电感和开关电源中的高频变压器，也常应用于宽带放大器和脉冲变压器。

软磁材料还可以作为电磁屏蔽材料来应用。如图4-13所示，对于一个磁导率很大的软磁材料做成的罩，放置在磁场当中。当磁感线从空气进入软磁材料中时，由于其磁导率比空气磁导率大得多，因此磁感线对法线的偏离很大，发生强烈的收缩。所以绝大部分磁感线从罩壳的壁内通过，而罩壳内部的空腔中，磁感线是很少的。这就达到了磁屏蔽的效果。为了防止外磁场的干扰，常在示波管、显像管中的电子束聚焦部分的外部加上电磁屏蔽罩，以达到磁屏蔽的目的。

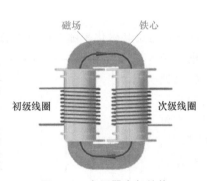

图 4-12 变压器内部结构

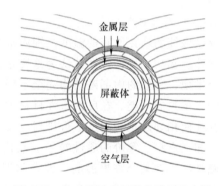

图 4-13 软磁材料磁场屏蔽原理示意图

（2）硬磁材料 硬磁材料是指磁化后不易退磁而能长期保存磁性的材料，也称为永磁材料。六方晶体铁氧体和钕铁硼主导了现在的硬磁材料市场。在电学元件中，硬磁材料的重要作用是产生磁力线，使运动的导线切割磁力线从而产生电流。硬磁材料常用来制作多种永久磁铁、扬声器、电话和电子电路中的记忆元件等。人们所熟知的磁带录音过程就是利用硬磁材料的高剩磁来实现的。录音磁带是由带基、黏合剂和磁粉层构成的。带基一般采用聚碳酸酯或氯乙烯等制成。磁粉一般是剩磁较强的 γ-Fe_2O_3 或 CrO_2 的细粉。录音时，是把与声音变化相应的电流通过放大后送到录音磁头的线圈内，使磁头铁心的缝隙中产生集中的磁场。随着线圈电流的变化，磁场的方向和强度也做相应的变化。当磁带匀速地通过磁头缝隙时，磁场会穿过磁带并使它磁化。由于磁带离开磁头后留有相应的剩磁，其极性和强度与本来的声音相对应。磁带不断移动，声音也就不断地被记录在了磁带上。

（3）矩磁材料 矩磁材料是指具有接近矩形磁滞回线的材料。其特点是剩磁很大，接近于饱和磁感应强度 B_s，而矫顽力很小。当有较小的外磁场作用时，就能使之磁化，并达到饱和，几乎总是处于 B_s 或 $-B_s$ 两种不同的剩磁状态。如镁锰铁氧体、锂锰铁氧体等就有这种特点。这类铁氧体材料主要用于多种电子计算机的存储磁性介质等方面。计算机中采用二进制，以"0"和"1"两个数码进行数据存储，因此，可用矩磁材料的两种剩磁状态对应这两个数码，来起到"记忆"和"存储"的作用。

磁硬盘的写入就是一种典型的利用矩磁材料的特性来实现的过程。图 4-14 给出了传统写入磁头的示意图。周围缠绕导线的磁性材料所起的作用是将导线中电流所产生的磁通量集中。写入磁极的间隙使部分磁通量漏出，产生"边缘场"，从而使介质磁化。在垂直磁记录头中，使用垂直于主磁极的磁场，并在后沿放置一个屏蔽物以吸收杂散磁场，形成了窄小数据位截面所需的尖锐的写入磁场。早期的传统写入磁头是由立方铁氧体制成的。铁氧体是软磁性材料，很容易被磁化。然而其饱和磁化强度不高，因此无法产生强磁场。在现代写入磁头中，使用了同时具有高饱和磁通密度和低矫顽力的金属，如铁镍合金。高饱和磁通密度便于在更高矫顽力的介质中写入信息，并采用更窄的磁道宽度，进而提高存储密度。

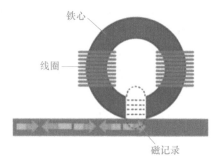

图 4-14　感应式写入磁头的原理图

4. 反铁磁性材料及应用

反铁磁性物质在所有的温度范围内都具有正的磁化率，但是其磁化率随温度有着特殊的变化规律。起初，反铁磁性被认为是反常的顺磁性。进一步的研究发现，它们的内部磁结构完全不同，从此人们将反铁磁性归入单独的一类。在反铁磁性材料中，磁矩之间的相互作用往往使相邻磁矩相互反平行排列。反铁磁体可以看作包含两组相互贯穿、等价的磁性粒子亚晶格，如图 4-15 所示。一组磁性离子在某个临界温度，即奈尔温度 T_N 以下自发磁化，但另一组会在相反方向产生同样强度的自发磁化。因此反铁磁体没有净自发磁化，并且在某个确定温度时，它对外磁场的响应与顺磁体类似：在外加磁场中磁化强度呈线性，磁化率小而正。在奈尔温度以上，磁化率随温度的变化关系

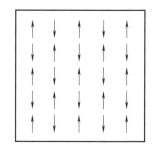

图 4-15　反铁磁晶格中磁性
离子的有序性

也类似于顺磁体；但在奈尔温度以下，磁化率随温度的降低而降低。反铁磁体的奈尔温度通常远低于室温，因此为了确定一种常温下为顺磁性的物质在低温下是否为反铁磁性，需要在很低的温度下测量其磁化率。反铁磁性物质大多是离子化合物，如氧化物、硫化物和氯化物等，反铁磁性金属主要有铬和锰。反铁磁性物质比铁磁性物质常见得多，但由于没有自发磁化，其应用不像铁磁性物质那样广泛。到目前为止，已经发现 100 多种反铁磁性物质。反铁磁性物质的出现具有很大的理论意义，它为亚铁磁性理论的发展提供了坚实的理论基础。

目前大量的研究致力于开发具有反铁磁性到铁磁性相变的材料，在这个转变过程中，材料结构和磁性也会发生相应的变化，而反铁磁性材料的其他应用也可能会从其中产生。这类材料包括庞磁阻（CMR）材料。CMR 材料为钙钛矿结构锰氧化物，在该材料中铁磁性到反铁磁性的转变伴随着金属到绝缘体的转变。因此，在施加磁场时，它们的电导率会发生很大变化，这使其在磁场传感器方面具有潜在的应用前景。

5. 亚铁磁性材料及应用

亚铁磁性物质存在与铁磁性物质相似的宏观磁性：居里温度 T_C 以下，存在按磁畴分布的自发磁化，能够被磁化到饱和，存在磁滞现象；在居里温度以上，自发磁化消失，转变为顺磁性。典型的亚铁磁体磁化曲线与铁磁体磁化曲线明显不同，如图 4-16 所示。正是因为同铁磁性物质有以上相似之处，所以亚铁磁性是被最晚发现的一类磁性。直到 1948 年，奈尔才命名了亚铁磁性，提出了亚铁磁性理论。

实际上，亚铁磁体也与反铁磁体有关联，相邻磁性粒子间的交换耦合会导致局域磁矩的反平行排列。其中一个亚晶格的磁化强度大于反向亚晶格的磁化强度，因此整体上具有磁化。图 4-17 为亚铁磁体中磁性离子有序结构的示意图。亚铁磁体为离子晶体，这意味着它们是电的绝缘体，而大多数铁磁体是金属。这就使得亚铁磁体在一些需要磁性绝缘体的场合中具有重要应用。

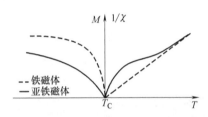

图 4-16　亚铁磁体与铁磁体的磁化
强度与磁化率倒数曲线的对比

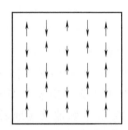

图 4-17　亚铁磁体中磁性离子有序结构的示意图

87

典型的亚铁磁性物质当属铁氧体。铁氧体是一种氧化物，含有氧化铁和其他铁族或稀土族氧化物等主要成分。铁氧体是一种古老而又年轻的磁性材料，因为磁铁矿（Fe_3O_4）在很久以前就被古人们发现并应用，可是直到 1933—1945 年间，铁氧体磁性材料才重新引起人们的重视，进入商业领域。两种常见的具有不同结构对称性的铁氧体为立方晶系铁氧体和六角晶系铁氧体。

1）立方晶系铁氧体是软磁性的，因此易于磁化和退磁。它同时具有高磁导率、高饱和磁化强度及低电导率的特点，因此特别适合作为高频感应线圈的磁心。立方晶系铁氧体的高磁导率使磁通密度集中在线圈中，提高了电感，而高电阻率减少了有害涡流的形成。该类铁氧体最重要的特征是方形磁滞回线，其优点是剩余磁化强度接近饱和磁化强度，并且略高于矫顽场的外加磁场就可以改变磁化方向，因此特别适用于存储领域。在晶体管随机存取存储器广泛应用于计算机之前，存储器是由铁氧体磁心通过导线网络连接而成的。图 4-18 为这种铁氧体磁心存储器的照片。其中的节点即为铁氧体磁心，每个磁心都能用来存储一个比特信息，这是因为它有两个稳定的磁状态，分别对应于剩余磁通密度的两种相反排列。让特定节点的磁心反转需要两个电流重合，每个单独的电流都无法超过磁心磁滞回线中的反转阈值。

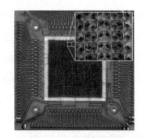

图 4-18　立方晶系铁氧体
磁心存储器照片

2）六角晶系铁氧体则广泛应用于永磁体。不同于软磁性的立方晶系铁氧体，六角晶系铁氧体是硬磁性材料，矫顽力的典型值为 200kA/m，通常采用陶瓷加工技术进行生产。例如,为了生产 $BaO \cdot 6Fe_2O_3$,将粉末状的 BaO 与 Fe_2O_3 混合在一起,压制成型后加热处理。通过选择合适的模具可以方便地控制磁体形成任何所需要的形状。

4.2 仿生磁感知材料

生物可以感觉到周围环境的特征,并通过不同的感受器系统对它们的起伏做出反应,如温度、光线、压力、重力、能源及各种各样的生物化学信号,地磁场信息也不例外。地磁场形成于地球外核内富含铁的流体运动,是地球轴向的偶极子场。目前的地磁南极靠近地理南极,地磁北极靠近地理北极。地磁场是矢量场,磁力线环绕地球时产生的磁倾角、磁偏角及不同磁纬度对应的磁场强度构成了可描述地球任意一点的地磁场三要素。如图 4-19 所示,

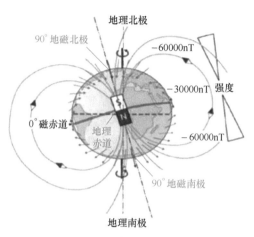

图 4-19 地磁场信息图

地磁场可以稳定、准确地反应地表位点,为感磁生物提供信息。

许多生物都可以感知微弱的地磁强度变化,利用地磁信息分辨出运动方向及距离,如图 4-20 所示。例如,在 11 世纪,人类就可以在航行中利用针状指南针判断地磁场方向从而确定航向。鸟类中的北极燕鸥可以依靠感知地磁强度变化,飞行数百公里找到其繁殖地所在。昆虫中的黑脉金斑蝶,通过感知不同地点地磁强度的微弱差异,可以找到特定的树林或洞穴。海洋鱼类中的珊瑚鱼亦是如此,它们可以不受海洋洋流的影响,依靠感知地磁强度找到自己的出生地点。一些植物如拟南芥和菜豆的生长也会受到外界磁场环境的影响。

4.2.1 生物磁感知机制

理论上,地磁场若能对生物单分子产生定向影响,至少需要 $10^{-8}eV$ 的能量,而这种低强度的能量信号在生物学上是无法检测的。由于磁力线可以穿透生物组织,因此磁感受器不必像听觉、视觉、味觉等感觉系统的初级感受器一样必须分布在体表,通过与外界环境的直接接触才能完成初级感知,可能分布在动物的任何部位。而且,人类作为研究者也不能直接感知地磁场,这都为磁感受器的定位带来了困难。基于动物不同的生存环境和可能的磁感受器,当前被广泛认同的磁感知机制假说主要有三种:电磁感应假说、光受体的磁感知假说、磁铁矿纳米颗粒磁感知假说。其中,后两种磁感知机制得到了较多实验支持和普遍认同。

1. 电磁感应磁感知机制

根据法拉第电磁感应定律,如果动物体内存在尺寸合适、充满液体的闭合环形导电组织,当动物在磁场中运动时,组织内就会产生可被电敏感细胞接收的电信号,电信号经过神经中枢整合后可能转化为动物定向的行动指令。但由于地磁强度比较弱,动物在磁场中运动时仅能产生极弱的电信号,这要求电磁感应的动物必须具备高灵敏度的电感知系统。有研究认为鳐鱼和鲨鱼头部的孔状壶腹器可作为电敏感的感磁器官,因为这些组织的内腔充满了可

图 4-20　拥有磁感知能力的生物

a）北极燕鸥　b）黑脉金斑蝶　c）珊瑚鱼　d）拟南芥

89

导电的黏液胶质，且与大脑面神经紧密相连。当鱼在海水中运动时，其对位侧壶腹器能够在磁场的作用下产生电位差，相应的电信号可经面神经传至大脑中心，使鱼类根据电信号的变化判别周围的地理方位，进行实时定向，如图 4-21 所示。但这种磁感知机制仅限于海洋动物，因为它要求动物生存的环境介质为导电介质，体内存在与神经系统密切相连的可导电组织，而陆生动物周围的空气介质导电能力极弱，且目前尚未在陆生动物中发现高度灵敏的电感知器官。鳐鱼和鲨鱼等软骨鱼利用电磁感应进行地磁导航目前颇有争议，主要原因：尽管这些海生鱼类具有高度灵敏的电感知系统，但它们并不能感知运动时产生的直流电。而且，洋流相对地磁场运动时也会产生电场，该电场会对鱼类获取电信号产生干扰。另外，鳐鱼和鲨鱼类这些大型的海生动物并不是理想的研究物种。目前此磁感知的研究获得的实验证据不如鸟类等其他物种充分，普遍认为该机制还需进一步的实验验证。

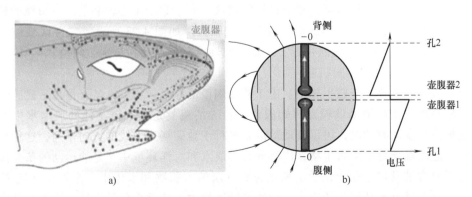

图 4-21　鲨鱼的电磁感应机制

2. 光受体磁感知机制

光依赖的磁感知机制经历了几个发展阶段。早期研究发现鸟类视网膜上的视紫红质有磁感知功能，在吸收光子后，视紫红质从基态与共振单重激发态到有磁矩的三重激发态，之后神经系统在识别三重激发态后将其转化为神经冲动。视紫红质的基础状态为单重激发态，分子能级单一，且能量较低。当分子被光子激发至能量更高的三重激发态后，分子能级从一种分裂为三种，并有两个未配对并自旋方向相同的电子。由于有两个自旋方向相同的电子，因此在磁场中三重激发态分子具有一定的磁矩。因为只有产生磁矩，磁感知才可能产生，所以磁矩的产生被认为是磁感知的重要环节。而后的实验研究发现，弱磁场可以影响极性溶液和光合细菌中的自由基对反应，出现了"自由基对反应"的磁感知模型。此外，在"自由基对偶联下的单-三重激发态互转"磁感知模型中，单-三重激发态间的相互转化是核心，因为磁场可以通过影响电子偶联之间的能量而影响两者转化的动力学，使得不同磁场条件下生成的单-三重激发态具有不同的平衡比，如图 4-22 所示。由于动物视网膜上的隐花色素（Cry）具有受光激发产生自由基对的重要性质，被推测可能是"自由基对反应"中的磁感受器。

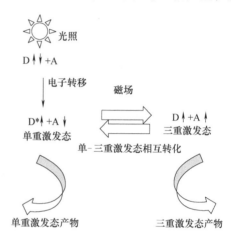

图 4-22 光依赖的"自由基对反应"磁感知机制

继动物的"自由基对反应"磁感知模型被提出后，研究发现，在完全黑暗的条件下，幼龄信鸽如果被置于磁异常环境中，就不能正常完成磁定向任务，这证实鸟类的磁感知具有光依赖性。蝾螈和灰胸绣眼鸟在短波长光照下可以感知地磁场，而在红光等长波长光下则失去磁定向能力，提示光依赖的磁感知具有光波长依赖性。改变磁倾角影响欧洲罗宾鸟的磁定向方向，而磁极倒转则对其磁定向没有影响，表明此鸟类的感光"磁罗盘"是"倾角磁罗盘"。那么，鸟类的感光"磁罗盘"如何感知磁倾角呢？只有能量超过一定阈值的光子才能激活视网膜上光依赖的磁感知分子，激活的磁感知分子在视网膜上呈轴向排列，使动物"看见"磁力线，即在某一磁场中，假定动物眼睛的中心轴与磁力线平行，视网膜中心的磁感知分子被光激活后产生与磁力线平行的"亮轴"磁视线；视网膜上、下边缘的磁感知分子因与磁力线垂直而不能被激活，形成磁视线暗区；介于眼睛中心轴和上、下边缘的磁感知分子，与磁力线成多种夹角，形成磁视线灰色光轴区。如图 4-23 所示，三种区域综合使动物能"看见"磁场，但这种"磁视野"表现轴向性，仅能使动物辨别磁倾角。

3. 磁铁矿纳米颗粒磁感知机制

地磁感知功能也存在于微生物中。由于趋磁细菌的存在，研究人员又提出了磁感知理论中信服度较高的磁铁矿纳米颗粒磁感知假说。趋磁细菌就是具有该功能的典型水生原核生物。趋磁细菌在主动游动时，可以被动地沿着平行于地磁场磁力线的方向排列，这种行为称为趋磁性。趋磁细菌是水生微生物，广泛分布在淡水和海洋环境中，是能运动的革兰氏阴性细菌。它们通常被发现存在于化学上氧化还原分层的沉积物和水体中，主要在含氧-缺氧的过渡区域，具有微氧或缺氧生活方式。这些过渡区域中具有垂直化学梯度，生活在其中的细

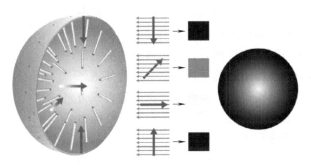

图 4-23 感光磁感知分子隐花色素识别磁场方向的机制

菌不停地在分层水柱中寻找最佳位置来满足它们的营养需求。在分层环境中，地磁场磁力线可以作为垂直通道，趋磁细菌沿着通道磁力线方向排列并使细菌在分层中上下运动寻求最佳生存位置。

磁小体是一种独特的细胞器，由膜包围着铁矿物晶体，通常为磁铁矿（Fe_3O_4）和硫复铁矿（FeS、FeS_2、Fe_3S_4），外面包覆着一层有机脂质双层薄膜——磁小体膜。这些细胞器通过专用细胞骨架结构沿着细胞运动轴链状排列，如图 4-24 所示。正是由于这种独特的细胞内磁性器官的存在，使它可以作为磁针从而使趋磁细菌具有沿着磁力线排列的能力。在磁场中，多个菌体头尾相连，连成链状，长达 $2 \sim 10 \mu m$。当菌体死亡停止运动后，其取向也随外磁场的转向而变化，当改变磁场大小时，细菌在磁场方向的游动速度也随之变化。

91

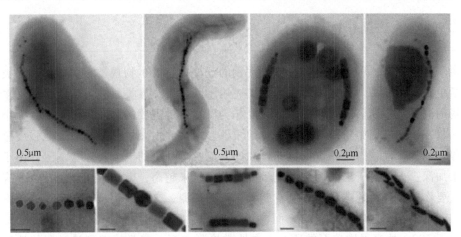

0.5μm 0.5μm 0.2μm 0.2μm

图 4-24 排列成链的多种细菌磁小体的透射电子显微镜（TEM）图像

这种链状排列使磁小体沿链方向产生很强的静磁相互作用，总磁矩为单个磁小体的磁矩之和。磁小体链可以近似于一个单轴形状各向异性的磁性颗粒，整个细菌可以作为一个单独的磁偶极子，磁化曲线表现出明显的磁各向异性特征。而各个链间或平行，或相交，或呈折线状排列，细胞质的隔离作用减弱了细胞（磁小体链）之间的静磁相互作用，使趋磁能量最小化，这种结构可以使磁小体链产生最大的趋磁性。

作为自然典范的一维磁性纳米结构，磁铁矿纳米晶粒在细胞内的链状分布使磁偶极矩最大化，磁小体链是细菌细胞趋磁性的细胞传感器，它使细胞被动地沿着磁力线排列，并且主动地游动。利用磁小体链，趋磁细菌不仅能感知磁场的方向，还能感知磁场的梯度，这个功能结合其他的环境信息，帮助趋磁细菌寻找有利的生长条件。趋磁细菌磁小体链在磁场梯度中的作用力简图如图4-25所示。当外磁场减少磁力线发生弯曲时，磁小体链的受力改变可以轻微地弯曲细菌，使得细菌的尾部能够保持与外磁场方向一致，且头部旋转，试图使磁小体链与散开的磁力线方向一致，这表明趋磁细菌不仅通过排列和游泳感知磁场方向，还能通过受力的改变感知磁场梯度。

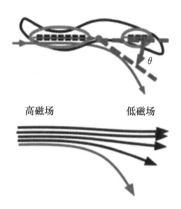

图4-25 趋磁细菌中磁小体链在外磁场梯度中的受力示意图

在自然条件下，大多数趋磁细菌的趋磁性是极性的，也就是说，在氧气存在的情况下，北半球绝大多数细菌的游动方向朝向北方，而南半球绝大多数细菌的游动方向朝向南方。细菌趋磁性的优势在于，细菌沿着地磁场方向排列，减少了三维方向的游动，而发生沿着垂直倾斜方向的线性运动。在趋磁细菌的生活环境中，垂直方向在化学上是分层的，趋磁性与趋化反应和趋光性严格融为一体。在趋磁、趋氧运动中，处于分层环境中的趋磁细菌被有效引导到氧浓度最合适的地方，这个地方接近或在好氧-缺氧过渡区之下。由此可以发现，趋磁性与趋化性在生理结构上也是密切相关的。大多数趋磁细菌的基因组编码着细菌中大量的蛋白，而这些蛋白与细菌的趋化作用或者信号传递有重要的作用，如果去掉这些操纵子，细菌的趋氧性和趋磁性则都将消失。可以说，趋磁性与趋化性通过一个共同的感觉传导通路密切相关。

4.2.2 仿生磁感知材料及应用

地磁场是地球的一种重要资源，除与动物的迁徙导航等生物现象相关外，与人类的日常生产生活更是息息相关。近年来，磁场相关应用不断拓展，人类科技与生活中的许多领域都涉及磁场的测量与检测。其中，磁感应强度作为磁场中最重要的物理量之一，其大小和方向的感知测量在磁场应用中扮演着越发重要的角色。在中、强磁场测量领域，磁强度感知可用于智能停车场的车辆状态检测、家电的开关门检测及电动机的电流转矩检测等。由于科技发展的需求加深，人们对于磁场测量的灵敏度要求也越来越高，微弱磁场检测在许多应用层面发挥着重要作用，涉及地球科学、航空航天、资源探测、交通通信、国防建设、地震预报等多个领域。例如，在地底矿物检测方面，我国提出"立足国内，找矿增储"的意见，人们需要在地下500m处探寻铁矿石的所在；在地磁检测方面，需要精准测量微弱的地磁场，构建地磁图并用于船只在远海端的辅助导航；在生物医疗方面，往往也需要在磁屏蔽良好的房间中检测极弱的磁场，收集大脑或心脏的生物磁信号来帮助医生更精确地诊断病人的情况。自然界中具有地磁感知功能生物的研究为弱磁场的感知和检测带来了诸多灵感，为弱磁场应用领域的新型仿生材料和器件的设计研制提供了新的思路。同时，弱磁检测技术与磁传感器的发展密不可分。制备性能更为优越的新式磁传感器的关键在于磁性材料的选择，选用合适的仿生磁性功能材料有助于更加精准、高效地模拟生物的磁感知机制，进一步推动微弱磁场应用领域的发展。

1. 仿生磁感知纳米材料

趋磁细菌中的磁小体，可以简单、高效地实现趋磁细菌的磁场感知和游动方向调控。磁小体是一种生物控制合成的铁氧体，属于天然的磁铁矿晶体，其结构是基于理想化的立方体形态 {100} 与八面体形态 {111} 的结合，如图4-26所示。相比于一般磁性纳米颗粒，磁小体具有很多优点：①粒度分布范围窄，晶型稳定，具有超顺磁性；②表面有脂膜包被，在溶液表面带负电荷，分散性好，不易聚集；③来源于细菌的生物合成，与一般工业化生产的人造纳米磁颗粒相比，在大规模生产时对环境影响小；④磁小体膜的成分与细胞质膜类似，具有较好的生物相容性；⑤磁小体膜上存在大量功能集团与蛋白质，可作为生物活性物质的连接位点，在外加磁场的条件下易于分离纯化；⑥载药磁小体在体内通过简单的降解磁小体外模即可实现药物的释放。已有很多关于磁小体提取纯化的相关研究，一般都是利用磁小体具有磁性这一特点，包括超声波细胞破碎法、细胞压碎器破碎法、有机溶剂提取法，溶菌酶破碎法、SDS裂解法、有机溶剂-超临界二氧化碳萃取法等。磁小体独特和优越的特点使其在仿生生物医学领域具有许多潜在的应用价值。人们通过在磁小体上偶联蛋白、寡肽、药物及酶等，成功探索了磁小体在医学成像、药物传递、肿瘤热疗、基因研究等领域中所能发挥的作用。

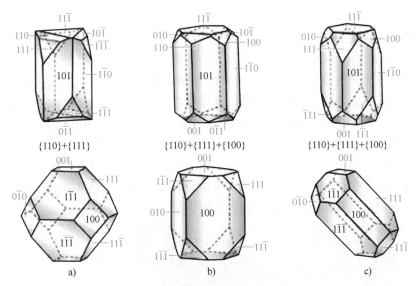

图4-26 磁小体的多种晶体形态

a) 大斜方截半立方体 {100}+{111}　　b) 拉长的立方体 {100}+{111}　　c) 拉长的立方体 {100}+{111}

在医学成像的造影剂方面，磁小体颗粒有生物膜包被，进入体内后组织特异性高，安全性好，在外加磁场的条件下可定向进行精确观测。同时磁小体在放射线下是阴影状态，所以完全可以作为 X 射线和核磁共振（MRI）的造影剂，有效提高核磁共振成像的诊断水平。已有研究报道，荧光染料耦合的磁小体可同时用于核磁共振成像和近红外荧光（NIRF）成像。

在病原物检测方面，由于磁小体外膜上存在着大量的氨基、羧基和羟基，便于修饰，可以将抗体偶联在磁小体微球上，利用抗体特异性捕获目标物，并通过外加磁场将其从样品中吸附出来，以用来检测，成功实现免疫磁性分离（IMS），从而用于致病菌的检测。

在载药给药方面，磁小体可以作为一种磁性纳米药物载体，在体内通过磁寻靶作用在理想的组织位置进行药物积累从而用于靶向治疗。其基本原理：通过外磁场的诱导，载药磁小体复合物颗粒靶向定位于病灶部位，药物浓集于该区域持续缓慢释放，提高病变部位药物浓度，降低药物在体内正常组织的分布，从而达到安全有效的治疗效果。

在介导的肿瘤热疗方面，在外源交变磁场（AMF）中，磁颗粒会由于磁滞损耗或松弛损耗产生不同程度的升温现象。正常细胞对高温具有一定的耐受能力，而肿瘤细胞对高温的耐受能力有限，温度达到41℃以上时，肿瘤细胞就开始死亡。目前，在将磁热疗用于宫颈癌、软组织肉瘤等的治疗中，一些临床试验已经获得成功或取得一定进展。磁小体具有广泛的滞后现象和高矫顽磁性，体内试验结果表明，悬浮的磁小体颗粒造成的功率系数损耗远远超过了人工合成的磁性颗粒，因此在热疗应用方面很有前景。

磁小体作为一种新型的生物磁性纳米材料受到越来越广泛的关注，趋磁细菌在地球环境中无处不在，但是趋磁细菌在实验室中却很难培养和生存，且磁小体大规模提取纯化困难，这都是目前磁小体应用领域亟待解决的难题。另外磁小体应用于医疗领域，其生物相容性还有待进一步研究。因此研究人员将目光进一步投向了人工合成的仿生磁小体纳米材料。磁小体的软铁磁特性是趋磁细菌能够灵敏感知微弱地磁场的关键，而这种特性与晶体的尺寸和形貌息息相关。基于趋磁细菌生物矿化机制的系统性研究，在体外自组装构建了一个类似天然磁小体囊泡的纳米反应器，并引入可以调控磁性晶体生长的Mms6蛋白，重构了趋磁细菌磁小体生物矿化的微环境，实现了Fe_3O_4纳米晶体的尺寸和晶体形状的精确控制，成功仿生矿化合成了具有高效磁靶向及肿瘤组织穿透性的类磁小体纳米材料。从图4-27中可以看到，类磁小体晶体与天然磁小体晶体形貌一致，其磁学性质类似纳米氧化铁单晶。该研究从趋磁细菌的生物现象开始，然后利用生物、化学方法进行合成，最后又用物理方法实现远程调控，应用到生物中。从磁导航机制开始，到磁靶向应用结束；从弱地磁场下的现象开始，拓展到强磁场下的新应用出口，秉承着从生物中来最后回到生物中去的仿生思想。可以预想，如果将磁小体类磁性纳米粒子修饰到合适的靶向分子和药物上，就可以为磁热疗、核磁共振成像和磁引导药物释放等领域提供更广阔的应用前景。

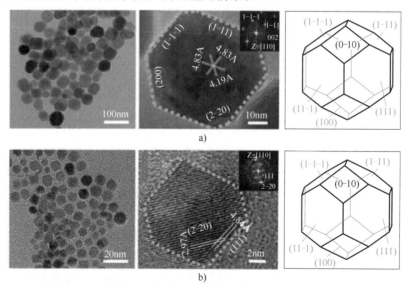

图 4-27　天然磁小体与合成类磁小体对比图

a）天然磁小体的透射电子显微镜照片和三维形态　b）类磁小体晶体的透射电子显微镜照片和三维形态

与趋磁细菌中的磁小体相似，鸟类光受体当中的磁性感知物质也可以被提取出来作为一种仿生磁性材料进行应用。某些候鸟的视网膜存在着一种杆状蛋白质复合体，它由一种假定的磁感受器（被命名为磁受体蛋白 MagR）和隐花色素组成，如图 4-28 所示。该多聚体含有铁硫化合物，并被推测可能起着生物指南针的作用。磁受体蛋白 MagR 的自旋-机械耦合模型，指出在原子尺度上的自旋-机械相互作用会产生很高的阻塞温度，这使得磁受体蛋白 MagR 的磁矩在室温下可以与地磁场很好地对齐，作为鸟类的磁感受和导航的一种可能的分子机制。

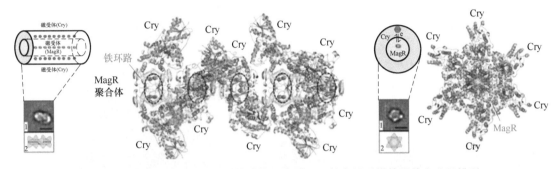

图 4-28 MagR/Cry 磁感受器的结构示意图、透射电子显微镜照片和分子模型

将 MagR/Cry 磁受体蛋白复合物进行体外制备和纯化，可以设计并制备一种基于上述 MagR/Cry 磁受体蛋白的仿生磁传感器。磁感的关键环节在于 MagR/Cry 磁受体蛋白复合物的磁光构象变化，研究人员在通过将该蛋白固定在石墨烯修饰的电化学电极上来创建仿生磁传感装置，如图 4-29 所示。该装置实现了 10mT 级别磁场的检测和传感，在 20~60mT 范围内与场强呈良好的线性关系，这证明了天然蛋白质可以作为磁敏材料使用。这类将来自于生物体的物质直接作为仿生磁性材料来应用的尝试和努力，加深了人们对生物磁感知现象和生物电子学的理解，也为将天然分子用作传感元件打开了大门。

2. 仿生磁感知金属材料

磁性生物蛋白的提取及相关磁传感器的制备极其复杂，且必须在光照下使用，并不适合大规模生产和在实际复杂环境中应用推广。目前大部分模仿生物磁感知机理的磁传感器都是以软磁合金、磁致伸缩材料这类具有较高磁敏性的材料作为核心的。

前面已经对软磁材料的特点和应用有了简单的介绍。与之相似，软磁合金是一类在外磁场作用下容易磁化、去除外磁场后磁感应强度又基本消失的磁性合金，在弱磁场中具有高磁导率和低矫顽力。软磁合金是国民经济中的一种重要材料，其主要用于能量转换和信息处理两个方面，如精密仪器仪表、无线电电子工业、遥控及自动控制系统中。软磁合金的种类较多，用途各种各样，分类方法也多种多样。按照合金组成元素的不同可分为电工纯铁、铁硅合金、铁镍合金、铁铝合金、铁钴合金和非晶态软磁合金。

坡莫合金，常指镍含量（指质量分数）在 30%~90% 范围内的铁镍合金，是最具代表性的软磁合金之一。通过适当的工艺可以改变合金中的镍含量，从而有效地调控其磁性，如数量级超过 10^5 的初始磁导率、超过 10^6 的最大磁导率、低到 2‰ Oe 的矫顽力、接近 1 或接近 0 的矩形系数。依据合金的磁性特点，坡莫合金可分为以下六类：①高初始磁导率、较高饱和磁感应强度的软磁合金，Ni 含量为 45%~51%；②高初始磁导率的软磁合金，Ni 含量为 45%~82%，还含有 Cr、Mo、Cu 等元素；③矩形回线的软磁合金，Ni 含量为 33%~80%，

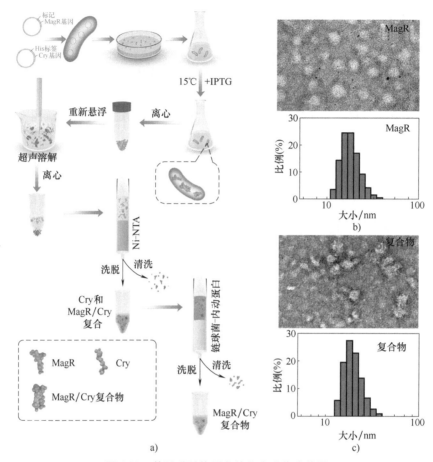

图 4-29　基于磁受体蛋白的仿生磁传感装置

a）体外 MagR/Cry 蛋白质生产和纯化制备过程示意图　b）MagR/Cry 的 TEM 图像　c）电极表面上蛋白质固定的示意图

还含有 Co、Mo 等元素；④高硬度、高电阻率、高磁导率的软磁合金，该类合金 Ni 含量为 78%~80%，还含有 Nb、Mo、Ti、Al 等元素；⑤恒磁导率的软磁合金，Ni 含量约为 65%；⑥耐蚀软磁合金，该类合金 Ni 含量为 35%~37%。

由于具有极高磁导率的坡莫合金在弱磁场下有良好的磁敏性，很适合在精密的交流和直流仪表、电流互感器中应用，并有潜力作为一类仿生磁性功能材料用于新型仿生磁性传感器件的构建。基于生物地磁感知的磁性颗粒假说与自由基对假说的联合机制，由 1J50 磁棒和 TMR 线性传感器阵列组成，利用 1J50 坡莫合金为传感元件制备的仿生地磁传感器如图 4-30 所示。传感器通过检测磁棒前方平面不同位置的磁场值，经过换算求得磁针所处当前位置的地磁信息，通过对地磁信息的探测，实现对动物地磁导航过程中磁感知过程的模拟。在地磁场下，动物体内的磁性颗粒会在周围形成一个随着地磁

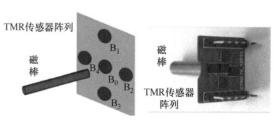

图 4-30　仿生地磁传感器的结构示意图和实物图

变化的复合磁场，传感器中坡莫合金磁棒模拟的是磁性颗粒的作用。磁棒周围安装的传感器

阵列用于磁场的检测，来模拟动物通过体内自由基对产物变化从而实现磁场感知的过程。这种联合机制中磁棒的主要作用是将地磁信号的强度和角度信息转换为平面内的磁场分布信息并达到一定的聚集效果，不需要直接与磁性颗粒相连的神经传导通路；与基于自由基对的机制相比，联合作用机制中通过传感器代替自由基对实现对磁场的感知，不需要考虑光照等条件对自由基对作用的影响。

还有一类模仿动物磁场感知机制的仿生磁性传感器是基于磁致伸缩材料的。磁致伸缩材料是一种磁敏感材料，可以建立固体力学和磁场之间的物理联系。基于压磁效应，该类材料实现了机械能、磁场能及电能的相互转化。磁致伸缩效应也称为焦耳效应，是指铁磁性材料受到外界磁场的磁化作用时，其长度及体积会发生变化的现象，由焦耳于1842年研究发现。磁致伸缩效应主要是由铁磁性材料内磁畴的移动造成的，其过程示意图如图4-31所示。当没有外加磁场时，磁畴间的磁矩相互制约，达到平衡，因此各磁畴的磁化方向不同，材料整体的平均磁矩为零，对外不显磁性。对材料施加的磁场从弱到强变化时，磁畴会发生变化，与外加磁场方向夹角小的磁畴开始移动，磁场增加到饱和磁场时，磁畴旋转到与外加磁场方向相同，材料的长度发生变化。外加磁场大小大于饱和磁场时，磁畴不再发生变化。在静态磁场作用下，磁致伸缩材料会产生恒定不变的磁致伸缩和位移；在动态交变磁场作用下，磁致伸缩材料的磁致伸缩和位移会跟随磁场动态变化。

与磁致伸缩效应相反，当铁磁性材料发生变形或受到外界应力作用时，其内部的磁化状态发生改变的现象称为逆磁致伸缩效应，逆磁致伸缩效应也称为维拉里效应或压磁效应。如图4-32所示，沿长轴轴向对材料施加压力时，磁畴向垂直于压力的方向发生偏转，使得沿长轴轴向的磁感应强度变小。随着所加压力的增大，磁畴方向与压力方向垂直，沿长轴轴向的磁感应强度达到最小。在静态力作用下，磁致伸缩材料内部磁感应强度变化并最终保持稳定；在动态力作用下，磁致伸缩材料内部磁感应强度会跟随力动态变化。

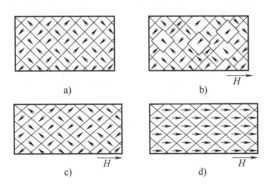

图4-31　磁致伸缩效应磁化状态变化过程
a）初始状态　b）磁畴壁移动
c）磁畴移动　d）饱和磁致伸缩状态

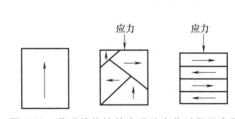

图4-32　逆磁致伸缩效应磁畴变化过程示意图

磁致伸缩材料存在多种物理效应，其正效应和逆效应所包含的几种效应见表4-1。每种效应对应一种功能特性，即一种能量信息转换为另一种能量信息的功能，这些不同的功能特性也对应了不同的应用设备。线性磁致伸缩效应能将电磁能转换为机械能，可用于制造各种类型的换能器，如低频的水声换能器、声呐换能器、超声换能器、力驱动器和致动器等；维拉里效应能将机械能转换为电磁能，可用于制造各种类型的传感器，如水听器、力传感器、力矩传感器和称重传感器等；魏德曼（Wiedemann）效应能将扭转磁场转换为扭转应变，可用于制造测量液面高度和界面的位移传感器；逆魏德曼效应（即马陶西效应）能将扭转力矩转换为磁能，可用于制造扭矩传感器。

表 4-1　磁致伸缩材料的正效应和逆效应

正效应	逆效应
焦耳效应：磁场引起磁致伸缩材料尺寸变化	维拉里效应：外加应力的改变导致磁场的变化
魏德曼效应：螺旋磁场产生扭矩	马陶西效应：扭矩引起磁场的各向异性
磁体积效应：磁致伸缩引起体积变化	长冈铁磁性效应：体积的变化引起磁化状态的变化

常见的磁致伸缩材料有铁钴（Fe-Co）合金、$Tb_{0.27}Dy_{0.73}Fe_2$ 合金（Terfenol-D）和 Fe-Ga 合金（Galfenol）。Fe-Co 合金饱和磁通密度大、居里温度高，适用于体积小、质量轻的航空元器件（如继电器、微特电动机等）。但该合金的电阻率较低，在高频下使用时受磁能损耗影响较大。Terfenol-D 拥有目前磁致伸缩材料中最大的饱和磁致伸缩应变力，也称为超磁致伸缩材料，饱和应变达 10^{-3} 数量级，能量密度高，响应速度快，适用于超声高频装备。但此类材料力学性能不足，不能兼具较高的韧性和较大的应变量，应力作用下容易出现断裂和损伤，无法应用于高力学强度下的传感和驱动领域。Galfenol 具有良好的力学性能，延展性好，抗拉强度高，可承受冲击、拉伸等力学载荷，在 $-20 \sim 80℃$ 范围内具有中等的磁致伸缩量（10^{-4} 数量级），且饱和磁场较低，在驱动和传感等领域具有广阔的应用前景。表 4-2 为 Fe-Co 合金、Terfenol-D 和 Galfenol 三类典型磁致伸缩材料的性能参数。

表 4-2　三类典型磁致伸缩材料的性能参数

材料类型	Fe-Co 合金	Terfenol-D	Galfenol
磁致伸缩量（$\times 10^{-6}$）	最大>140（80～140）	最大 3000（800～1200）	最大 300（120～240）
矫顽力/(A/m)	<200	300	3000
饱和磁通密度/T	>2.0	1.0	1.5
相对磁导率	100	<10	<100
拉伸强度/MPa	>600	30	400
延长率(%)	<30	<1	>1
弹性模量/GPa	200	<100	<100
热膨胀系数/$10^{-6}K^{-1}$	11.9	12	—
居里温度/℃	900	380	680
体积电阻率/$\mu\Omega \cdot cm$	10	58	
密度/(g/cm³)	8.4	9.25	—

磁致伸缩材料可以作为仿生磁敏物质来模拟生物体中的微小磁畴颗粒，当在磁场中被磁化时，磁致伸缩材料中微小的磁畴会共同发生旋转运动，造成宏观磁化方向上的拉伸效应，这与生物磁感知的磁性颗粒假说中磁性物质的作用不谋而合，可以很好地模拟生物地磁感知中磁畴的作用机制，从而应用到仿生磁性传感器件中。有研究者设计了一种模仿鲑鱼的弱磁

感知机制，并以此制造了一种仿生磁传感器。鲑鱼的弱磁感知生物过程如图 4-33 所示，其鼻腔处的嗅觉玫瑰节软组织存在着直接贴合在细胞膜上的磁畴，这些磁畴会在外磁场作用下发生旋转运动从而将应力传递至细胞膜，细胞膜上的次级力感受器接收到应力，改变膜上电位信号，并将其转换为神经电信号，最后通过眼浅支神经传递至大脑，引发其磁感知行为。

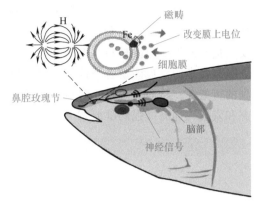

图 4-33　鲑鱼的弱磁感知生物过程

该传感器选用 Terfenol-D 作为磁敏部分的第一层，其作用等效于生物体当中的磁畴部分，如图 4-34 所示。Terfenol-D 饱和磁致伸缩应变大、弹性模量低、能量传递效率高，有利于高效地将磁致伸缩应变力传递至下层结构。使用纯镍作为传感器磁敏部分的第二层，模拟生物中的细胞膜部分。因为 Terfenol-D 的磁致伸缩系数（1550×10^{-6}）约是 Ni（40×10^{-6}）的 40 倍，两者之间巨大的应力量级差异使得 Ni 层可以更好地感知上层 Terfenol-D 的应力传导，模拟细胞膜的超强感知能力，提高仿生磁传感器整体对外部磁场反应的灵敏度与速度。该仿生磁传感器的灵敏度高达 10^{-9}T，输出线性度可达 0.98，输出波动极小。

图 4-34　仿鲑鱼磁传感器结构示意图和实物图

4.3　仿生磁性吸波材料

4.3.1　吸波理论与吸波材料分类

电磁波是由同相且互相垂直的电场与磁场在空间中衍生发射的振荡粒子波，是以波动的形式传播的电磁场，具有波粒二象性。电磁波按其频率由低至高可依次划分为无线电波、微波、红外线、可见光、紫外线、X 射线及 γ 射线，如图 4-35 所示。电磁波的应用范围几乎涵盖了各个领域。随着现代科学技术的高速发展和革新，电磁波相关技术被广泛应用，军事、工业和生活领域逐渐依赖于电子技术的支持，特别是探测和通信技术。在民用领域，5G 技术和卫星通信技术普遍应用，电子设备和工业设施也快速更新换代。吸波材料广泛应用于手机、计算机等精密电子设备内部，在避免内部电子元件的相互干扰的同时，有效减少设备向外部空间的电磁波逸散，降低了电磁辐射对人类身体健康的影响。在军事领域，随着雷达和卫星相关科技的不断革新，增强军事设备的战斗生存能力，提高防侦察技术以确保国家安全迫在眉睫。吸波材料是军事装备隐身的技术核心，成为我国军工技术发展的重点和关键。吸波技术的发展能使各类武器装备的反探测、反侦察能力获得提高，有效降低被雷达探测到的可能性，从而实现雷达隐身。因此，无论是在民用领域还是在军事领域，吸波材料的研究和发展均拥有极强的战略意义。

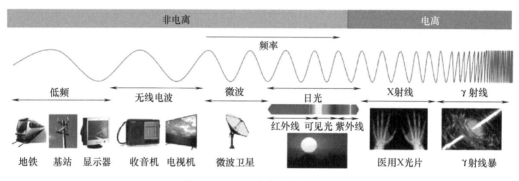

图 4-35　电磁波谱及相关应用

1. 电磁波吸收原理

电磁波吸收材料（简称吸波材料）是一种可以最大限度使入射的电磁波进入内部并能够有效地对电磁波进行吸收和衰减，将其转化为热能或其他形式的能量而消耗掉的功能材料。电磁波在大气中传播时如果碰到吸波媒介，一部分电磁波就会在空气和材料交界处被吸波剂反射，另一部分则会射入材料内部发生多重反射，从而被转化为热能或其他形式的能量而衰减掉，最后未被彻底损耗的一部分电磁波会穿透出来形成透射波继续传播，如图 4-36 所示。对于理想的吸波材料来说，这一传播机制要求其波阻抗和自由空间的波阻抗匹配良好，尽可能地避免电磁波在表面被反射，从而增加进入材料内部的比例。同时，在材料中传导的时间应尽量长，通过各种损耗机制把波能量完全转换成热能、电能等无害的能量。目前吸波材料按特点主要分为材质及结构两类：材质吸波是通过吸收剂对入射微波的能量实现有效吸收来减小反射波的能量，将电磁能转化成热能

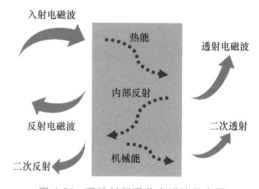

图 4-36　吸波材料吸收电磁波示意图

来消耗电磁波，其适用的模型需要通过材料的介电常数和磁导率等参数来描述，以介电损耗模型、磁损耗模型和传输线模型为主；而结构吸波主要是将导电材料排列成周期阵列，使电磁波在材料介质中发生干涉，形成驻波进而削弱电磁波反射，通过对电磁波的相位调控，实现相位异常突变和延迟来增强电磁波的损耗，其适用的模型需要将材料等效为宏观结构，然后利用波动性的特点进行分析，主要有 Salisbury 结构模型及 Janumann 结构模型。

（1）介电损耗机理　介电损耗主要适用于材质吸波，主要涉及玻尔轨道模型和德拜模型。介质材料与导体不同的性质是其内部电荷处于束缚状态，因此当电磁波入射到介质材料

内部时，其内部原本在中心位置重合的正负电荷会发生极化而偏离中心，并且产生电偶极矩，由此引发内部的微弱电场，其极化的强度采用介电常数描述，一般以符号 ε 表示。介质在发生极化后，一方面其产生与宏观电场反向的电场，因此产生抵消作用减少反射电磁波；另一方面在电场振荡下电偶极子反复转向，将电磁能转化成热能损耗。玻尔轨道模型描述了分子的极化状态，所有构成分子的正电荷均集中在分子中心，而负电荷在分子外围的圆周轨道上。玻尔轨道模型奠定了早期量子理论的基础，说明了分子或原子内部偶极子的存在，但用于描述吸波材料并不直观。而德拜模型在这方面具有弥补作用，其主要描述材料的微观电偶极矩与电极化率的关系。相比于玻尔轨道模型，德拜模型提供了更为直观、简单的描述方法，因此在吸波材料中的应用更为广泛。德拜方程将电磁场中材料的介电常数表示为复数形式

$$\varepsilon = \varepsilon' - \mathrm{i}\varepsilon'' \tag{4-22}$$

$$\varepsilon' = \varepsilon_\infty + \frac{(\varepsilon_s - \varepsilon_\infty)\,\omega\tau}{\varepsilon_s - \varepsilon_\infty\,\omega^2\omega\tau^2} \tag{4-23}$$

$$\varepsilon'' = \frac{(\varepsilon_s - \varepsilon_\infty)\,\omega\tau}{\varepsilon_s - \varepsilon_\infty\,\omega^2\omega\tau^2} \tag{4-24}$$

式中 ε'——复介电常数的实部，表示材料储存电场的能力；

ε''——复介电常数的虚部，表示材料消耗电场的能力；

ω——交变电场的频率；

τ——弛豫周期；

ε_s——静态介电常数；

ε_∞——介电常数随频率升高而变化的极限值。

根据这种复数形式的介电常数，可以定义

$$\tan\delta_\varepsilon = \frac{\varepsilon''}{\varepsilon'} \tag{4-25}$$

式（4-25）称为介电损耗角正切，表示材料介电极化对电磁波损耗的能力。之后 ColeK.S 和 ColeR.H 在德拜模型的基础上，进一步推导了 Cole 圆系方程为

$$\left[\varepsilon' - \frac{1}{2}(\varepsilon_s + \varepsilon_\infty)\right]^2 + (\varepsilon'')^2 = \frac{1}{4}(\varepsilon_s + \varepsilon_\infty)^2 \tag{4-26}$$

Cole 圆在判断介质的极化类型方面发挥了很好的作用，因此已被广泛应用在吸波材料的分析中。

（2）磁损耗机理　具有磁损耗作用的材料一般为铁磁物质，在电磁波的交变磁场作用下，与介电常数类似，磁导率同样可以表示为复数形式

$$\mu = \mu' - \mathrm{i}\mu'' \tag{4-27}$$

式中 μ'——复磁导率的实部，表示材料储存磁场的能力；

μ''——复磁导率的虚部，表示材料消耗磁场的能力，且同样可定义磁损耗角正切

$$\tan\delta_\mu = \frac{\mu''}{\mu'} \tag{4-28}$$

以此来表示材料磁损耗的能力。在铁磁体中，引起磁损耗的具体机制有很多种，最常见的应为涡流损耗，根据麦克斯韦方程中的法拉第定律，交变磁场会在材料中引起涡旋电流，

这种涡旋电流会影响复数磁导率，将磁场能量转化成热能消耗。在微波波段产生的磁损耗机制还有自然共振，由于铁磁晶体材料存在磁晶各向异性，在与交变磁场作用时会与电磁波产生共振，此时复数磁导率会出现突变而产生极大值，因此对电磁波具有很强的损耗作用。磁滞损耗也是一种常见的磁损耗形式，当铁磁体的磁感应强度随磁场的强度变化由畴壁的不可逆移动或磁矩的不可逆转动引起时，称为磁滞效应。磁滞效应同样会影响复数磁导率而导致磁损耗。除此之外，畴壁共振也是一种很重要的磁损耗机制，当铁磁体受到电磁波的交变磁场作用时，铁磁体磁畴的畴壁会产生振动，铁磁体振动频率与电磁波的频率接近时即会产生共振而损耗电磁波。除上述几种磁损耗机制外，在铁磁体中还会发生铁磁共振、自旋波共振及磁后效损耗等，具体的损耗机制需要根据共振的频率、吸收材质、吸收峰特征等具体进行分析。

（3）传输线理论　传输线模型是在传统吸波材料中应用较广泛的模型，概括来讲，传输线即传输电磁能量的电路系统。传输线与波导一样，可以引导电磁波沿设计方向进行传播。对于电磁波在一定几何结构和材料中传播衰减的物理过程，传输线模型给出了明确的推导，这也是传输线理论广泛用于吸波材料的原因。传输线模型如图 4-37a 所示，在导线起始端加一时变电压，则在线元 Δz 段的电路参数与位置和时间相关，因此可以根据单位长度传输线电感和电容之间的关系进行推导，得出传输线的阻抗参数，该传输线的等效电路如图 4-37b 所示。

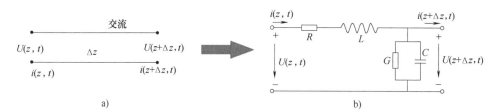

图 4-37　电流与电压的关系

a）单位长度传输线电压及电流之间的关系　b）单位长度传输线电感和电容之间的对偶关系

正弦波电压和电流的波动方程可由基尔霍夫定律导出的电报方程描述

$$\begin{cases} \dfrac{\mathrm{d}^2 \dot{U}(z)}{\mathrm{d}z^2} - \gamma^2 \dot{U}(z) = 0 \\[2mm] \dfrac{\mathrm{d}^2 \dot{I}(z)}{\mathrm{d}z^2} - \gamma^2 \dot{I}(z) = 0 \end{cases} \tag{4-29}$$

式中　γ——传播系数，且

$$\gamma = \sqrt{(R_0 + \mathrm{i}\omega L_0)(G_0 + \mathrm{i}\omega C_0)} = \alpha + \mathrm{i}\beta \tag{4-30}$$

式中　R_0、L_0、G_0、C_0——单位长度传输线上的电路参数。

单位长度上行波电流（或电压）相位的变化由式（4-30）中的 α 代表，称为衰减常数；式（4-29）的通解为

$$\dot{U}(z) = A_1 \mathrm{e}^{-\gamma} + A_2 \mathrm{e}^{\gamma z}$$

$$\dot{I}(z) = \frac{1}{Z_0}(A_1 e^{-\gamma} + A_2 e^{\gamma z}) \tag{4-31}$$

式中　A_1 和 A_2——积分常数，由传输线的边界条件确定；

　　　Z_0——传输线的特性阻抗：

$$Z_0 = \frac{\dot{U}(z)}{\dot{I}(z)} = \sqrt{\frac{R_0 + i\omega L_0}{G_0 + i\omega C_0}} \tag{4-32}$$

定义输入阻抗 $Z_{in}(z)$

$$Z_{in}(z) = \frac{\dot{U}(z)}{\dot{I}(z)} = \sqrt{\frac{\dot{U}_2 \cosh\beta_z + \dot{I}_2 Z_0 \sinh\beta_z}{\frac{\dot{U}_2}{Z_0}\sin\beta_z + \dot{I}_2 \cosh\beta_z}} \tag{4-33}$$

终端负载决定了传输线的工作状态。若 $Z_L = Z_0$ 则不存在反射波，而是处于行波状态；若 $Z_L = 0$ 或为无穷大时则传输线处于全驻波状态，即产生全反射。入射波和反射波同时存在的情况即为任意终端负载，且混合波状态由二者叠加形成。终端反射系数模为

$$\Gamma = \left| \frac{Z_L - Z_0}{Z_L + Z_0} \right| \tag{4-34}$$

电磁波入射到介质的反射损耗 RL（Reflection Loss）为

$$RL = 20\lg\left| \frac{Z_L - Z_0}{Z_L + Z_0} \right| = 20\lg\Gamma \tag{4-35}$$

对吸波材料来讲，需要负载处的 Z_L 等于 Z_0，即 $Z_{in} = 1$，此时吸波材料阻抗等于大气阻抗，反射率为 0，为理想情况，即电磁波全部透入吸波体，不存在反射。

（4）Salisbury 屏理论　作为一种经典的结构型电磁波吸收体，Salisbury 屏（吸波结构）主要由三个部分构成（图 4-38）：第一部分为基底，由金属材料构造导电层；第二部分为介质层，起到间隔作用，厚度 $d = 1/4\lambda$；第三部分为电阻层，方阻为 377 Ω。Salisbury 屏通过电阻层与大气阻抗相同的特点，使电磁波入射到基底，并通过基底反射的电磁波与匹配层反射的电磁波产生干涉相消，使中心频率的电磁波反射率趋于 0。在图 4-38 中的模型中，在垂直入射的电磁波波矢方向（z 方向）会产生任意变化的 μ 和 ε，但是其在匹配层的平面方向（xy 方向）为均匀分布。应用于这种模型的边界条件为

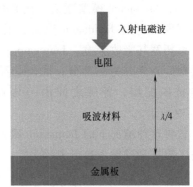

图 4-38　Salisbury 屏（吸波结构）示意图

$$E_x(\Delta) - E_x(0) = -\hat{Z}_m H_y(0)$$

$$E_y(\Delta) - E_y(0) = -\hat{Y}_e H_x(0) \tag{4-36}$$

式中　E_x——切向电场；

103

H_y——切向磁场；

$\widehat{Z}_m$——匹配层表面波阻抗；

$\widehat{Y}_e$——其电表面导纳。

后两项定义为

$$\widehat{Z}_m = \omega \int_0^\Delta (\mu'' - i\mu') \, dz$$

$$\widehat{Y}_e = \omega \int_0^\Delta (\varepsilon'' - i\varepsilon') \, dz \tag{4-37}$$

其中，$\varepsilon = \varepsilon' - i\varepsilon''$ 为复介电常数。则根据式（4-36）中的边界条件可以推导出这种模型下的场反射系数：

$$R = R_2 \sqrt{\frac{i(1-\beta_1)\sin k_1 d_1 - Y_1(1-\alpha_1)\cos k_1 d_1}{i(1+\beta_1)\sin k_1 d_1 + Y_1(1+\alpha_1)\cos k_1 d_1}} e^{i2k_0 d_1} \tag{4-38}$$

式中　α_1 和 β_1——归一化的复磁表面阻抗和电表面导纳，定义为

$$\alpha_1 = \frac{\widehat{Z}_{m_1}}{Z_0}$$

$$\beta_1 = \frac{\widehat{Y}_{e_1}}{Y_0} \tag{4-39}$$

$\widehat{Z}_{m_1}$ 和 $\widehat{Y}_{e_1}$ 为复磁表面阻抗和电表面导纳，Z_0 为真空阻抗，$Y_0 = 1/Z_0$。从上述分析过程可知，Salisbury 屏具有窄带吸收的特点，只有在中心工作频率处才能得到最佳的减反射性能，并且这种模型的设计形式比较单一，因而在实际应用中很少采用。但其设计思路启发了后来的频率选择表面的发展，使得这一设计理念获得了更高的自由度。

（5）Janumann 模型理论　在 Salisbury 吸波结构的基础上进行拓展即可得到 Janumann 模型，通过将阻抗匹配层的数量增加，可拓宽其吸收带宽。Janumann 吸波结构与 Salisbury 吸波结构类似，具体分为三部分，底层为导电层，导电层上面分布多个阻抗匹配层，各层之间由一定厚度的介质间隔，具体如图 4-39 所示。

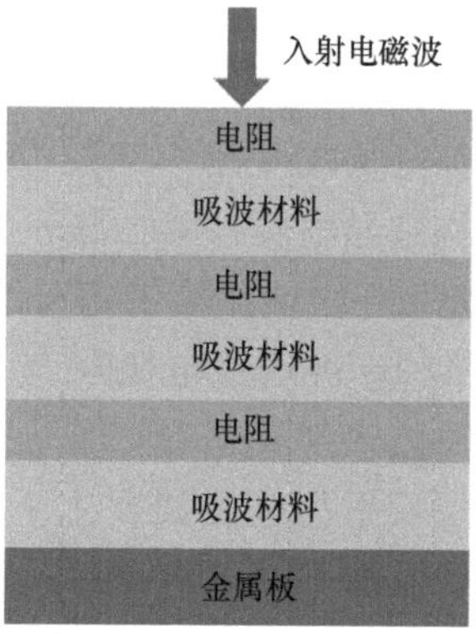

若将这种情况下的 Janumann 吸波体进行等效电路分析，则其输入阻抗和反射系数可表示为

$$Z_{in}(S) = \frac{Z_c S P_N}{P_{N+1} + P_N}$$

$$\Gamma(S) = \frac{(Z_c S + 1) P_N - P_{N+1}}{(Z_c S - 1) P_N + P_{N+1}} \tag{4-40}$$

图 4-39　Janumann 吸波
结构示意图

P_N 和 P_{N+1} 代表递归集中的最后两个多项式

$$P_{i+1} = (Z_c G_i S + 2) P_i + (S^2 - 1) P_{i-1} \tag{4-41}$$

式中　G_i——集总并联电导；

　　S——Richard 复频率，$S = \Sigma + i\Omega$。

可以通过计算对 $i = 2, \cdots, N+1$ 建立一个三角数集合

$$P_m^i = Z_c G_{i-1} P_{m-1}^{i-1} + 2P_m^{i-1} + P_{m-2}^{i-2} - P_m^{i-2} \qquad (4-42)$$

式中 $m = 0$，$\cdots$，$i-1$。

Janumann 吸波体的反射系数 Γ 也可以表示为分贝的形式，其单位转换的方式见式（4-35）。

从上述分析可以得知，Janumann 吸波模型较 Salisbury 屏模型会获得更多的阻抗匹配频率，因而会对拓宽吸收带宽具有较好的效果。并且通过设计每一匹配层的厚度和方向，可以具有比 Salisbury 屏模型更高的设计维度，实现更优化的调谐性能。

2. 电磁波吸收材料分类

（1）材质吸波型吸收材料 按照不同的吸收机理和电磁波损耗机制，电磁波吸收材料大体可分为电阻型、电介质型、磁介质型三类。

1）电阻型对应电导损耗。电导损耗主要与材料的电导率相关，理论上材料电导率越高，载流子迁移效率变高，可带来更多的电磁波能量转化，实现优异的吸波性能。典型材料有碳系材料（碳纳米管、碳纤维、炭黑和石墨烯等）、金属和导电聚合物。然而，实际上当入射电磁波传输到高导电材料表面时，会产生强的趋肤电流，趋肤深度变小，导致阻抗失配，在吸波体界面处产生强的电磁波反射。此外，对于碳系吸波材料，其抗氧化能力较差，限制了其电磁波吸收应用。因此，电导损耗型吸波材料通常不能直接使用，常与透波材料复合以满足阻抗匹配度等条件。

2）电介质型对应介电损耗。介电损耗型吸波材料的电导率较低，主要依赖于偶极子极化、界面极化、离子极化和电子极化等极化和弛豫过程，来对电磁波能力进行耗散。介电损耗型吸波材料的极化、弛豫过程一般符合德拜模型，是在吸波材料中较常见的一个种类，这一类型的吸收剂也较多，如二氧化锰等氧化物、石墨烯、介电陶瓷等。离子极化和电子极化通常需要很高的频率（$10^3 \sim 10^6$GHz），如红外和可见光区间，且对材料介电常数影响较小。在载流子传输迁移过程中，会受到界面阻碍，被俘获成为束缚电荷聚集在界面处，引起电场宏观不均匀分布，影响材料的复介电常数。偶极子极化又称为取向极化，无电磁场时，偶极子杂乱无序分布，当施加一个电磁场时，偶极子将发生与电磁场取向一致的旋转，频率较低时偶极子可跟随电磁场的变化而变化，但频率变高时偶极子会跟不上变化出现滞后，带来弛豫损耗。

3）磁介质型对应磁损耗。磁介质型吸收剂是较为传统的吸收剂，磁损耗主要通过涡流损耗、磁滞损耗和自然共振等机制对电磁波进行衰减。在交变磁场中，磁性材料会出现电磁感应，垂直于磁感应强度的闭合感应电流会在其周围产生，进而产生涡流。此外，当磁矩进动频率和交变磁场变化频率一致时会出现自然共振。涡流损耗和自然共振对高频电磁波损耗发挥着主要作用。当材料磁化强度滞后于外部电磁场的磁化矢量时，会产生磁滞损耗。由磁滞现象带来的电磁波能量损耗主要发生在低频。性能较好的磁介质型吸收剂主要为以铁、钴、镍及其合金或氧化物为代表的软磁材料。然而，绝大部分铁氧体由于居里温度较低在高温时会失去磁性，从而丧失吸波性能。同时，磁性材料通常也表现出强的趋肤效应，不利于材料的阻抗匹配度，需通过形貌或组分调控才可实现良好的吸波性能。

每一种形式的吸收剂均有其各自的优缺点，磁介质型材料更容易实现宽带吸收，但是其密度大，耐高温性差。而电介质型和电阻型吸收剂可以避免这些缺点，吸收带宽却比磁介质型吸收剂差，因此在应用上也经常将这些吸收剂复合使用。上述分类仅是按照材料的主要特征损耗形式分类，实际上很多吸收剂同时具有多种损耗机制，如羰基铁粉同时具备介电损耗和磁损耗，而石墨烯和碳纳米管等材料也同时具备介电损耗和电阻损耗等。表4-3展示了吸波材料的总体分类情况。

表4-3 吸波材料的分类和特点

类别	材质	吸波机理	优点	缺点
电介质型	石墨烯、碳纳米管、二氧化锰、碳化硅、氧化锌	德拜弛豫	吸收强度高	吸收带宽窄，部分材料如石墨烯、碳纳米管等成本较高
磁介质型	羰基铁粉、铁氧体、高熵合金、多晶铁纤维、其他铁磁性材料	磁滞损耗、自然共振、涡流损耗、磁后效损耗、畴壁共振等	吸收带宽较宽	密度大，耐高温性差，部分材料如羰基铁粉等耐腐蚀性差
电阻型	炭黑、碳纤维	电磁能转化为热能	成本低，耐久性好	吸收性能较差

（2）结构吸波型吸收材料 材料型吸收剂一般以粉末形式存在于基体中，依靠材质本身的损耗性质对电磁波进行吸收。除这种形式之外，将材料设计成独立单元并进行周期排列的结构也会产生很好的吸收效果。目前，具体应用形式主要有以下两种：

1）频率选择表面。频率选择表面（FSS）是在 Salisbury 屏模型启发下发展的一种电磁波调控结构，为一定单元形状的无源金属薄层进行周期排列而成的一类吸波结构。频率选择表面对电磁波的透射、吸收和反射具有一定的频率选择特性，相比于传统的 Salisbury 屏模型，频率选择表面具有更高的设计自由度，已被广泛用于雷达罩及其他滤波器件。频率选择表面用于吸波材料中具有吸收强度高、调谐性能好的优势。

2）超材料。超材料指在亚波长尺度上对材质进行结构设计排列，在周期小于波长的情况下，可以使材料获得很多新的性质，如实现任意的介电常数和磁导率。材料可以实现负介电常数及负磁导率，进而可以实现一系列新奇的物理现象，但这一理论的提出限于当时世界科学水平的发展，并未引起足够的重视。后续的研究采用开口谐振环，实现了负磁导率。超材料最初验证在微波波段，随着微纳加工技术的发展，其研究应用已经扩展到红外、可见光及紫外波段等。这一概念的提出，标志着人类对电磁波的调控能力进一步加强，在现代通信、探测等领域具有重要的应用意义。超材料发源于电磁波，目前已经扩展到声波、水波及力学等方面。超材料的设计理念在近些年的吸波材料中也有一定应用，它们可以赋予材料更多的自由度，具有调控能力强、宽带吸收的特点。

4.3.2 仿生磁性复合吸波材料

多孔结构对材料的吸波性能有很大的助益，一方面，多孔结构可以增强电磁波的反射和散射，同时允许嵌入有其他电磁波损耗机制的介质形成协同效应进一步提高电磁波衰减能力。基于仿生研究思想，自然界生物经过亿万年的进化，开启了许多应对各种奇刻条件的"金钥匙"，它们总能运用自身材料，制造出最优良的"产品"，以最佳的效果来面对复杂状况。在电磁波吸收方面，传统的纯磁性金属吸收体密度大、化学稳定性差、介质损耗少，难以满足优良吸波材料的要求。而仿生多孔结构就是这把"钥匙"。还可以通过多种物理化学技术路线人工合成具有多孔、多界面的仿生结构用于提升磁性材料的吸波性能。将磁性材料进行仿生结构设计可获得丰富的孔隙和界面，从而进一步提高材料的阻抗匹配度和介电损耗，丰富磁性材料的电磁波损耗机制，并且实现电磁波的散射和多重反射增强衰减特性。另一方面，自然界中丰富的生物质炭资源也可以作为多孔结构的来源之一，它们在保留生物体自身形态结构的同时可以很好地实现材料功能化。生物质炭材料保留了独特的天然孔道，通过物理、化学活化方法还可以产生大量的纳米级孔道。天然大孔结构可以对入射电磁波进行多重反射和散射；而活化产生的大量纳米级孔道极大地扩大了材料的比表面积，提高了界面极化损耗能力；并且掺杂在炭结构骨架中的杂原子能充当极化中心，产生偶极极化损耗。多重电磁损耗机制的共同作用使生物质多孔炭材料本身就具有较高的电磁吸波性能。但是生物质炭材料缺乏磁损耗能力，若要拓展吸波带宽，将磁性材料引入生物质炭是一个很好的思路，利用磁损耗与多孔炭自身较强的介电损耗之间的协同效应，就可以在提高对电磁波的衰减能力的同时增强阻抗匹配特性。

（1）多孔吸波材料仿生结构设计原理　要赋予材料突出的电磁波吸收表现，需对其进行合理的结构设计来优化调节电磁参数。根据 Maxwell-Garnett（MG）公式

$$\varepsilon_{\text{eff}}^{\text{MG}} = \varepsilon_1 \frac{(\varepsilon_1 + 2\varepsilon_2) + 2p(\varepsilon_2 - \varepsilon_1)}{(\varepsilon_2 + 2\varepsilon_1) - p(\varepsilon_2 - \varepsilon_1)} \tag{4-43}$$

式中　ε_1——主体的介电常数（固体状态）；

　　　ε_2——客体的介电常数（气体状态）；

　　　p——客体在有效介质中的体积分数。

由式（4-43）可知，构筑材料结构使其带来气相，必定会调节有效介电常数。这为吸波材料提供了设计思路。当材料表现出多孔结构状态时，其带来的气相会降低有效介电常数来提高材料阻抗匹配度。

当材料具有多界面的仿生结构时，其有效介电常数和磁导率为

$$\varepsilon_{\text{eff}} = \frac{\rho_1(1-x) + \rho_2 x}{\dfrac{\rho_1}{\varepsilon_2}(1-x) + \dfrac{\rho_2}{\varepsilon_1}x} \tag{4-44}$$

$$\mu_{\text{eff}} = \frac{\rho_2 x}{\rho_1(1-x) + \rho_2 x}\mu_1 + \frac{2\rho_1(1-x)}{2\rho_1(1-x) + 3\rho_2 x}\mu_2 \tag{4-45}$$

式中　x——材料中某一相的质量分数；

　　$1-x$——材料中另一相质量分数；

　　　ρ_1——材料中某一相的密度；

　　　ρ_2——材料中另一相的密度；

μ_1 和 μ_2——两相磁导率。

由式（4-44）和式（4-45）可知，具有多界面的仿生结构可引起材料复介电常数和复磁导率的改变。通过调控界面状态，利用界面效应可实现材料电磁波吸收性能的调节。同时，基于 Maxwell-Wagner-Sillars（MWS）理论，随着界面的形成，界面效应带来的电磁波损耗也得到增强。

（2）仿生铁氧体复合吸波材料　在前面关于亚铁磁性材料的介绍中，已经对铁氧体材料有了简单的了解。铁氧体（$CoFe_2O_4$、Fe_3O_4、$Ni_{0.5}Co_{0.5}Fe_2O_4$ 等）是铁族元素与其他匹配的金属元素（一种或多种）复合的一种化合产物，属于复介质材料。铁氧体是传统的具

有磁损耗机制的吸波材料，它具有很高的饱和磁化强度，在高频下磁导率较高。同时，铁氧体电阻率相对较高，可以达到 $10^8 \sim 10^{10}\Omega \cdot m$。因此，在交变电场下，铁氧体材料同时具有磁性和介电性，能获得良好的阻抗匹配。在应用于电磁波吸收领域时，既可以通过极化效应产生介电损耗，也可以产生磁损耗，具有成本低、制备工艺简便、吸收带宽较宽和吸收能力强等优势。因此，在雷达吸波材料及电磁屏蔽材料中，铁氧体具有一席之地。但如果仅将铁氧体一种材料作为吸波材料的选材，则通常无法获得理想的吸波性能，再加上铁氧体本身具有很高的密度，与吸波材料轻量化的要求相悖。据此，可以通过铁氧体仿生结构设计或将生物质炭和铁氧体进行结合以弥补其本身的不足，得到新型仿生铁氧体复合材料、生物质炭/铁氧体复合仿生材料。仿生结构的加入带来了异质界面，产生了不同于铁氧体的损耗机制且充分改善材料整体的阻抗匹配度，与铁氧体之间的协同作用结合使复合材料获得更优的电磁波吸收性能。

科研工作者先后制备出具有花朵、海星等仿生结构的铁氧体复合吸波材料。同时，结合多种具有多孔结构的天然材料，如椰壳、木耳等开发了一系列仿生多孔铁氧体复合吸波材料，详见表 4-4，部分如图 4-40 所示。

表 4-4　仿生多孔铁氧体复合吸波材料实例

仿生结构/复合材料	材质	制备方法	吸波性能(厚度, RL, EAB)
蜂窝	Fe_3O_4	水热法	2mm, −51.3dB, 5.8GHz
花朵	Fe_3O_4/Fe	溶剂热	1.5mm, −56dB
海星	$CoNiO_2$	溶剂热、浸渍	2.5mm, −53dB, 1.4GHz
红毛丹	$NiCo_2O$	水热法	1.5mm, −39dB, 4.16GHz
树叶	$Fe_3O_4/\gamma\text{-}Fe_2O_3$	水热法	4mm, −53dB
椰壳	FeO_X	一步热解	6.5GHz
木耳	Fe_3O_4/Fe	水热法	2.06mm, −30.41dB, 2.45GHz
杏仁木	Fe_xO_y	热处理、浸渍	2mm, −31.8dB, 4.80GHz
柚子皮	$NiFe_2O_4$	水热法	2.5mm, 4.9GHz
丝瓜络	$Fe_3O_4@Fe$	高温煅烧	2mm, −49.6dB

（3）仿生磁性金属复合吸波材料　磁损耗材料中，磁性金属（Fe、Co、Ni 及其合金等）因其成本低、制备工艺简便、磁导率高和匹配特性良好等优势，一直以来都被广泛应用。此外，磁性金属因其较高的居里温度及优异的高温稳定性，可以满足在特定场合的工作需求。磁性金属的磁导率虚部较高，因此涡流损耗和磁滞损耗对实现磁性金属的电磁波吸收机制起主要作用。相对于铁氧体而言，磁性金属的晶体结构简单，不会产生磁性次格子之间磁矩的相互抵消，通常情况下其饱和磁化强度及磁导率较高。然而纯磁性金属材料往往密度较高，且有效吸波带宽（EAB）偏窄。

此外，磁性金属纳米颗粒在微波吸收领域显现出很大的研究价值。磁性金属纳米颗粒由于具有纳米材料的特点，在外加电磁场中表现出磁损耗大、吸收频带宽、透波性能好等不同于一般磁性金属材料的特性。粒度、形貌和微观结构等会不同程度地影响其吸波性能。因此研究者们设计出不同的纳米/微米结构（如纳米线、纳米片、花瓣状和枝叶状等），大比表面积或长径比优势可以有效抑制涡流，保持高磁导率，从而仅仅通过结构变化使之具备较高的电磁波吸收特性；另外，由于磁导率和介电常数相差甚远所导致阻抗匹配不佳，研究者从

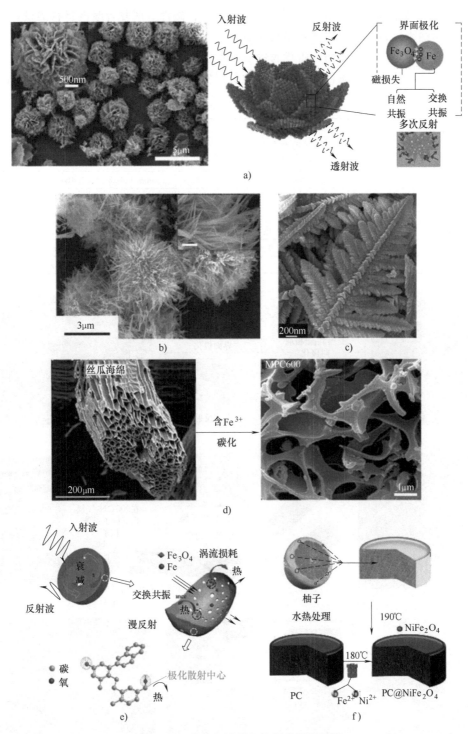

图 4-40　仿生多孔铁氧体复合吸波材料

a）花朵状结构　b）红毛丹状结构　c）树叶状结构　d）椰壳复合材料　e）杏仁木复合材料　f）柚子皮复合材料

调节介电常数角度出发，将磁性金属和介电材料复合，引进更多的损耗机制，在改善阻抗匹配的同时提升衰减系数。昂贵、超高密度、较差的耐环境性和反射为主的屏蔽机制等固有特征可能会限制金属基材料的应用。与铁氧体材料类似，磁性金属复合吸波材料的设计思路也是将磁性金属纳米颗粒进行仿生多孔结构构建或与生物质炭材料进行复合，这样往往能够综合高磁损耗与高介电损耗，从而获得优秀的吸波性能。因此，仿生磁性金属复合吸波材料也获得了广泛关注。仿生多孔磁性金属复合吸波材料实例见表4-5，部分如图4-41所示。

表 4-5　仿生多孔磁性金属复合吸波材料实例

仿生结构/复合材料	材质	制备方法	吸波性能(厚度，RL，EAB)
银耳	NiCo/C	微波辅助水热法	4mm，−41.6dB
杨梅	Ni/C	溶剂热	1.8mm，−73.2dB，4.8GHz
木材	Ni	高温热解、浸渍	2mm，−50.8dB，12.4GHz
芦苇	Fe@Fe$_3$C	碳化、浸渍	1.5~2mm，−50dB，4.57GHz
稻壳	Fe、Co	高温碳化	−40.1~−21.8dB，2.7~5.6GHz
松果壳	Ni/C	高温碳化、水热	2.2mm，−73.8dB，5.8GHz
竹子	Fe$_3$C	高温热解相变	2mm，−45.60dB，5.5GHz
荷叶	C/MoS$_2$	原位法	2.2mm，−50.1dB，6.0GHz

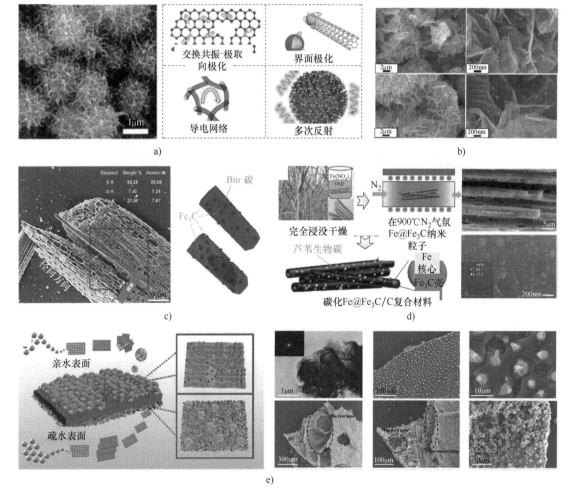

图 4-41　仿生多孔磁性金属复合吸波材料
a）杨梅状结构　b）银耳状结构　c）芦苇复合材料　d）竹子复合材料　e）荷叶复合材料

（4）仿生序构磁性复合吸波材料　若想使入射电磁波尽可能多地进入材料内部，尽可能大地发生损耗，就需要吸波材料或隐身涂层在实现宽带吸收的前提下尽可能降低厚度，而降低到一定程度后会使材料的厚度远小于工作波长，即达到深亚波长厚度，在这种情况下材料的吸波性能会受到 Plank-Rozanov 极限的限制，宽带吸收难以保证，采用深亚波长厚度的单一或多层吸波材料很难做到。因此如何在深亚波长厚度下提高吸波性能，成为新型吸波材料研发的关键问题之一。结构型吸波材料的组织内部微观吸收成分和宏观组合结构具有很大的调控优化空间。因此，研究人员寄希望于纳米吸波材料与亚波长尺度下吸波结构间的协同效应，来实现微波的有效吸收。在此背景下，仿生学设计思想成为突破口，将吸波材料与生物模型结合，借助生物结构亿万年进化而趋于完美的优势，提取自然界中用于伪装、吸收、减反射等电磁波吸收作用的生物模型作为仿生基元。将仿生基元按一定比例放大，设计为亚波长尺度，即特征尺寸与工作波长相当或更小。最终将吸波材料按照仿生基元进行序构排列，以突破传统吸波材料的性能局限，使材料在深亚波长厚度下具有宽频吸收性能，以期能够制造出具有轻量化、宽频隐身性能和高性能力学承载的仿生吸波材料，满足当前诸多领域对吸波材料"薄、宽、轻、强"的特点。

尽管多种仿生序构已被众多学者广泛研究，但将其与磁性吸波材料复合的研究还较为有限，目前多见于羰基铁粉及其相关高分子复合磁性材料（如商用的磁性贴片）。羰基铁粉是磁性吸收剂的代表，甚至可以说是微波吸收剂的代表，是最为传统、应用最为广泛的一种电磁波吸收剂，并且大量应用于现役的武器装备上。例如，美国的 F/A-18C/D "大黄蜂"飞机，为了降低其雷达反射截面面积（RCS），在机身表面及机翼上使用了羰基铁粉为主的雷达吸波材料；为了增强 F-15SE "静默鹰"重型战斗机的隐身性能，保证其面对三代及三代半战斗机的空中优势，在其表面缝隙连接处、机翼、机身的诸多部位都使用了大量的羰基铁粉为主的雷达吸波材料，使其正面的雷达反射截面面积降低到了 F-35 的水平。

羰基铁粉的制备是采用羰基铁化合物在惰性气体中分解，再通过提纯分解而得到的高纯度 α-Fe，其具有很高的饱和磁化强度和较低的矫顽力，是性能优异的软磁材料，其高磁损耗角正切可以保证对电磁波有很高的磁损耗。传统使用的羰基铁粉主要以球状粉体为主，如图 4-42 所示，但球状羰基铁粉的高频磁性受限于 Snoek 极限，近些年有一些研究人员通过球磨或搅拌磨的方式，将球状粉制备成片状，通过提高其宽厚比突破 Snoek 极限，进而提高其磁导率，表现出更加良好的磁损耗能力。

图 4-42　球状及片状羰基铁粉

  模仿蜂巢结构设计的吸波蜂窝，目前被作为一类重要的仿生结构型吸波材料得到了较多的应用。它具有优异的刚度、较低的面密度和低的热导率，是理想的结构材料。作为吸波蜂窝结构的重要的组成部分，吸波材料的选用至关重要，羰基铁粉可以将介电损耗和磁损耗机制复合到蜂窝结构中，从而提供更好的吸波性能。

  研究人员提取了大紫蛱蝶的栅形序构模型，将平行或正交排列的铁硅合金条带嵌入片状羰基铁/聚氨酯复合材料基质中，制备了磁性仿生序构吸波结构，通过栅格结构和基体的耦合作用实现了动态调谐吸波的作用，可调谐的有效吸收带宽可以覆盖的频率范围为10.2～18GHz，如图4-43a所示。为实现深亚波长厚度下宽带吸收，又基于蛾眼的六角形多级序构模型，制备了片状羰基铁/聚氨酯基多级仿生序构材料，在1mm厚度下将有效吸收带宽从0提高到8.04～17.88GHz，如图4-43b所示。

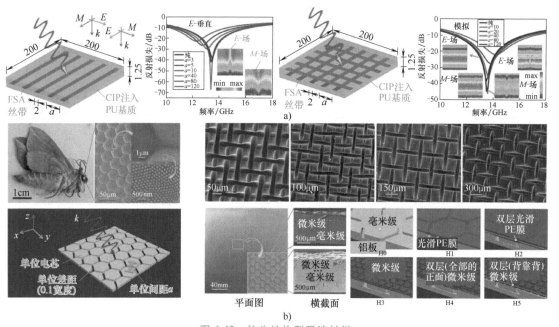

图 4-43 仿生结构型吸波材料

a）仿生栅形吸波结构 b）仿生六角形吸波结构

思 考 题

1. 生物磁感知机制都有哪些种类？

2. 抗磁性产生的机理是什么？

3. 仿生磁性复合吸波材料都有哪些种类？

4. 磁导率值等于零说明什么？此时相应的磁化率值是多少？哪种材料具有这种性质？

5. 趋磁细菌中的磁小体具有什么优点？它在仿生生物医学领域具有哪些应用价值？

参 考 文 献

［1］ XU C X, YIN X, LV Y, et al. A near-null magnetic field affects cryptochrome-related hypocotyl growth and flowering in Arabidopsis［J］. Advances Space Research, 2012, 49（5）: 834-840.

［2］ MOURITSEN H. Long-distance navigation and magnetoreception in migratory animals［J］. Nature, 2018,

558（7708）：50-59.

［3］ JOHNSEN S, LOHMANN K J. Magnetoreception in animals feature article［J］. Physics Today, 2008, 61（3）：29-35.

［4］ LEASK M J. A physicochemical mechanism for magnetic field detection by migratory birds and homing pigeons［J］. Nature, 1977, 267（5607）：144-145.

［5］ RITZ T, ADEM S, SCHULTEN K. A model for photoreceptor-based magnetoreception in birds［J］. Biophysical Journal, 2000, 78（2）：707-718.

［6］ WILTSCHKO W, WILTSCHKO R. Disorientation of inexperienced young pigeons after transportation in total darkness［J］. Nature, 1981, 291（5814）：433-434.

［7］ BLAKEMORE R P. Magnetotactic bacteria［J］. Science, 1975, 190（4212）：377-379.

［8］ FRANKEL R B. Magnetic guidance of organisms［J］. Annual Review of Biophysics and Bioengineering, 1984, 13：85-103.

［9］ GONZÁLEZ L M, RUDER W C, MITCHELL A P, et al. Sudden motility reversal indicates sensing of magnetic field gradients in Magnetospirillum magneticum AMB-1 strain［J］. The ISME Journal, 2014, 9（6）：1399-1409.

［10］ BAZYLINSKI D A, FRANKEL R B. Magnetosome formation in prokaryotes［J］. Nature Reviews Microbiology, 2004, 2（3）：217-230.

［11］ MA K, XU S, TAO T X, et al. Magnetosome-inspired synthesis of soft ferrimagnetic nanoparticles for magnetic tumor targeting［J］. Proceedings of the National Academy of Sciences of the United States of America, 2022, 119（45）：e2211228119.

［12］ QIN S Y, YIN H, YANG C L. A magnetic protein biocompass［J］. Nature Materials. 2016, 15（2）：217-226.

［13］ CAO Y S, YAN P. Role of atomic spin-mechanical coupling in the problem of a magnetic biocompass［J］. Physical Review E, 2018, 97（4）：042409.

［14］ XUE L, HU T, GUO Z, et al. A novel biomimetic magnetosensor based on magneto-optically involved conformational variation of MagR/Cry4 complex［J］. Advanced Electronic Materials, 2020, 6（4）, 1901168.

［15］ 石宏开, 王庆蒙, 唐瑞琦, 等. 基于磁性颗粒与自由基对机制的仿生地磁传感器及其测量原理［C］//国防科技大学智能科学院. 2023 年全国智能导航学术论文集. 北京：中国惯性技术学会, 2023.

［16］ WALKER M M, DIEBEL C E, HAUGH C V, et al. Structure and function of the vertebrate magnetic sense［J］. Nature, 1997, 390（6658）：371-376.

［17］ COLE K S, COLE R H. Dispersion and absorption in dielectrics I. alternating current characteristics［J］. The Journal of Chemical Physics, 1941, 9：341-351.

［18］ HEILBRON L J. Bohr's. first theories of the atom［J］. Physics Today, 1985, 38：28-36.

［19］ PENDRY J B, HOLDEN A J, ROBBINS D J, et al. Magnetism from conductors and enhanced nonlinear phenomena［J］. IEEE Transactions on Microwave Theory and Techniques, 1999, 47（11）：2075-2084.

［20］ ZOU G C, CAO M S, LIN H B, et al. Nickel layer deposition on SiC nanoparticles by simple electroless plating and its dielectric behaviors［J］. Powder Technology, 2006, 168（2）：84-88.

［21］ 朱彬. 氮化钛材料仿生结构构筑及其吸波性能研究［D］. 唐山：华北理工大学, 2021.

［22］ 孙浩. 西瓜瓤基生物炭磁性吸波材料的制备及其应用［D］. 济南：济南大学, 2023.

［23］ 孙瑾. 生物质炭/铁氧体吸波材料的制备与性能［D］. 济南：济南大学, 2023.

［24］ 李宏艳. 磁性生物质碳材料制备及电磁损耗能力调控［D］. 杭州：杭州电子科技大学, 2023.

［25］ HUANG L X, DUAN Y P, YANG X, et al. Ultra-flexible composite metamaterials with enhancedand tuna-
ble microwave absorption performance ［J］. Composite Structures, 2019, 229: 111469.

［26］ HUANG L X, DUAN Y P, DAI X H, et al. Bioinspired metamaterials: multiband electromagnetic wave a-
daptability and hydrophobic characteristics ［J］. Small, 2019, 15 (40): 1902730.

［27］ 梅中磊, 曹斌照, 李月娥, 等. 电磁场与电磁波 ［M］. 北京: 清华大学出版社, 2022.

第5章

仿生声学材料

声学是一门研究介质中机械波的产生、传播、接收和效应的科学。声音是人类最早研究的物理现象之一，声学是经典物理学中历史最悠久，并且当前仍处在前沿地位的唯一的物理学分支学科。人类观察声学现象，研究其规律几乎是从史前时期开始的。对声学的系统研究是从17世纪初伽利略研究单摆周期和物体振动开始的。从17世纪初起直到19世纪，几乎所有杰出的物理学家和数学家都对研究物体的振动和声的产生原理做过贡献，18世纪末和19世纪初，亥姆霍兹通过实验证实了声音的谐波结构，提出了共振理论，并开创了声学谐波分析的方法。亥姆霍兹的研究奠定了现代声学的基础。在20世纪，由于电子学的发展，使用电声换能器和电子仪器设备，可以产生接收和利用任何频率、任何波形、几乎任何强度的声波，声学研究的范围远非昔日可比。声学具有极强的交叉性和延伸性，它与材料、电子、通信、环境与海洋等现代科学技术的大部分学科发生了交叉，形成了丰富多彩的分支学科。根据不同的研究对象和使用的频率范围，现代声学可分为物理声学、声人工结构、水声学和海洋声学、结构声学、环境声学、生物声学和气动声学等分支。声学的研究对象也从微纳尺度的电子器件延伸到数千米的大气、海洋、地球。

5.1 声学、声学材料与仿生声学材料基础

5.1.1 声波的基本性质

1. 声波的产生及传播

声音最初是指人耳听觉所能觉察的空气中传播的振动现象，频率在20Hz~20kHz之间。声音是由物体振动产生的声波，是通过介质（空气或固体、液体）传播并能被人或动物听觉器官所感知的波动现象。最初发出振动的物体称为声源。声音以波的形式振动传播。声音是声波通过任何物质传播形成的运动。现代声学中声波频率范围扩大，不再局限于可听声，声波频率可在20Hz以下（次声波）或20kHz以上（超声波）。传递介质不再局限于空气，而可以是液体或固体，可以是弹性介质，也可以是非弹性介质。

声波本质上是物质波，是在弹性介质中传播的压力、应力、质点运动等的一种或多种变化，是一种机械扰动在气态、液态、固态物质中传播的现象。所谓扰动，是指在气态、液态、固态物质中的一个密度的，或者是压力的，或者是速度的某种微小变化，这个变化在弹性介质中就会传播出去，这个传递的能量就是声。从声音的这个概念上讲，只要在弹性介质中存在扰动，就会产生声波。通常所谓的听觉也是这些变化所引起的。液体中传输声波的情况只是稍有不同，但传播的仍然是纵波，质点运动方向与传播方向相同。固体中除同样有纵波传播外，还有横波，质点运动方向与传输方向垂直，性质与纵波不同，因而固体中声波的传输比较复杂。需要注意的是，声波是物质波，需要介质传播；光、无线电波是电磁场的传播，不需要物质介质。

关于声波与振动之间的联系，需要注意的是，自然界中普遍存在着振动现象，声学现象实质上就是传声介质（气体、液体、固体等）质点所产生的一系列力学振动，而且声波的发生（无论是自然产生或人工获得）基本上也来源于物体的振动。振动学是研究声学的基础。

2. 声波的基本特征

描述包括声波在内的任何一种波的基本要素是其频率、波长、振幅、相位、声压、声强、声级、响度。

频率 f 是指单位时间内波的振动次数，单位为 Hz（赫兹，简称赫）。频率的倒数就是振动一次所需时间，称为周期，单位为 s（秒）。一般在频率很低的次声波中更多是采用周期而不采用频率。波长 λ 是指在声波传播途径上，两相邻同相位质点之间的距离，单位为 m（米）。相位 φ 是时间特性的反映，代表一个周期运动的波形，当前时刻在一个周期内的位置，单位为°（度）。振幅 A 是指振动着的某个物理量（如密度、压力、粒子运动速度等）偏离其平均值的最大量值，单位是这个物理量本身的单位。

声压 P 是声波存在时作用在单位面积上的压力，单位是 Pa（帕）。相对于大气压力而言，一般说来，声压是很小的。声波在传播时，介质中有压力扰动，在静压力之上增加的压力就是声压。声波的强度是由它携带的能量决定的。在与声传播方向垂直的面上，画一个 1cm² 的小方框，每 1s 通过这个小方框的能量就是声波的声强 I。对平面波来说声压 P 与声强 I 的关系是

$$I = \frac{P^2}{\rho c}$$

式中　ρ——空气的密度，正常情况下 $\rho = 1.2 \text{kg/m}^3$；

　　　c——声速，常温下为 340m/s[1]。

声源向外辐射声能，它在单位时间内辐射的总能量称为声源的功率。

声级是指与人们对声音强弱的主观感觉一致的物理量，是声音经过声级计中根据人耳对声音各频率成分的灵敏度不同而设计的计权网络（特殊电路）修正过的总声压级值，单位为 dB（分贝），其数值因所用的计权网络而异。听阈对应的声级为 0dB，但 0dB 并不意味着没有声音，而是可闻声的起点，声音的能量每增加 10 倍，其声级就增加 10dB，安静房间声级大约为 30dB，正常对话时声级为 50dB，嘈杂马路上声级为 80dB，发电机声级为 100dB，电锯声级为 120dB。

响度又称为音量，是指人耳感受到的声音强弱，是人对声音大小的一个主观感觉量。响

116

度的大小取决于声音接收处的波幅,就同一声源来说,波幅传播得越远,响度越小;当传播距离一定时,声源振幅越大,响度越大。响度的大小与声强密切相关,但响度随声强的变化不是简单的线性关系,而是接近于对数关系。当声音的频率、声波的波形改变时,人对响度大小的感觉也将发生变化。

3. 声波的分类

按照频率的不同,将频率在 20Hz~20kHz 之间的,能引起听觉的机械波,称为声波;将频率低于 20Hz 的机械波称为次声波;将频率高于 20kHz 的机械波称为超声波。

按照介质中质点与声波传播方向的不同,将介质中质点沿传播方向运动的波称为纵波;将介质中质点都垂直于传播方向运动的波称为横波;将沿着介质表面传播,幅值随着深度而迅速减弱的波称为表面波。

按照波阵面几何形状的不同,将波阵面为平面且与传播方向垂直的波称为平面声波;将波阵面为同轴柱面的波称为柱面声波;将波阵面为同心球面的波称为球面声波。球面声波又可分为各向均匀的球面声波和一般球面声波。

5.1.2 声学材料的基本性质

从物理视角来看,声波作为一种弹性波,必须依托介质产生并进行传播。无论是想要消除或者产生声波,还是对其进行人工调控,对传播介质的研究,即对声学材料的研究,都是声学研究中必不可少的一部分。声学材料,从原理上讲是将弹性波的机械能转化为介质的内能,以此来消耗和减弱声波。热力学原理主导了中高频段的吸声原理。因此声学材料从某种意义上讲可以视作一种不错的绝热材料,也就是说声学材料从发展以来就是一种复合功能材料。

用于表征声学材料性质的常用参数为阻尼和声阻抗。

阻尼是指声波在传播过程中能量损失的现象,其单位为 Pa·s。影响阻尼的因素主要有传递介质的黏度、密度和弹性模量。在力学上,阻尼是指任何振动系统在振动中,由于外界作用或系统本身固有的原因引起的振动幅度逐渐下降的特性。从减振角度看,就是将机械振动的能量转变成热量和其他可消耗的能量,从而达到减振的目的。声学材料的阻尼特征可用来降低声波的振动能量,减少声波的共振和驻波现象,提高声学系统的稳定性与可靠性。

声阻抗是指介质在波阵面某个面积上的压强与通过这个面积的体积速度的复数比值。声阻抗单位是 Pa·s/m³。当考虑的是集中阻抗而不是分布阻抗时,某一部分材料的阻抗就是这部分材料的压强差与体积速度的复数比值。声阻抗的实部常称为"声阻",虚部则称为"声抗"。声反映介质中某位置对应力学扰动而引起的质点的阻尼特性。

随着声学材料的诞生与发展,声学材料中许多新的奇异性质被发现。声学材料基于亚波长结构设计产生的物理效应,主要包括低频带隙、超常吸声、负折射及表面反常效应等性质。用于表征声学材料性质的主要参数为负质量密度、负弹性模量和负折射。

质量密度是物质的基本属性,分为静态质量密度和动态质量密度两种。人们熟知的密度公式 $\rho = m/V$ 为物质的静态质量密度,与物质的质量和体积相关。当声波作用于弹性介质时,会引起质量单元的振动,此时存在作用力和加速度的动态关系。从动力学角度来看,负质量密度的物理意义:当弹性介质受到外界的弹性激励时,质量单元由于弹性共振,按照自己的模式发生强烈振动，引起振动方向与外界激励方向相反的现象，从而出现反常响应。

弹性模量是弹性介质最基本的一个属性，其定义为在声波作用下，弹性介质单位体积的相对变化引起的声压的变化，表示弹性介质的压缩膨胀性质。对于常规材料而言，外界声压压缩材料必然引起材料体积的减小，拉伸材料时引起材料体积的增大。而对于人工设计的声学材料，由于共振微结构的作用，材料单元会按照自己的模式产生压缩膨胀波，而当外界压缩材料时会引起材料的膨胀，拉伸时会引起材料的压缩，从而产生负的响应。

负折射最初是光学研究中提出来的概念，即光入射到某些人工结构材料（也称为"光学超构材料"）上时，入射光线和折射光线可以居于法线的同侧，这便是光学负折射现象。类比声学中，当声波从普通介质入射到声子晶体中时，也可以在某些条件下实现声学负折射现象。在对经典波的研究中，不同声学常数的材料组合也会产生奇特的声学现象。

5.1.3　声子晶体

声子晶体是体弹模量和质量密度周期性调制的人工结构复合材料，它由阻抗失配较大的背景材料和周期性单元共同构成，由于周期性的布拉格散射及局域性的单体米氏（Mie）散射，声子晶体能够产生新的色散关系和能带结构，这种色散关系不同于其构成单元和背景自身的色散关系。声子晶体按弹性波种类可以划分为两类：一类是用流体作为背景的流体波声子晶体；另一类是用弹性固体作为背景的弹性波声子晶体。

弹性波在声子晶体中传播时，受到其内部结构的影响，在一定频率范围内被阻止传播，这个频率范围称为带隙。而在带隙之外的频率范围，弹性波可以无损耗地传播，这种现象称为通带。研究认为，声子晶体带隙产生的机理有两种：布拉格散射型和局域共振型。布拉格散射型主要是结构的周期性起着主导作用，当入射弹性波的波长与结构的特征长度（晶格常数）相近时，将受到结构强烈的散射；局域共振型主要是单个散射体的共振特性起主导作用。

1. 声子晶体的布拉格散射机理

对于声子晶体的布拉格散射机理，已经有大量文献进行了研究。当布拉格散射型声子晶体的基体为流体时，基体中仅存在纵波，因此带隙源于相邻原胞间的反射波的同相，其第一带隙的中心频率对应的弹性波波长约为晶格常数的2倍。当布拉格散射型声子晶体的基体为固体时，内部波场存在纵波和横波，而且它们之间可以相互转化。研究结果表明，带隙频率对应的波长与横波波长在同一个数量级上。影响布拉格散射型声子晶体振动带隙特性的因素包括：组元材料的密度、弹性模量等，结构的晶格形式、尺寸大小及填充率等。

弹性波在声子晶体中传播时，受其内部周期结构的作用，形成特殊的色散关系（能带结构），色散关系曲线之间的频率范围称为带隙。图5-1所示为二维声子晶体的能带结构，图5-1中阴影所示为带隙。

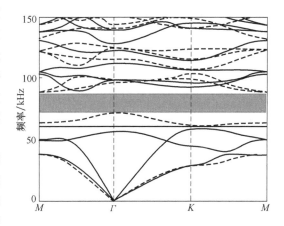

图 5-1　二维声子晶体的能带结构

理论上，带隙频率范围的弹性波传播被抑制，而其他频率范围（通带）的弹性波将在色散关系的作用下无损耗地传播。当声子晶体的周期结构存在缺陷时，带隙频率范围内的弹性波将被局限在缺陷处，或沿缺陷传播。因此，声子晶体可用于控制弹性波的传播，在新型声学器件、减振降噪领域具有广阔的应用前景。

在声子晶体中，与弹性波传播相关的密度和弹性常数不同的材料按结构周期性复合在一起，分布在格点上相互不连通的材料称为散射体，连通为一体的背景介质材料称为基体。声子晶体按其周期结构的维数可分为一维、二维和三维，其典型结构图 5-2 所示，图中的点线表示在周期方向的延拓，图 5-2a 所示为一维结构，图 5-2b 和 c 所示分别为二维及三维结构。

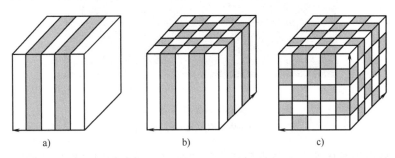

图 5-2　各维声子晶体结构示意图

a）一维声子晶体　b）二维声子晶体　c）三维声子晶体

理想的声子晶体模型一般认为在非周期方向上具有无限尺寸，这种假设只有在波长远小于非周期方向尺寸时才合理。由于固体中弹性波传播速度较快，实际工程中广泛应用的梁、板等结构均不能满足这一条件，因此，研究非周期方向上为有限尺寸的周期结构更有实际意义。为了区别于一维、二维理想声子晶体，可将这类周期结构称为声子晶体结构。图 5-3 为典型的声子晶体梁板类结构。研究表明，声子晶体梁板类结构同样具有带隙特性。

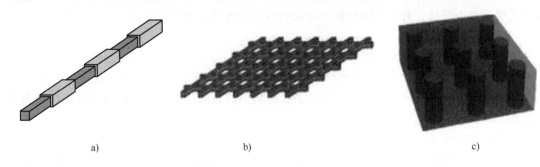

图 5-3　典型的声子晶体梁板类结构

a）一维声子晶体梁结构　b）二维声子晶体板结构　c）三维声子晶体体结构

2. 局域共振型声子晶体

局域共振型声子晶体的概念最早于 2000 年由刘正猷在 *Science* 上提出，他用硅橡胶包裹铅球按照简单立方晶格排列在环氧树脂基体中，进行了相应的实验。理论和实验都证实这一单元特征长度为 2cm 的结构具有低于 400Hz 的低频带隙，比同样尺寸的布拉格散射型声子晶体的第一带隙频率降低了两个数量级。局域共振型声子晶体由于其优越的低频特性吸引了很多学者的兴趣，大量文献对局域共振机理和传输特性进行了分析和研究。研究表明，在局域共振结构中，由于中间很软的包覆层的存在，将较硬的芯球连接在基体上，组成了具有低频的共振单元。当基体中传播的弹性波的频率接近共振单元的共振频率时，共振结构单元将与弹性波发生强烈的耦合作用，使其不能继续向前传播，从而导致带隙的产生。局域共振型声子晶体的结构如图 5-4 所示。

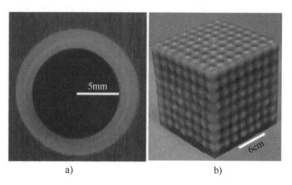

图 5-4　局域共振型声子晶体的结构
a）声子晶体基本单元　b）声子晶体

局域共振型声子晶体的主要特点包括：带隙频率远低于相同晶格尺寸的布拉格带隙，实现了"小尺寸控制大波长"；带结构中存在平直带，内部波场存在局域化共振现象；带隙由单个散射体的局域共振特性决定，与它们的排列方式无关；带隙宽度随填充率的增加而单调增加。对于局域共振型声子晶体，在国际上还没有一个公认的科学的定义，以上四条基本特征是认定局域共振型声子晶体时常用的依据。

声子晶体的应用前景广泛，例如在隔声材料、热管理、滤波器设计等领域都有潜在的应用价值。通过精确设计和控制声子晶体的结构，可以实现对其传播特性的有效调控，从而应用于需要控制声波或弹性波传播的场景中。此外，声子晶体的研究还涉及固体物理学、凝聚态物理学等多个领域，对于理解材料的振动和波动特性具有重要意义。

5.1.4　声学材料的分类

声学材料主要可以分为两大类，即以多孔材料为核心的传统声学材料和以超构材料为核心的新兴声学材料。

1. 传统声学材料

传统声学材料主要可以分为三种，即多孔材料、微穿孔材料和复合材料。其中复合材料由前两种材料复合而成，这里不再赘述。

（1）多孔材料　多孔材料，依据其微结构的不同几何性状，可以细分为纤维材料和泡沫材料；依据其基底材料的不同性质，可以细分为无机多孔材料和有机多孔材料。这两种分类方法的组合，形成了多孔材料细分的四大类，如图 5-5 所示。

1）纤维材料。无机纤维材料中最常见的是玻璃棉和岩棉。这类材料是将天然矿石（石英石、石灰石或白云石）或玻璃加热到熔融状态，借助外力吹制，甩成絮状细纤维，通过进一步的搅拌，纤维与纤维之间形成立体交叉，互相缠绕在一起，呈现出许多细小的间隙，形成纤维状的材料。其化学成分属于玻璃类，是一种无机质纤维，具有体积密度小、保温绝

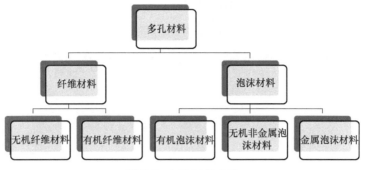

图 5-5　多孔材料分类

热、吸声性能好、耐腐蚀、化学性能稳定的特点。玻璃棉（图 5-6）具有价格低廉、生产方便、性价比高等优点，是我国市场上常见的保温隔声材料。以玻璃棉为基底，添加环氧树脂或其他胶结剂而形成的玻璃棉保温隔声板的使用在我国北方地区十分常见。

a)　　　　　　　　　　　　b)

图 5-6　玻璃棉

a）玻璃棉横截面照片　b）玻璃棉内部结构显微照片

　　当然玻璃棉也不是没有缺点。玻璃棉虽然化学性质十分稳定，但是物理性质并不是十分稳定。在露天条件下，没有添加胶结剂的絮状玻璃棉很容易因为冷热变化和雨水侵蚀在三到五年内粉化，其内部最重要的多孔结构解体，失去声学性能。而粉化脱落的玻璃棉渣，容易被人体吸入呼吸道，长期接触会导致尘肺病等职业病。同样的，玻璃棉上脱落的细小玻璃纤维渣，短期接触有可能会引起皮肤、眼睛、鼻及喉咙轻度过敏。因此，为了提高玻璃棉的使用寿命，减少玻璃纤维对人体的危害，当前销售的散装玻璃棉越来越少，而添加胶结剂的玻璃棉板材和带塑料或玻璃纤维布包装的包装玻璃棉成为装饰工程的主流。

　　有机纤维材料的形成机制与玻璃棉类似，基底材料由玻璃改为了有机高分子材料，也就是塑料。常见的声学材料中使用的有机纤维材料是以聚对苯二甲酸乙二醇酯纤维（俗称涤纶纤维）搅拌压制而成的。其中使用的纤维可以直接使用塑料原料制成，也可以使用回收的废旧衣物的纤维制成。有机纤维材料具有和纺织布料相同的特性，相较于无机纤维材料，有着优异的力学性能，面密度低、韧性较好，不容易脱落粉化，且易于着色，可以直接作为室内装修材料暴露在外。

　　2）泡沫材料。有机泡沫材料（图 5-7），来自发泡塑料，如聚苯乙烯泡沫、聚氨酯泡沫等，由不同的发泡工艺制成。通过高压发泡机或高速搅拌机将多元醇、多异氰酸酯及发泡剂和催化剂直接注入封闭的模具中，经过发泡、固化等工艺流程制得吸声性能优良的聚氨酯隔声泡沫塑料，这种方法所制得的聚氨酯泡沫塑料具备良好的吸声性能。

图 5-7　有机泡沫材料

a）聚氨酯泡沫横截面照片　b）聚氨酯泡沫型材

金属泡沫材料中声学应用方向主要是泡沫铝及其合金材料，如图 5-8 所示。泡沫铝具有优异的物理性能、化学性能和力学性能及可回收性。制备泡沫铝的方法有多种，根据制备过程中铝的状态可以分为三大类：液相法、固相法、电沉积法。其中电沉积法制备的泡沫铝具有良好的声学性能。电沉积法是以泡沫塑料为基底，经导电化处理后，电沉积铝制成。用电沉积法生产的泡沫铝具有孔径小、孔隙均匀、孔隙率高等特点，其声学性能和阻尼特性优于其他方法生产的泡沫铝。

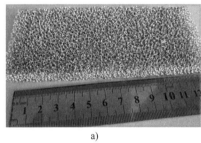 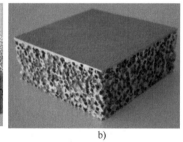

图 5-8　金属泡沫材料

a）通孔型泡沫铝片材　b）闭孔型泡沫铝板材

用于吸声的泡沫铝直接粘贴到混凝土或钢结构上，或竖在高架桥、轻轨两旁作为大型声屏障，可以降低城市交通噪声。隔声的泡沫铝可用于工厂机房、机器设备、户外建筑工地的噪声隔离，解决了广泛应用的玻璃棉、石棉等吸声材料的许多局限性。金属泡沫材料相对其他传统吸声材料成本比较贵，且生产加工的工艺也相对复杂，目前还需要研究成本低、简单、可靠和稳定的生产泡沫铝的工艺，进一步解决气孔均匀问题，优化各种工艺参数和操作条件。

（2）微穿孔材料　微穿孔材料，即微穿孔板材料，其吸声体通常由微穿孔板和背腔组成，微穿孔板表面具有亚毫米直径的孔，可被视为多孔材料的一种特殊形式。与传统泡沫和纤维多孔吸声材料相比，它具有良好的抗湿性、环境友好性及可通过调整微穿孔板参数为预期频率段量身定制的吸声性能。微穿孔板的孔内效应主要由热传导和热黏滞效应引起，末端效应主要由表面阻抗、末端声辐射、声线弯折等影响因素决定。单层微穿孔板往往存在吸声带宽较窄、结构强度低等问题，采用超微孔板、变截面结构、微缝孔结构和不同孔形等方法具有提高微穿孔板吸声体综合吸声性能的可能性。

具有可调机械挡板的可调吸声频率蜂窝微穿孔板具有良好的吸声性能（图5-9a），它包括上表面微穿孔板、蜂窝侧壁、底板和内部可调穿孔芯，连接该穿孔芯与刚性杆的旋转机构具有可调挡板（图5-9b），以所需角度旋转这些挡板可增加噪声吸收。与原始多孔金属吸声器相比，多孔金属板的压缩和微穿孔提供了更好的吸声性能（图5-9c）。复合板由橡胶废料、高密度纤维板地板锯末和高密度聚乙烯颗粒混合而成，该面板是通过将混合物压入模具中制成的，并钻小孔以提高吸声系数。带有圆形穿孔的聚乳酸材料面板采用3D打印技术可具有不同的横截面，如会聚-发散、发散-会聚、会聚和发散，穿孔的几何变化影响吸声系数和频带宽度。在所有横截面模态中，发散收敛穿孔具有更好的消声性能，如图5-9d所示。

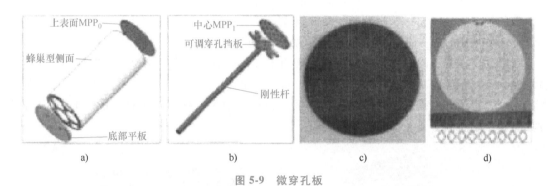

图5-9 微穿孔板

a）可调吸声频率蜂窝结构 b）内部可调穿孔结构 c）压缩和微穿孔金属板 d）具有发散收敛图案的印花穿孔

在未考虑板的振动效应下，微穿孔板的吸声理论如图5-10所示，微穿孔板就是在板壳类结构上打一系列亚毫米级的微孔而形成的，如图5-10a所示。对于微穿孔板吸声体，需要一定的背腔深度才能实现很好的吸声效果。此结构为共振吸声结构，原理是微孔中的空气柱与背腔形成一系列的亥姆霍兹共振器（图5-10b），入射声波与微孔内壁之间的摩擦导致热能形式的能量耗散，从而达到吸声的目的。通过该原理，微孔与空气背腔共振，从而使声波作为热能消散。这些微孔能够产生用于吸声和能量耗散的声学阻尼，在不影响原始结构整个形式的情况下解决噪声问题。

123

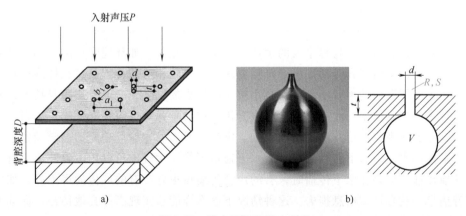

图5-10 微穿孔板的吸声理论

a）微穿孔板结构示意图 b）亥姆霍兹共振器

2. 新兴声学材料

传统多孔材料在经历了近一个世纪的研究和应用之后，在新时期出现了很多新的变化。

一个变化是绿色环保型材料逐渐回暖。从 20 世纪 80 年代开始，不断有学者提出利用植物纤维（主要是回收木料、秸秆、棕榈、软木制成的多孔材料），配合新出现的防腐和防火等材料化工技术，来生产保温吸声材料。

另一个新的变化则是复合吸声材料的大发展。复合吸声材料从简单的多层不同密度和性能的材料的简单叠加，转向不同材料在同一吸声层内部的复合，配合数值模拟仿真、等效参数反演等技术大大提高了材料与介质的阻抗匹配度，创造出了很多高吸声系数的轻质薄层复合吸声材料。

此外，声学材料无疑是当下声学研究前沿最为流行的领域，也是近年来研究成果产出最为丰硕的领域之一。它将一些光学、微波物理乃至凝聚态物理的概念引入声学，并与人工结构设计巧妙地结合在一起，为人们理解声场的性质、调控声场的传播提供了新思路与新手段。目前，声学材料的概念目前并没有严格的定义，科学家们普遍认为可以将具有奇异声学特性的人工复合结构材料统称为声学材料。基于声学材料新颖的物理性质，将其与仿生学交叉与结合，也给人们提供了无限畅想的空间，值得去思考、探索、设计。图 5-11 所示为两种典型的声学材料。

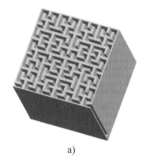 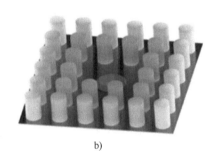

a) b)

图 5-11 声学材料

a）分形结构声学材料 b）局域共振声学材料

5.1.5 声学材料的应用范围

在当今社会，噪声几乎与每个人的生产、生活密切相关，如环境噪声的控制。这对居住环境、家用电器、交通工具等都提出了降噪要求。跟声呐相对的，就是怎么样降低目标的声学强度，如怎样使潜艇的声音小一些，减小被声呐发现的机会，所以有声隐身技术，它实际上也是一种噪声控制技术。此外，舰艇、直升机、巡航导弹等也需要降低噪声辐射。

声呐是能够实现水下目标的探测、识别、定位、通信、导航等功能的声学设备，在水下只能用声来探测水面与水下航行的目标。水下通信不像在大气中可以用电磁波，只有声波才可以有效地传播，但是在水下传播时，有的声音传播得很好，有的就传播得不好，如果丢失一段声音信息，就会造成信息损失。这种情况下怎么样能够实现高保真地传播，保证通信信号的传播误差降到最低，就是通信声呐要完成的工作。

此外，声学具有极强的交叉性和延伸性，它与材料、电子、通信、环境与海洋等现代科学技术交叉融合，产生了丰富多彩的分支学科。这些声学材料广泛应用于物理声学、声人工结构、水声学和海洋声学、结构声学、环境声学、生物声学、气动声学等领域。声学材料的应用范围也从微纳尺度的电子器件延伸到数千米的大气、海洋、陆地。

5.1.6 仿生声学材料的概念与特征

1. 仿生声学材料的概念

仿生学是人类通过模仿生物的结构、形态、功能和行为，从中受到启发并产生新的灵感与思维，进而探寻解决问题的方法，它恰如"桥梁"与"纽带"衔接着生物学和工程技术科学，也为仿生声学材料的发展提供了契机。人类向自然界生物学习，创造出众多仿生声学材料，应用于实践当中。自然界多种生物有着优异的吸收能量的性能，从柚子壳、榴莲、坚果壳、丝瓜、竹子、棕榈叶到甲壳虫、牛角、珍珠壳、龟壳、腿骨、雀尾螳螂虾的掌等，通过仿生形成的轻质结构表现出良好的吸收能量的性质。

仿生声学材料，大多数是选择生物作为仿生对象，基于生物体表的结构特征，构建相应的声学材料结构，来实现控制声波传递的具有声学功能特性的一类人工材料。目前，尚没有关于仿生声学材料的严格定义。在此，借鉴一下材料的概念。人们普遍认为，材料是在连续介质中，周期或非周期地嵌入特殊的人工结构单元，从而在亚波长频段获得与自然界中物质迥然不同的超常物理性质的"新材料"。而在声子晶体研究中，通过在连续介质中嵌入亚波长的微结构单元，周期性地调制弹性模量或质量密度来控制弹性复合介质中弹性波的传播，即可得到声学材料。因此，结合仿生声学材料的特征、技术，基于仿生声学材料的应用范围与效果，可以将仿生声学材料归类为声学材料的一种。

2. 仿生声学材料的特征

仿生声学材料显示了"超常"特性，具有重要的理论研究意义和广泛的技术应用价值，它还展现出许多独特的物理现象和效应。仿生声学材料的特征如下：

自然界中的生物无穷无尽，仿生素材来源广泛。从植物中的木材结构、柚子皮到动物中的猫头鹰、鸮、飞蛾、鲨鱼，都具有良好的吸声、隔声行为，这为仿生声学材料提供了大量的仿生素材和灵感。

仿生声学材料可以在亚波长尺度上进行结构单元设计。有的仿生声学材料的单元结构尺寸远小于所控制的弹性波波长。在声子晶体中，弹性波带隙及负折射等弹性波调控效应起源于散射体单元间的布拉格散射效应，声子晶体的周期结构尺寸与工作波长在同一量级，通常只能视为一种结构而不能等效为均匀介质。而声学材料通过对微结构单元的设计，可以在特定频段对入射声波进行大范围的调节，在设计和实现上具有很大的灵活性。

仿生声学材料能够实现奇异物理特性的弹性波调控。在仿生声学材料中，微结构单元与基体介质之间产生强烈的耦合作用，耦合作用使得弹性波入射时产生常规材料不能出现的奇特物理性质，如负质量密度、负弹性模量、负折射率、反常多普勒效应等。通过人工多自由度地精巧设计仿生声学材料，可使材料展现新奇的物理现象，如带隙效应、波动局域、隐身斗篷、完美成像、超分辨成像、单向传输、彩虹捕获和拓扑效应等。

仿生声学材料的设计模式，打破了传统以化学成分设计调控材料性能的设计模式，转而从材料结构设计的角度出发，实现了材料的超常性能，展示出了潜在的工业应用，如在降噪减振、声无损检测、医学高分辨成像及水声探测等领域。

5.2 仿生吸声与隔声材料

吸声是指利用吸声材料或吸声结构，将入射的声能吸收消耗掉，减少反射声，从而降低容积内噪声。吸声材料要与周围的传声介质的声特性阻抗匹配，使声能无反射地进入吸声材料，并使入射声能绝大部分被吸收。吸声材料是指借自身的多孔性、薄膜作用或共振作用而对入射声能具有吸收作用的材料。仿生吸声降噪材料的研究，主要聚焦于仿生木材和秸秆的结构，应用于环境声学中，有效降低噪声污染，提高人们生活的舒适度。隔声是利用隔声结构将声音隔挡，减弱噪声的传递，使噪声环境与需要安静的环境分隔开。隔声材料是指能减弱或隔断声波传递的材料。隔声性能的好坏用材料的入射声能与透过声能相差的分贝数表示，差值越大，隔声性能越好。

对于仿生吸声材料，主要聚焦于动植物表面结构的模仿，来实现降低噪声的目标。而对于仿生隔声材料，则主要聚焦于蛾翼、猫头鹰羽毛、鲨鱼皮表面结构的研究，构建仿生声学材料，实现隔声目标，从而应用该类材料在气动声学中的隐形功能。

5.2.1 仿生木材结构吸声材料

1. 木材多孔结构

天然木材独特的分级多孔结构从细胞壁的宏观尺度延伸到纳米尺度，如图 5-12 所示。天然木材主要由两种不同系统的细胞组成，分别是轴向系统和径向系统。

在径向系统中，有许多颜色较浅、从树干中心向树皮方向呈辐射状排列的细胞构成的组织，这些细胞主要是射线薄壁细胞。而轴向系统主要是与树干中轴平行的细胞组成的垂直排列的微米级通道，该通道用来传输水分、离子和养分；同时，赋予了木材很高的孔隙率和较低的密度，这种主要与木材生长方向一致的孔道结构有利于增强木材的力学强度。此外，木材孔道细胞壁对木材的力学性能也起着至关重要的作用。在显微构造水平上，细胞是构成木材的基本形态单位。而木材细胞壁的结构往往与木材的力学性能及宏观表现的各向异性相关，因此，对木材在细胞水平上的研究也可称为对细胞壁的研究。木材孔道的细胞壁主要由纤维素、木质素及半纤维素组成，如图 5-12 所示。纤维素因为其含量丰富、具有大分子长链与丰富的羟基基团，赋予木材抗拉强度，起着骨架作用；半纤维素是无定形物质，分布在微纤维之中，称为填充物质；木质素是一种由苯丙烷单元通过醚键与碳碳键相互连接，通过化学交联的无定形多酚聚合物，渗透在骨架物质之中，起到加固细胞壁的作用。所以，仿生人工木材的结构设计主要从结构和材料两个角度出发，得到的材料的性能取决于基质材料的性质和孔道结构的完整性，具体需要考虑的问题是基质聚合物的选择和各向异性的孔道设计。

2. 仿生木材结构制备吸声材料与降噪应用

木材是一种天然复合材料，形态各异的木材分级多孔结构为仿生材料的制备提供了模板，其中空的细胞结构为新型吸声材料的构造奠定了良好的基础，但木材生长周期较长且利用率低，不适合制备吸声材料，将木材多孔结构充分利用，对于开发良好的仿生降噪材料具有重大作用。

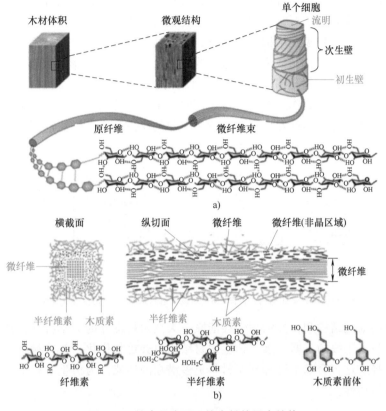

图 5-12 纳米尺度下天然木材的层次结构

a）木材的层次结构 b）横截面和纵向构图

通过模仿木材的天然吸声结构，设计并制备仿生木材结构穿孔板，具有广阔的应用前景。通过模拟木材内部导管和纹孔，利用 3D 打印材料制备的仿生木材结构吸声板（图 5-13），在多频段获得良好的吸声特性。利用阻抗管传递函数法探究了填充度、穿孔率、孔径、侧孔深度、上下孔径比例、穿孔倾斜角度等结构特征对 3D 打印仿生木材吸声结构吸声性能的影响规律，建立了上下孔径比例、穿孔倾斜角度对 3D 打印仿生木材吸声结构吸声性能影响规律的数学模型，为定制频率的吸声结构设计提供了研究基础。但是 3D 打印技术效率低、成本高，无法实现批量生产。

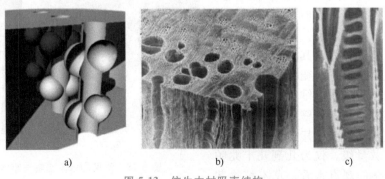

图 5-13 仿生木材吸声结构

a）复孔吸声结构示意图 b）导管 c）导管壁纹孔

以中密度纤维板为基材，对仿生木材结构进行了优化设计，利用分层加工工艺制备了具有侧孔结构的仿生穿孔纤维板，实现了木质穿孔板的多频段吸声，为木质吸声材料的开发提供了新思路。将仿生木材吸声结构进行衍化，以圆柱形直孔仿生木材导管，直孔内壁开槽侧孔仿生木材导管壁上的纹孔，数个侧孔近似为直径大于主孔的圆形（图5-14），大圆半径与主孔半径之间的差值记为侧孔深度值。木质材料的仿生木材多孔结构立体图，如图5-14所示。相比直孔结构，当声波作用在纤维板表面时，由于侧孔的作用，会增加声波在穿孔内部的反射频率，声波与孔道内壁发生多次碰撞，引起的摩擦和空气黏滞消耗加剧，声波进出穿孔板损耗增加，从而使声能衰减，如图5-14所示。

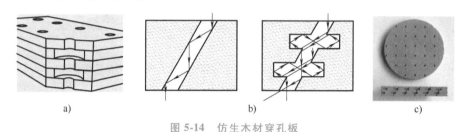

图5-14 仿生木材穿孔板

a）仿生木材多孔结构立体图 b）声波反射示意图 c）仿生穿孔纤维板

独特的取向通道结构和良好的力学性能赋予天然木材良好的力学特性，被广泛应用于各个领域。随着技术手段的不断发展，仿生木材结构也会更加优化，并且材料的快速发展也会带来更多的选择。这将会赋予这种新型材料更多潜在的性能，为仿生木材结构在声学领域的应用带来更多可能性。

5.2.2 仿生茎秆结构吸声材料

1. 植物茎秆结构

植物茎秆结构是自然界中最常见的支撑结构，它不但具有一定的刚性，还具备一定的柔

性，这种刚柔并济的结构为吸收能量提供了重要的灵感来源，可以作为降噪材料的优良仿生源。与木本植物相对均匀坚硬的茎秆不一样（图5-15a），草本植物茎秆较柔软（图5-15b），其主要是由表皮细胞、维管束和薄壁组织等具有明显区别的组织所组成。由于没有形成层，草本植物的茎秆并不能一直增大，因此其调节茎秆力学性能的方式主要是通过改变维管束和表皮机械组织层的体积含量、维管束的形态与分布等方式实现。其中薄壁组织一般仅含有初生壁，没有次生壁，其弹性模量比纤维细胞低3个数量级，仅为几到几十兆帕左右。从材料学的观点来看，草本植物茎秆可以看作由刚度较大的维管束纤维材料

图5-15 常见的木本植物与草本植物

a）白兰树 b）水稻

嵌入柔软的薄壁组织中组成的不均匀的长纤维增强复合材料。在这个尺度下，通过改变维管束的含量、排列方式等能改变整个植物的刚度梯度分布，以适应外界环境条件。

植物茎秆从结构上可以分为带节和无节两种，这些茎秆植物结构可以抽象为具有各向异性特征的复合材料，外层包裹着具有各向异性特征的柱状内芯及节，且各部分材料特性差异较大。秸秆是一种典型的多相、簇状、不连续、不均匀和各向异性的复合材料。常见的带节茎秆植物如图 5-16 所示。

图 5-16　常见的带节茎秆植物

a）芦苇　b）玉米　c）小麦

2. 仿生植物茎秆结构制备吸声材料与降噪应用

将层状仿生技术应用于秸秆复合板材中，不仅可提高秸秆利用率、节约木材资源、保护生态环境、促进农业和农村经济发展，且能有效提高复合板材的力学、声学及热学性能。层状仿生结构的秸秆复合板材具有广阔的发展前景。然而，一项测量碎稻草、稻草茎及其混合物的吸声特性（使用两个麦克风阻抗管在 250~6400Hz 范围内测量吸声系数）的调查结果显示，稻草茎秆在 2000Hz 时具有出色的平均吸声系数（0.981±0.019），在 2152Hz 时平均吸收系数为 0.994±0.007。稻草茎的降噪系数约为 0.389±0.010，显著高于碎稻草。小麦、芦苇等植物的秸秆在隔声和隔热方面也有着广阔的应用前景，其节点茎秆起到吸声作用。利用3D 打印技术制备周期仿生结构材料，实验结果与理论预测这种仿生材料具有很好的吸声效果，为常见植物用于降低噪声提供很好的支持。

5.2.3　仿生蛾翼结构吸波隐形材料

1. 蛾翼结构

飞蛾翅膀是天然隐形声学材料。飞蛾翅膀的精确构造，使该物种能够逃脱 6500 万年前的"进化军备竞赛"中最麻烦的捕食者。采用机载横截面成像、声学力学和折光仪在内的一系列分析技术，可以发现蛾翼上非常薄的鳞片层已经演化出非凡的超声吸收特性，从而为躲避蝙蝠的回声探测提供了隐形的声学伪装，如图 5-17 所示。聋蛾在身体上可发展出超声波吸收鳞片，从而使它们能够吸收蝙蝠用来检测它们的传入声能的 85%。生存的需要意味着飞蛾会进化出 1.5mm 深的鳞片防护屏障，该屏障可用作多孔吸声材料。但是，这种保护性屏障不能在蛾翼上起作用，因为蛾翼的厚度增加会阻碍飞蛾的飞行能力。通过检查使用超声波断层摄影术捕获的声音的复杂横截面图像，研究发现，飞蛾创造出了一种共振吸收器，其厚度要比吸收的声音波长薄100倍，从而使昆虫在保持轻盈的同时，减少蝙蝠探测到其飞行中翅膀回声的可能性。蛾翼还通过添加另一个惊人的功能，发展出一种使共振吸收器吸收所有蝙蝠频率的方法：它们将许多单独调谐到不同频率的共振器组装成一系列吸收器，从而共同创建出可作为声学材料的宽带吸收器。

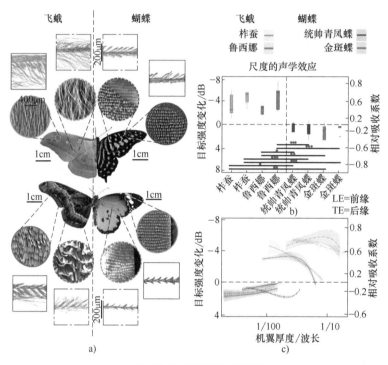

图 5-17　蛾翼与蝴蝶翅膀结构对比
a）飞蛾与蝴蝶的翅膀示意图　b）不同品种飞蛾与蝴蝶翅膀的尺度声学效应　c）不同机翼厚度/波长的尺度声学效应

2. 仿生蛾翼制备声学材料

飞蛾翅膀的隐形特性不仅在自然界中为飞蛾提供了生存优势，同时也为人类提供了设计新型吸声材料和技术的灵感，包括天然声学材料、吸声皮毛、仿生吸声装置及超薄吸声壁纸等。通过研究飞蛾翅膀特性开发的仿生吸波装置，能够提供高吸收率，同时保持最小的空间需求。未来的吸声材料设计可以复制飞蛾隐形的声学伪装机制，使用超薄吸声壁纸来装饰房屋的墙壁。这种设计受到了飞蛾翅膀上多孔纳米结构鳞片的启发，这些鳞片能够自然吸收声音，不会将声波反射，而是将其转化为动能。这一发现预示着未来可能使用超薄吸声壁纸来减少环境噪声，提高居住和工作环境的质量。由此带来的愿景是，科学家可据此设计出用于家庭和办公室的超薄吸声器"壁纸"，以替代目前使用的笨重的吸声器面板。这些创新有望减少噪声污染，提高人类的生活质量。

5.2.4　仿生猫头鹰羽毛隔声材料

1. 猫头鹰羽毛结构

猫头鹰是一种很常见的鸟，以其几乎无声地飞行而闻名。猫头鹰的翅膀和腿上长着天鹅绒般的绒毛，可以吸收声音的频率。猫头鹰的细长远端小珠形成多层网格多孔结构，这也对猫头鹰的吸声质量具有积极影响。前缘锯齿和后缘条纹改善了湍流边界处的压力脉动，分散了气流的冲击和翼端的空气积累，抑制了涡声的产生，也解决了机翼的颤振问题。猫头鹰的翅膀和羽毛符合空气动力学设计，无声飞行使猫头鹰能够以隐形的方式捕捉猎物。

猫头鹰天鹅绒般的羽毛表面是造成无声亮光的部分原因。羽毛表面的微观结构与森林的形态相似。图 5-18a 中的羽毛表面结构由两层组成，一层是具有大量羽纹的高度多孔和蓬松的冠层（图 5-18b），另一层是具有厚毛的空腔层（图 5-18c）。高度多孔的冠层可以作为缓冲器，从准湍流中提取能量，并提供旁路耗散机制。此外，在激光扫描共聚焦显微镜中观察到的多层多孔结构表明，超长的羽毛形成了绒毛状的羽毛表面，并在高频范围内有效地作为吸声器。

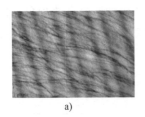  

a) b) c)

图 5-18 猫头鹰羽绒的结构

a) 整体结构 b) 冠层 c) 空腔层

猫头鹰与其他非无声飞行鸟类的翅膀羽毛相比，有三个与众不同的特征（图 5-19），可以减少噪声，即前缘的锯齿状羽毛、后缘形成的边缘及翅膀和腿表面的柔软绒毛涂层。正是这些特点让猫头鹰可以无声飞行。翅膀上的这种结构在猫头鹰的隐身特性中起着非常重要和关键的作用。当空气撞击猫头鹰翅膀的前缘时，大部分空气穿过任何鸟类或飞行物体的机翼形状，剩余的空气粘在前缘上并开始向机翼的末端移动，在这两者之间，在机翼的每个点上积累所有的空气，并在末端通过机翼，这会产生很多湍流，因为空气被积累并且在每个点处形成涡流，从而产生颤振效果和良好的噪声量，这就是为什么现代固定翼飞机在两侧的机翼末端具有向上弯曲的翼尖。然而，在这种情况下，机翼的前缘具有锯齿状的机翼结构，其不允许空气在前缘处积聚，但是其在该梳状结构所处的每个点处分解空气，从而减少了大量的湍流、颤振和噪声。

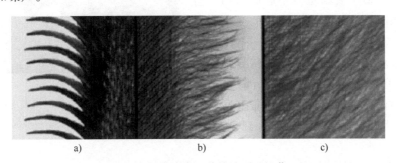

a) b) c)

图 5-19 猫头鹰三种特殊羽毛细节

a) 前缘锯齿 b) 后缘条纹 c) 柔软绒毛涂层表面

2. 仿生猫头鹰羽毛制备隔声材料

受猫头鹰的启发，研究人员试图通过从不同角度学习飞机和其他结构的降噪特性，来降低空气动力学噪声，然后利用所获得的知识开发出许多创新的降噪解决方案。天鹅绒般的羽毛表面进一步导致仿生多层吸声器中的模仿，例如微淤泥板、微穿孔膜和多孔泡沫，以提高吸声系数。基于猫头鹰的耦合仿生思想，制备的仿生机翼尾缘锯齿结构具有降噪功能。锯齿形和正弦形的降噪效果最显著，翼型的噪声峰值频率约为 400Hz，其最大降噪幅度为 8.74dB。图 5-20 所示为基于猫头鹰的带有尾缘锯齿的耦合仿生三维机翼模型。

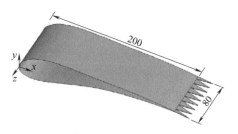

图 5-20　基于猫头鹰的带有尾缘锯齿的耦合仿生三维机翼模型

联想集团基于猫头鹰翼后缘非光滑形态，通过对计算机风扇叶片尖端设置凸起物，研发出新型鹰翼风扇，应用发现凸起部分可以改善风扇转动过程中产生的空气乱流现象，以达到降噪静音的效果。鹰翼风扇的应用，使得 ThinkPad 在使用温度降低的同时，噪声也减小了 3dB。

5.2.5　仿生鲨鱼皮隔声材料

1. 鲨鱼皮结构

随着仿生学的不断发展，人们对于生物体表非光滑表面的研究越来越深入，研究表明生物体表非光滑表面具有减阻、清洁、降噪等功能。水下生物经过漫长的演变和发展，进化出了非常优异的水下减阻降噪功能，由于水下生物在捕食时需要保持足够的安静，因此通常情况下鱼类本身都具有降噪的特殊技能。

如图 5-21 所示的鲨鱼盾鳞扫描电镜图，鲨鱼皮表面并不是完全光滑的，鲨鱼皮表面存在许多流向接近的凹槽结构。从盾鳞的扫面电镜图中可以看出，鲨鱼皮表面均匀排列着尺寸大小略异的盾鳞，这些盾鳞之间形成了一定体积的空腔，这些空腔通过鳞片之间的夹缝和外部相连，形成了类似于亥姆霍兹空腔的结构。当这些空腔结构附近的压力随着水压的变化而变化时，可以将其视为一个声顺元（一个传声物体或者是系统将一部分声能吸收并传导，就是声顺），当鲨鱼在水中快速游泳时，海水在空腔内壁产生湍流振动摩擦，由于黏滞阻尼和导热作用会产生声能损耗，从而达到降噪的效果。

图 5-21　鲨鱼盾鳞扫描电镜图

2. 仿生鲨鱼皮制备隔声材料

非光滑表面的降噪研究主要集中在气动声学，对于非光滑表面声学包装材料的声学性能研究较少。因此，结合仿生学将非光滑表面应用到高吸声性能汽车声学包装的开发，不仅具有重要的学术价值，而且具有非常广阔的应用前景。

受鲨鱼皮肤上的真皮小齿所产生的双重特性启发，研究人员模仿鲨鱼的皮肤细齿呈"V"形沟槽结构制备了一种智能声学材料。该声学材料由橡胶和磁敏纳米颗粒制成。为了使纳米粒子对声波传输做出响应，研究人员必须能够主动阻止或传导声波输入。他们使用可磁变形的米氏谐振器柱（MRP）阵列。如果柱子靠得更近，声波就无法通过；如果柱子相距较远，声波就很容易穿过。外部磁场有助于弯曲和伸直支柱，以实现这种类型的"状态切换"，从而实现隔声功能。

5.2.6　仿生蜘蛛网轻质隔声材料

1. 蜘蛛网结构

蜘蛛网结构具有高强度和高韧性的特点，科学家们利用这一特性进行仿生设计，开发出一种新型的高强度纤维。这种仿生纤维可以应用于建筑、航空航天等领域，提供更可靠的材料。

蜘蛛网的构造结合了蜘蛛丝径向和切向的弹性特质，在保持轻质的基础上还能有效降低和吸收大频率范围内的振动。通过对各个版本进行声学测试，研究人员证实这种新材料在消除低频声音时显得更有效，且相比于其他声控材料而言，它也更容易被调协到不同频率。这种综合了蜘蛛丝力学性能、异质性并且兼具声学可协调性的材料或许可以开启控制振动的新时代。

2. 仿生蜘蛛网制备轻质隔声材料

蜘蛛网独特的同心环结构会与特定频率的振动发生共振，基于这一发现研究人员在设计新型隔声材料时采用了方形结构单元。在其中加入了"共振环"及从环中心连接到外围的韧带；同时以五个参数来确定其几何结构，其中每一个参数都可以被独立调控以适应不同的声音频率。这使得该材料拥有更宽的"带隙"（指隔声材料所能消除的声音频率范围）和更大范围的可协调性，同时也带来广阔的应用前景。可通过在主体及吊索中添加蜘蛛网样的周期性重复单元来制造隔振索桥及可伸长结构。

受蜘蛛网的启发，研究人员设计了一种仿生膜型声学材料，结合了膜、框架和一组谐振器。计算和实验结果表明，生物启发模型带来了19%的质量减少和61%的带宽扩展。膜型声学材料因其优异的隔声性能而受到广泛研究。

基于纤维构建了生物蜘蛛圆形网，数值模拟和实验测试仿生复合材料的准静态力学性质，其结果显示仿生网状失效形式为非线性力学行为，但此多级结构还能保留部分功能，这一发现为工程师设计轻质、高强度航空结构材料提供了灵感。类比仿生蜘蛛网准静态力学行为，其仿生动态特性近几年开始引起关注。受蜘蛛网启发，以韧性索为框架、黏性丝为网组成正方点阵周期结构材料，数值计算结果表明这种网状材料具有局域共振型低频完全带隙，可以很好地抑制弹性波传播，为设计轻质材料提供参考。迷宫形蜘蛛状微结构单元，能够形成亚波长传输声波通道，起到延时波的相位，调控米氏共振获得较宽声波低频带隙，这些发现在环境降噪方面有着潜在的应用。

5.3　方向敏感仿生声学材料

方向敏感仿生声学材料主要用于收集声音、检测物体，在人工耳蜗、水下声学、声音增强等方面具有广泛的应用。

5.3.1 仿生耳蜗及耳蜗细胞感知声波材料

1. 耳蜗及耳蜗细胞结构

耳朵作为人体的重要器官，在机体感知外界声音振动信号的过程中起着不可替代的作用。人耳主要由三部分组成：外耳、中耳和内耳。耳蜗是人类听觉系统的重要器官，其基底膜对声音信号具有很强的选择性、惊人的灵敏度和频率选择能力。目前，仿生声学材料的研究无论在结构材料方面，还是功能材料方面，都取得了一定的成果。仿生声学材料已由宏观复合向微观复合发展，由结构特征复合向功能结构一体化发展，由双元混杂向多元混杂扩展。

人的听觉系统在听音辨物方面具有独特的优越性，它能够准确地提取目标声音特征，并精确地识别声音的方向、类别及内容，因此基于人耳仿生的目标声音识别技术日益受到重视。而仿生材料在噪声控制和声音伪装方面具有良好的应用潜力。由于耳蜗是哺乳动物的声学功能器官，也是自然界中最强大的"声学设备"，因此，耳蜗是仿生声学材料的最佳原型。微小的耳蜗生物结构具有较强的机械波调制能力，因此通过仿生设计，这种具有特殊机械和声学特性的结构可以应用于工程实践。人工耳蜗是一种模拟耳蜗毛细胞工作原理的电子设备，植入人工耳蜗是治疗双侧重度和极重度感音神经性听力障碍唯一有效的方法。

2. 仿生耳蜗及耳蜗细胞结构制备声波感知材料

人类耳朵能够听到的声音频率范围为 20~20000Hz，图 5-22a 所示为一个耳蜗及基底膜的结构，螺旋结构的基底膜的外轮廓主要接收频率高至 20000Hz 的声波，内轮廓主要接收频率低至 20Hz 的声波。图 5-22b 所示为一个豚鼠耳蜗基底膜的扫描电镜照片，显示了外毛细胞及其纤毛束，可以看出这是声学材料结构。

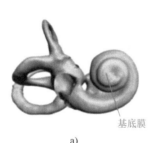

基底膜

a)　　　　　　　　b)

图 5-22　耳蜗及其扫描电镜照片

a）耳蜗及基底膜结构　b）外毛细胞聚集的立体纤毛

在对耳蜗研究的基础上，研究人员构建了仿生声学材料并进行声学特性研究。图 5-23a 所示的由半个椭圆形和半个圆形结构拼接而成的耳蜗螺旋仿生声学材料，耳蜗螺旋顶侧的起始半径为 2mm，底部终点的半径为 4mm，螺旋圈数为 2.7，螺旋总长度为 32mm，该螺旋仿生声学材料具有负刚度和负质量的双负特性。从图 5-23b 中可以看出，螺旋结构的顶部圆环位置的最小自然频率为 89.3Hz；从图 5-23c 中可以看出，螺旋结构的中部圆环位置的自然频率为 5000.5Hz；从图 5-23d 中可以看出，底部圆环的自然频率是 10097.2Hz。从理论上讲，该耳蜗仿生声学材料如果用作能量回收装置，可以获得连续的宽带共振峰，在可听频带内的振动和声音所产生的能量都可以被回收。

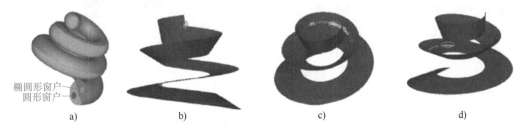

椭圆形窗户
圆形窗户
a)   b)   c)   d)

图 5-23　螺旋仿生声学材料

a）耳蜗等效结构　b）在最上面的圆圈，最小自然频率为 89.3Hz

c）在中间圆处，固有频率图中一个位置的频率为 5000.5Hz　d）基圆处，固有频率图中一个位置的频率为 10097.2Hz

5.3.2　仿生海豚声呐控制低频声波材料

1. 海豚声呐结构

海豚进化出了一套复杂的生物声呐系统来适应水下环境，它可以通过鼻系统中的猴唇/背囊复合体产生宽带信号来捕食和探测水下物体，并能够灵活自如地在海面上下自由跳跃。然而，海面上空气和水的阻抗差异巨大，海豚的前额作为一个软阻抗匹配系统，可以将宽带信号传输到水中。海豚的声传输由额部的声阻抗分布控制，其额部的脂肪组织、肌肉和结缔组织以典型的顺序堆叠在一起，从而产生一定的声阻抗分布。脂肪组织构成前额最内层，拥有最低的声阻抗；它们被周围的肌肉组织包裹着，肌肉组织具有较高的声阻抗；结缔组织具有最高的声阻抗，类似一个复杂的角状结构在后前额。这些组织共同作用产生变化的声阻抗分布来控制能量传输。而且海豚可以通过压迫面部肌肉组织来调整前额，使其组织变形，实现声指向性的操纵。图 5-24a 给出了海豚头部的 CT 三维重建和组织样本结构，图 5-24b 显示海豚头部矢状横断面的 CT 图像（侧视图），阿拉伯数字表示横截面的位置顺序。

135

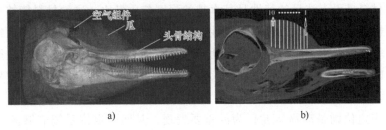

空气组件
瓜
头骨结构
a)   b)

图 5-24　印度太平洋座头海豚头部的 CT 图像

a）印度太平洋座头海豚标本 CT 三维重建头部　b）印度太平洋座头海豚头部矢状横截面的 CT 图像（侧视图）

2. 仿生海豚声呐结构制备低频声波材料

通过实验测量中华白海豚额隆区域不同部位的平均声速值，重建中华白海豚头部各个组织的三维声速分布。基于海豚生物声呐系统 CT 扫描图，设计了一种具有高指向性的仿生声学材料投射仪结构，如图 5-25 所示，该投射仪包括一个有边界的渐变折射率（GRIN）材料、气腔和钢结构，操纵全方向的声波成为一个具有高度指向性的波，而且主瓣声压提高约

3 倍，角分辨率提高了 1 个数量级，带宽范围较宽。这种仿生声学材料的结构设计为亚波长尺寸水下声呐、医疗超声及相应的声学应用提供了良好的设计思路。由于海水与空气之间的阻抗差异巨大，对于水下应用而言，实现能够满足海水与空气间阻抗匹配的可工程应用的小尺寸结构至关重要。海豚不仅具有良好的水中航行能力，而且经常将头部伸出水面，它的头部能够迅速、自如地在水中与空气中来回切换。这意味着海豚头部具有能够满足水和空气之间阻抗匹配的结构。

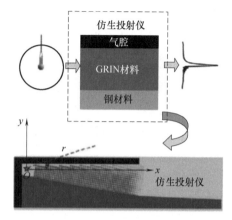

图 5-25　仿生声学材料投射仪

5.3.3　仿生蝙蝠声呐识别场景材料

1. 蝙蝠的声呐技术

蝙蝠利用声呐技术来感知周围环境和捕食猎物。它们通过发出高频声波，然后根据回声的反射时间和强度来判断物体的位置和形状。这种声呐技术称为"回声定位"，类似于雷达系统中的原理。蝙蝠的声呐技术在许多方面都比人类的听觉系统更加高效。首先，蝙蝠能够发出超过 20kHz 的高频声波，远远超过人类的听觉范围。这使得蝙蝠能够捕捉到更多的细节和更远的距离。其次，蝙蝠的声呐系统能够快速地处理大量的回声信息，从而在短时间内做出准确的判断。这种高效率的处理能力使得蝙蝠能够在飞行中迅速捕捉到猎物。

蝙蝠与雷达之间的联系展示了自然界中声呐技术的奇妙之处。蝙蝠利用声呐技术在黑暗中捕食猎物和导航，而雷达系统则在人类的科技领域中发挥着重要作用。通过深入研究蝙蝠的声呐技术，有利于开展仿生蝙蝠雷达制备场景识别材料。

2. 仿生蝙蝠雷达制备场景识别材料

仿生蝙蝠材料最引人注目的特性是其卓越的强度与质量比。这种材料能够在保持极小的质量的同时，提供惊人的抗拉强度和耐久性。此外，它的柔韧性使得材料可以被塑造成各种复杂的形状，非常适合应用于航空航天、运动器材及高性能服装等领域。蝙蝠在黑暗恶劣的环境中仍能够准确捕捉猎物，这一特性促使人们对蝙蝠捕食过程中发出的声波信号进行深入研究，并希望将其应用到雷达技术中。

蝙蝠的回声定位则是动物研究行为的重要发现，其回声定位系统能够区分位置接近的散射体，具有回声定位功能的蝙蝠通过嘴巴或鼻叶发射超声波信号，根据双耳接收回波信号携带的信息即可判断出猎物的类别或环境的特征。对蝙蝠生物声呐回声定位能力的研究是生物学研究的重要课题。鉴于蝙蝠回声定位能力的优越性，多篇文献开展了关于蝙蝠生物声呐测向、测距等功能的仿生研究。普氏蹄蝠仿生双耳超声波接收装置，能够利用双耳接收信号的时频图和残差神经网络实现目标的测向功能。模拟蝙蝠耳朵高速抖动实现声源测向的原理，提出了一种单传感器结合深度学习网络的目标方位估计方法，可以实现单传感器测向。

5.3.4　仿生气泡结构增透声波材料

1. 气泡结构

当声波遇到水面时，会在水气界面遇到水气屏障。声波穿过水气界面时能量损失巨大，只有约0.1%的能量能透射过去，其中绝大部分都反射掉了。与较大的气泡相比，微小的气泡具有许多优点，如，较大的特殊表面积、额外的拉普拉斯压力、上升速度小、传质效率高。因此，在许多涉及气泡的工艺中，高效分散微小气泡是很有价值的。研究人员利用疏水或超疏水特性，在水中捕获阵列化的气泡结构，研究其声学性质，并实现了多种声学应用，发展出"超疏水声学"。例如，受超疏水结构启发创建的气泡阵列，用于声学反射超表面来增强水下声波反射，以及利用疏水结构或荷叶等在水面附近捕获气泡层，创建声学透射仿生表面，其可作为"声窗"增强水下和水上的声波通信。

2. 仿生气泡结构增透声波的相关研究

（1）仿生气泡　水中的气泡作为一种最简单的声学材料，具有独特的声学性质。研究人员实现了气泡的反奥斯瓦尔德生长调控和图案化制备，提出了任意不相容界面的二维图案化和三维流体界面图案及动力学控制，以及利用控制Cassie态和Wenzel态交替出现的方法制备气泡阵列。

在气泡声学方面，可以利用可控的气泡来实现声波调控，如水下反射超表面的构建、三维气泡声子晶体的构建和应用等。

（2）增透声波相关材料　"荷叶效应"已经被发现100多年。研究人员直接把荷叶倒扣在水面上，来验证荷叶表面的声学透射性（图5-26）。由于荷叶具有超疏水性，在荷叶表面和水层之间会产生一个极薄的空气层，激光共聚焦测量显示，此空气层的厚度大概为20μm。通过分析荷叶结构的振动模态，发现其为荷叶自身振动模态和弹簧振子系统振动模态的叠加。但在荷叶本征频率附近，并不具有声波透射增强效果，因而其透射曲线上会有很多断点。可以用增大荷叶模量的方法消除这些断点。这证明荷叶等超疏水结构漂浮在水面上时，形成的微米级的气层可用于水气声波透射，能够克服目前水气界面声波传输的难题。

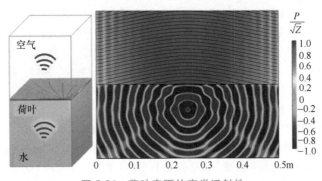

图5-26　荷叶表面的声学透射性

由于荷叶具有季节依赖性、结构脆弱性，以及物理参数难以调控等弱点。其自身本征振动会对增强效果产生不良影响，因此寻找替代性人工材料具有重要的实用价值。通过多种超疏水材料的比对，研究人员将荷叶替代材料锁定在超疏水铝片上。首先，铝的弹性模量

（材料受力状态下应力与应变之比）比荷叶大 5 个数量级以上，可以忽略自身振动模态对透射效果的影响。其次，铝片的可加工性很强，可以灵活地改变自身质量和表面疏水微结构，从而灵活调控工作频率。研究人员分别用激光刻蚀、湿法刻蚀和喷涂法制备了不同的超疏水结构，展示了其在不同频率下的增透效果。当超疏水结构正面朝下时，可捕获气层形成超表面，其超疏水效应可将原来被反射的声波的透射率提高 400 倍以上。

（3）仿生气泡结构制备增透声波材料　使用孔隙率达 40%的大孔硅胶微球，随机分散在水性凝胶基质中形成浓缩悬浮液，这是一种超液体。这种软质技术在材料制备上具有广阔前景，它不像普通的一类声学材料具有各向异性，它是具有宏观各向同性的；它可以作为微流控芯片实现控制尺寸、控制形状、控制组成的微谐振器来规模化生产；它又能作为软质包裹体，在外界作用下可以变形也可以定型，在主基质是液态时更容易塑造成型。例如，固体基的双共振单元在一个散射体中同时包括两种共振单元：一种是用软橡胶包裹金属小球以面心立方排列在基体环氧树脂中；另一种是由注入小气泡的水以面心点阵置于同一环氧树脂单元中。前者用来实现负等效质量密度，后者用来实现负等效模量，实现"双负"材料，同时该材料具有负泊松比。

思　考　题

1. 仿生声学材料与声学材料有哪些异同点？
2. 茎秆的节点结构对建筑行业的降噪材料有哪些参考价值？
3. 请根据鸮羽毛的特征，分析其作为仿生声学材料开发的价值。
4. 请结合蛾翼的结构特征，分析其在航空器隐形设计方面的参考价值。
5. 海豚的声呐结构对于水声科学有哪些启发？
6. 仿生气泡结构在低频声音收集方面有哪些参考价值？

参考文献

[1] 马大猷. 现代声学理论基础 [M]. 北京：科学出版社，2004.
[2] 温激鸿，蔡力，赵宏刚，等. 声学超材料基础理论与应用 [M]. 北京：科学出版社，2018.
[3] 赵晓鹏，丁昌林. 光学与声学材料与超表面 [M]. 北京：科学出版社，2022.
[4] 梁江妹. 复合型声学材料结构吸声性能研究及优化 [D]. 杭州：浙江工业大学，2023.
[5] 张永锋. 局域共振型微穿孔板结构吸声性能研究 [D]. 苏州：苏州大学，2023.
[6] 程建春，李晓东，杨军. 声学学科现状以及未来发展趋势 [M]. 北京：科学出版社，2021.
[7] 倪旭，张小柳，卢明辉，等. 声子晶体和声学超构材料 [J]. 物理，2012，41 （10）：655-662.
[8] CHEN C J, KUANG Y D, ZHU S Z, et al. Structure-property-function relationships of natural and engineered wood [J]. Nat. Rev. Mater., 2020, 5 （9）: 642-666.
[9] 董明锐. 3D 打印仿生木材吸声结构研究 [D]. 杭州：浙江农林大学，2019.
[10] 贾世芳. 仿生木材多孔结构穿孔纤维板的制备与吸声性能研究 [D]. 杭州：浙江农林大学，2020.
[11] 黄家乐. 仿水稻茎秆结构的弯扭耦合薄壁梁设计 [D]. 广州：华南理工大学，2018.
[12] 宋家锋. 基于带节秸秆的轻质吸能结构仿生研究 [D]. 长春：吉林大学，2021.
[13] KOLYA H, KANG C W. Rice straw stems reveal higher sound absorption coefficient than crushed rice straw: a sustainable approach to the recycling of rice straw [J]. Clean Technologies and Environmental Policy, 2023, 25 （10）: 3219-3229.
[14] HUANG W, SCHWAN L, ROMERO-GARCÍA V, et al. 3D-printed sound absorbing metafluid inspired by

cereal straws [J]. Scientific Reports, 2019, 9 (1): 8496.

[15] NEIL T R, SHEN Z Y, ROBERT D, et al. Moth wings are acoustic metamaterials [J]. The Journal of the Acoustical Society of America, 2021, 149 (4): 107.

[16] WAGNER H, WEGER M, KLAAS M, et al. Features of owl wings that promote silent flight [J]. Interface Focus, 2017; 7 (1): 20160078.

[17] LI D, LIU X M, HU F J, et al. Effect of trailing-edge serrations on noise reduction in a coupled bionic aerofoil inspired by barn owls [J]. Bioinspiration & Biomimetics, 2019, 15 (1): 016009.

[18] MINIACI M, KRUSHYNSKA A, MOVCHAN A B, et al. Spider web-inspired acoustic metamaterials [J]. Applied Physics Letters, 2016, 109 (7): 071905.

[19] MA F Y, WU J H, HUANG M, et al. Cochlear bionic acoustic metamaterials [J]. Applied Physics Letters, 2014, 105 (21): 213702.

[20] 魏翀, 王先艳, 宋忠长, 等. 基于CT扫描的中华白海豚头部声速分布重建 [C] //中国声学学会水声学分会. 2013年全国水声学学术会议论文集, 2013: 38-40.

[21] ZHANG Y, GAO X W, ZHANG S, et al. A biomimetic projector with high subwavelength directivity based on dolphin biosonar [J]. Applied Physics Letters, 2014, 105 (12): 123502.

[22] 田源, 葛浩, 卢明辉, 等. 声学超构材料及其物理效应的研究进展 [J]. 物理学报, 2019, 68 (19): 194301.

[23] 乔渭阳, 仝帆, 陈伟杰, 等. 仿生学气动噪声控制研究的历史、现状和进展 [J]. 空气动力学学报, 2018, 36 (1): 98-121.

[24] HUANG Z D, ZHAO Z P, ZHAO S D, et al. Lotus metasurface for wide-angle intermediate-frequency water-air acoustic transmission [J]. ACS Applied Materials & Interfaces, 2021, 13 (44): 53242-53251.

[25] HUANG Z D, ZHAO S D, SU M, et al. Bioinspired patterned bubbles for broad and low-frequency acoustic blocking [J]. ACS Applied Materials & Interfaces, 2020, 12 (1): 1757-1764.

[26] 黄唯纯, 颜士玲, 李鑫, 等. 关于声学超构材料名词术语的探讨 [J]. 中国材料进展, 2021, 40 (1): 1-6.

[27] 任春雨, 童帅帅, 唐伟鹏. 声学超材料与波场调控 [M]. 武汉: 华中科技大学出版社, 2023.

[28] 刘如楠. 微穿孔板: 解决世界声学难题的中国方案 [N]. 中国科学报, 2024-07-01 (004).

[29] 曲冰, 汪静, 潘超, 等. 仿鲨鱼皮表面微结构材料制备的研究 [J]. 大连海洋大学学报, 2011, 26 (2): 173-175.

第 6 章
仿生电学材料

电学材料能够在特定条件下表现出各种电学性质，如热电转换、光电转换、压电转换等性质。电学材料的开发和利用，能够提高电力资源的利用效率，实现人类社会可持续发展。自然界中存在大量高效的热电转换、光电转换、压电转换生物素材，这为研究仿生电学材料提供了思路。本章将从仿生热电材料、仿生光电材料、仿生压电材料三方面阐述相关内容。

6.1 仿生热电材料

热电能源转换技术作为一种全固态、无机械运动、性能稳定的能量转换技术，在低品位能源回收中具有不可替代的作用，受到世界各国的广泛关注。而热电材料作为能够直接将热能与电能进行相互转换的功能材料，是热电转换技术的核心。仿生设计作为一种实现技术创新的方法，能够通过模仿自然界中生物用于调节自身温度以适应环境而进化出的结构和功能，来设计和制造相关产品。因此，将仿生设计与热电材料相结合，有望创造出具有更高热电效率和更智能特性的热电材料，为能源领域的技术发展带来更多的创新和突破。

6.1.1 热电效应及相关输运机理

1. 热电效应的基本原理

（1）Seebeck 效应　1821 年，德国科学家 Thomas Johann Seebeck 首次在固体材料中发现热能直接转换为电能的物理现象，这种现象称为 Seebeck 效应。1823 年，Hans Christian Oersted 对实验结果进行了完善：如图 6-1 所示，将两种材质不同的金属导线首尾相连形成回路，对其中一端进行加热 T_1，使另一端保持低温 T_2 状态，温度梯度使得两种材料之间形成了电势差 ΔV，从而产生回路电流导致回路周围产生磁场，其中电势差 ΔV 与温差存在关系

$$\Delta V = S(T_1 - T_2) \tag{6-1}$$

式中　S——Seebeck 系数，又称为温差电动势（$\mu V/K$）。

S 的大小取决于材料本身性质及所处温度场。p 型半导体以空穴作为多数载流子，输运方向由高温端扩散至低温端，S 数值为正；n 型半导体以电子作为多数载流子，输运方向由

低温端指向高温端，S 数值为负。

（2）Peltier 效应　1834 年，法国科学家 J. C. A. Peltier 首次发现，在两个不同材质导体连接的回路中通入电流，导体连接处会产生放热（T_1）和吸热（T_2）现象，这种现象称为 Peltier 效应。如图 6-2 所示，当电流由导体 2 流向导体 1 时导体连接处温度升高，电流由导体 1 流向导体 2 时接口处温度明显低于外界温度。这种接口处在单位时间内释放或吸收的热量可表示为

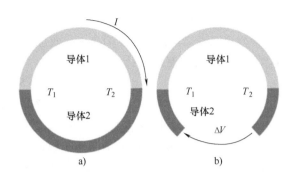

图 6-1　Seebeck 效应示意图

a）闭合回路　b）开路

$$\frac{\mathrm{d}Q}{\mathrm{d}t} = \pi_{1,2}I \tag{6-2}$$

式中　$\pi_{1,2}$——电流从导体 1 流向导体 2 的 Peltier 系数（V）；

　　　　t——时间（s）；

　　　　I——通过导体的电流（A）。

Peltier 系数的数值取决于材料固有属性及温度，与外加电场电流无关。同样的，Peltier 系数具有方向性，当电流从高能级导体流向低能级导体时数值为正，反之数值为负。

（3）Thomson 效应　Seebeck 效应和 Peltier 效应的阐述均是对于不同导体组成的回路。1855 年，英国科学家 William Thomson 开始注意到热电效应之间存在关联，并通过热力学理论解析了 Seebeck 效应和 Peltier 效应的关联性，提出单个导体必然存在第三种效应。这个效应在 1867 年被证实，称为 Thomson 效应（图 6-3），对两端存在温度梯度的匀质导体通入电流，这段导体将会产生可逆热量的吸收或放出。这种热量可表示为

$$\frac{\mathrm{d}Q}{\mathrm{d}t} = \beta\Delta TI \tag{6-3}$$

式中　β——Thomson 系数（V/K），当电流方向与温度梯度方向一致时 β 数值为正，反之数值为负；

　　　　t——时间（s）；

　　　　I——流过导体的电流（A）；

　　　　ΔT——导体两端温差（K）。

141

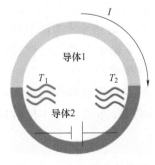

图 6-2　Peltier 效应示意图

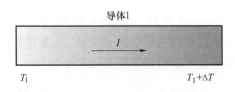

图 6-3　Thomson 效应示意图

（4）热电效应之间的关系　Thomson 运用热力学理论阐述了 Seebeck 效应、Peltier 效应、Thomson 效应三者之间的关系。Thomson 效应本质上是将 Seebeck 效应和 Peltier 效应联系在一起，使热电效应相互统一：

$$\pi = ST \tag{6-4}$$

$$\beta = T\mathrm{d}S/\mathrm{d}T \tag{6-5}$$

式中　S、π、β——Seebeck 系数、Peltier 系数、Thomson 系数。

在实际应用中 Seebeck 效应通常用于设计温差发电的材料或器件，Peltier 效应则应用于热电制冷控温等领域，而 Thomson 效应因其在热电转换过程中对能量转换不敏感，常常被忽略，但它的出现帮助众多学者更好地利用热电效应，在开发新材料新器件这条路上不断前进。

（5）热电器件转换效率　得益于前人对热电效应的探索，发展热电技术也受到越来越多人的关注，随着环境能源问题突出，热电技术的发展逐渐衍生为两个方向：一类是基于 Seebeck 效应，利用温差梯度产生电势进行热能与电能直接转换的温差发电；另一类则是基于 Peltier 效应，在添加外来电场的情况下，通过导体间吸热、放热现象进行热电制冷。温差发电技术能够有效回收余热进行热电能转换，节约化石能源、减少温室气体排放、实现巨大的社会经济效益。热电制冷技术将电能转换成热能，不会产生任何污染、机械运动部件磨损和气体排放。因此，热电制冷技术是目前热电领域实用化和商业化较为重要的应用方向，广泛用于民用制冷、通信、医疗、航空等领域，并向小型化器件发展。但目前无法将热电转换技术，特别是热电发电，应用于各个领域，以及广泛实现商业化的主要原因是热电器件转换效率较低。热电器件的能量转换效率越高，其应用范围就越广，因此提高其能量转换效率相较于发展其他技术更具竞争力。

2. 热电材料输运性能

（1）热电优值 zT　材料无量纲品质因子 zT 是判断热电材料性能的重要依据，热电材料的研究主要围绕着提高 zT 值这一目标开展。因为根据卡诺循环得知，当 zT 值越大时热电转化效率越高。zT 值主要由电输运和热输运参数进行计算获得，因此要获得高 zT 和高平均 zT 值就需要对输运参数进行优化调控。zT 可以用表达式表示为

$$zT = S^2 \sigma T/\kappa \tag{6-6}$$

式中　S、σ、T、κ——Seebeck 系数、电导率、绝对温度、热导率。

其中 $PF = S^2\sigma$，PF 称为功率因子。根据上述表达式，可以发现性能优异的热电材料需要同时具备以下三个方面的条件：电导率足够高，降低因自身内阻较大而产生无用的热能；较高的 Seebeck 系数来维持高温环境下更大的温差电动势；较低的热导率来降低热量传递过程中的热损失，维持材料两端的大温差。然而，由于 S、σ、κ 输运参数均与材料内的载流子浓度相关，因此解耦电子-声子输运成为实现 zT 值突破的主要挑战。

（2）Seebeck 系数　Seebeck 系数的数值大小取决于材料本身性质和所处温度场，数值正负取决于材料的电荷载流子类型，n 型半导体材料数值为负数，p 型半导体材料数值为正数。根据能带的单抛物带模型可表示为

$$S = \frac{8\pi^2 k_\mathrm{B}{}^2 T}{3eh^2} m^* \left(\frac{\pi}{3n}\right)^{\frac{2}{3}} \tag{6-7}$$

式中　*e*——元电荷量；

　　　h——普朗克常数；

　　　k_B——玻尔兹曼常数；

　　　T——绝对温度；

　　　m^*——载流子有效质量；

　　　n——载流子浓度。

因此，Seebeck 系数的大小与载流子浓度也息息相关。

（3）电导率　电导率是体现材料导电性能的物理参数，单位为 S/m。电导率与载流子浓度 *n*（单位为 cm^{-3}）和载流子迁移率 *μ*［单位为 $cm^2/(V \cdot s)$］呈现正相关，可表示为

$$\sigma = ne\mu \tag{6-8}$$

$$\mu = e\tau/m_I^* \tag{6-9}$$

在载流子迁移率的表达式中，*τ* 为弛豫时间，与散射机制（T^λ）相关；m_I^* 为输运方向的惯性质量。载流子浓度同时调控 Seebeck 系数与电导率，因此对于载流子浓度的优化需考虑二者之间的耦合关系。对于载流子迁移率的调制则需考虑不同散射机制的影响，见表 6-1。

表 6-1　散射机制-散射因子统计表

散射机制	$\mu \propto T^r$		$\tau \propto E^S T^r$	
	非简并	简并	*s*	*r*
声学波散射	$T^{-3/2}$	T^{-1}	−1/2	−3/2
电离杂质散射	$T^{3/2}$	T^0	3/2	3/2
合金散射	$T^{-1/2}$	T^0	−1/2	−1/2

（4）热导率　热导率是描述材料导热能力的物理参量，单位为 $W/(m \cdot K)$。热导率越大则说明材料导热性能越好，热量传递的越快，这对热电性能的提高是非常不利的。在单一载流子传导的情况下，热电材料的热导率可表示为

$$\kappa = \kappa_e + \kappa_L \tag{6-10}$$

κ_e 可以看作载流子输运对于热导率的贡献，与材料的电导率呈正相关，根据 Wiedemann-Franz 定律表示为

$$\kappa_e = L\sigma T \tag{6-11}$$

其中，*L* 为洛伦兹数，单位为 $\Omega \cdot W/K^2$，可以通过费米积分及与实验相关的散射因子进行计算。

κ_L 为晶格热导率，作为相对独立的参数，晶格热导率的优化调控成为提升材料热电性能的重要手段，固体材料的晶格热导率可表示为

$$\kappa_L = \frac{C_V V l}{3} \tag{6-12}$$

其中，C_V 为比热容［$J/(kg \cdot ℃)$］；*V* 为声速（m/s）；*l* 为平均声子自由程（nm），由晶体中声子散射机制决定。

此外，由双极扩散带来的热导率称为双极热导率 κ_b，这是由于热激发导致少数载流子参与热电输运，增加热导率总量。同时它的升高将会降低 Seebeck 系数，同时降低热输运和

电输运性能，削弱材料的热电性能，导致热电优值 zT 大幅降低。

综上所述，电输运性能与热输运性能之间息息相关。获得高电导率的同时意味着引入较高的载流子热导率，不利于材料整体性能的提高。另外具备比热容低、声速慢、声子平均自由程短的材料，更易获得低晶格热导率，实现热电性能的提高。除了开发具备本征低晶格热导率特性的材料以外，诱导材料形成多尺度微观缺陷，也能达到抑制晶格热导率的作用。

6.1.2 热电材料及器件概述

1. 热电材料的分类

20 世纪初，伴随半导体物理、固体物理等基础理论研究的不断深入，研究人员发现传统金属的 Seebeck 系数比较低，而半导体材料与之相比则具有更高的 Seebeck 系数，这为开发高性能热电材料提供了新的方向。

20 世纪 90 年代后期，随着能源危机的日益严重，开启了热电材料研究的热潮。1979年，Slack 提出了玻璃状热导率与最小热导率的关系，人们发现了一些特殊的大单晶，它们的热导率也非常接近或等于最低热导率，即具有长程有序原子的晶体和没有长程有序原子的玻璃都可以有很短的声子平均自由程。基于 Slack 提出的"声子玻璃-电子晶体"（PGEC）设计理念，许多具备良好热电性能的热电材料被成功地开发出来，并且热电材料的热电优值 zT 不断提高。下面将根据使用温度范围对高性能热电材料中的一些典型材料进行简要介绍。

（1）室温区热电材料　室温区热电材料主要应用于半导体制冷领域，其中最具代表性且已经商业化应用的材料是碲化铋（Bi_2Te_3）。Bi_2Te_3 热电材料的发现最早可追溯到 20 世纪 20年代，主要应用于热电制冷等领域，目前已经在心脏起搏器、车载冰箱、芯片制冷等行业成功实现商业化。Bi_2Te_3 是一种具有六面体层状结构的典型窄带半导体材料，属于六方晶系，从单胞的 C 轴方向观察，由 Bi 原子层和 Te 原子层按照 Te1-Bi-Te2-Bi-Te1 的顺序五层循环堆叠而成，如图 6-4 所示。同一层中相同原子之间以共价键结合，相邻堆垛单元之间的 Te1-Te1层之间以范德华键结合，Bi-Te1 层之间的结合方式为离子键与共价键，Bi-Te2 层之间的结合方式为共价键，因此 Bi_2Te_3 晶体具有各向异性，并且容易发生层间解离。Bi_2Te_3 材料的禁带宽度为 0.15eV，价带顶或导带底具有 6 重能谷，这种复杂的能带结构有助于提高有效质量和态密度，从而协同优化电导率和 Seebeck 系数，Bi 原子与相邻 Te 原子之间的电负性相差非常小，有助于获得较大的载流子迁移率。同时由于该材料中包

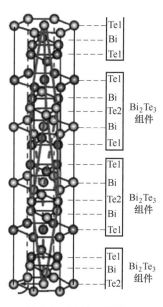

图 6-4　Bi_2Te_3 的结构

含了重元素和弱键合，其晶格热导率比较低。此外，由于具有较大的 Seebeck 系数，加上其晶格热导率比较低，所以以 Bi_2Te_3 为目前室温应用最成功的热电材料。

（2）中温区热电材料　中温区热电材料主要应用于温差发电领域，其中最具代表性的材料是硫族铅化物（PbTe）。PbTe 材料作为其中的典型代表，具有非常优良的热电性能，在 19 世纪 60 年代，已用于航天领域的放射性同位素热电发生器。作为极性窄带系半导体，

离子键和共价键共存，因此 PbTe 具有本征低热导率。PbTe 作为一种优良的中温（500～900K）区热电材料，具有 NaCl 型晶体结构，属于面心立方点阵，空间群为 Fm-3m（图6-5）。p 型 PbTe 的 zT 值近年来已超过 2.0。

近年来随着能源需求的增加和环境问题的严峻，温差发电技术受到广泛关注。Mg_2Si 化合物作为一种很有前景的中温区热电材料，其组分 Mg 和 Si 含量丰富，且无毒、廉价、环境友好。Mg_2Si 为反萤石结构，Si 位于立方晶胞的顶点和面心位置，Mg 位于晶胞中的四面体位置，如图6-6所示。每个原胞中有三个原子，空间群为 Fm-3m，带隙为 0.75～0.8eV。Mg_2Si 有良好的电输运性能，但热导率也相对较高。因此，作为热电材料其研究重点在于如何降低晶格热导率。

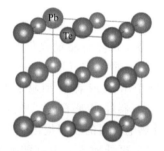

图6-5　PbTe 晶体结构

图6-6　Mg_2Si 晶体结构

此外，方钴矿也被认为是一种具有潜在应用前景的中温区热电材料，其化学组分通常为 MX_3，其中 M 为 Co、Rh、Ir 等过渡族金属，X 为 P、As、Sb 等第五主族元素，方钴矿化合物是立方结构，属 Im3 空间群。其晶体结构如图6-7所示，每个晶胞内含有 32 个原子，每个 M 原子位于由 6 个相邻的 X 原子组成的八面体中心，每个晶胞中有两个由 12 个 X 原子以共价键结合而成的二十面体空位。方钴矿化合物具有较大的载流子迁移率、较高的电导率和 Seebeck 系数，但也有高的晶格热导率。填充型方钴矿是将碱金属、碱土金属、稀土元素或其他离子填入到这些空位中，在局部产生非谐性振动散射声子，降低热导率，同时这些外来原子也提供载流子，优化体系的电学性能。填充型方钴矿满足 Slack 提出的"声子玻璃-电子晶体"概念，因而具有良好的热电性能。方钴矿化合物中研究最广泛的是 $CoSb_3$ 化合物。二元 $CoSb_3$ 的能带结构平坦而且带隙窄，具有电导率优异、载流子有效质量大、功率因数高的特点，因此受到了广泛关注。

145

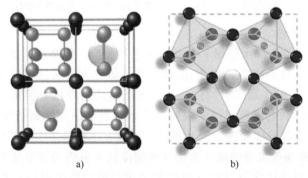

a)　　　　　　　　　　b)

图6-7　方钴矿晶体结构

a）Oftedal 等人于 1928 年提出　b）Kjekshus 等人于 1974 年提出

（3）高温区热电材料 高温区热电材料的应用相对较少，其中以 SiGe 合金最具代表性。高温区热电材料应用的温度范围为室温到 1300K，作为太空温差发电器被广泛使用。Si、Ge 本身都具有较高的电导率和 Seebeck 系数，但是热导率都比较高，常温时的晶格热导率分别为 113W/(m·K) 与 63W/(m·K)。但是人们发现二者形成合金时 Si、Ge 原子会产生随机分布，这种原子之间的相互置换使得晶格点阵中存在大量的点缺陷，造成强烈的点缺陷散射，从而降低了晶格热导率。同时由于 SiGe 可以形成连续的固溶体，所以可以通过调节 Si、Ge 的组分对合金的禁带宽度等物理性质进行调控，进而调节其热电性能。目前最常用的 SiGe 合金成分为 $Si_{80}Ge_{20}$（80% 的 Si，20% 的 Ge），然而由于 SiGe 块状合金的 zT 值比较低（p 型 $zT=0.5$，n 型 $zT=0.9$），它们作为温差发电器的效率受到限制。

2. 热电发电器件概述

热电发电机是一种将热能直接转化为电能的固态装置（图 6-8a）。热电发电机没有内部活动部件，工作寿命长，运行稳定，无噪声，无污染，在环境能量收集方面具有巨大潜力，因此应用前景非常广阔。热电器件的最小构成一般为 π 型结构（图 6-8b）。除了典型的 π 型结构，也有学者团队研究单臂热电器件，即由单个 n 型或者 p 型材料构成的热电模块（图 6-8c）。例如，单腿 n 型 $Mg_{3.15}Co_{0.05}SbBi_{0.99}Se_{0.01}$ 器件实现了 13.3% 的转换效率。但值得人们注意的是，应用场景的多样化为热电器件及热电材料的发展提出了更高的挑战，性能不是评判材料好坏的唯一因素，而是取决于更稳定、更低成本、更高能效等多重因素的考量，而这也是热电材料及热电技术在以后发展中新的突破口。

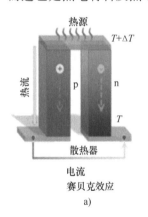

图 6-8 热电发电器件示意图及实物图

a）热电发电器件示意图 b）π 型热电模块 c）单臂热电器件

3. 热电制冷器件概述

1911 年 Altenkirch 首先提出依据 Peltier 效应进行制冷，但是由于缺乏高性能材料，早期设计热电制冷器的尝试并不成功。20 世纪 50 年代，研究人员通过半导体热电材料实现了可观的 Peltier 效应，如图 6-9a 所示。与传统的机械压缩式制冷技术相比，半导体热电制冷技术仅通过调节工作电压和电流就可以实现对制冷量和温度的连续高精度控制，如图 6-9b 所示。热电制冷技术由于其控温精准、尺寸灵活、结构多样和局部冷却等众多优势，在精确制导、传感器和 5G 光模块等关键领域具有比其他制冷技术更强的竞争优势。因此，研发高效的制冷材料及器件，对于诸多科技自立自强等关键领域的精确温控具有重要意义。长久以来，Bi_2Te_3 基热电制冷器件被广泛用于冷链储存、医疗器械和光通信等行业。但随着热电制冷产业前景更加广阔，作为目前核心热电制冷材料，Bi_2Te_3 本身存在力学性能差、使用 Te 元素造成的高额成本等问题，限制了该类材料的进一步推广和应用。因此研究人员致力于开发下一代技术以缓解原材料供应带来的潜在瓶颈。n 型化合物 $Mg_3Sb_{0.6}Bi_{1.4}$ 与 p 型化合物 MgAgSb 一起制得冷却模块，在 75K 和 260K 温差下的模块转换效率分别为 3% 和 8.5%，最大冷却温度为 72K。研究表明，其有望替代高度稀缺及具有毒性的 Bi_2Te_3。

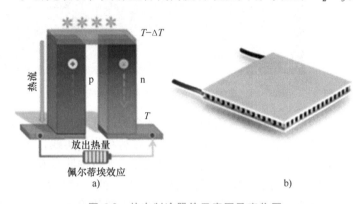

图 6-9　热电制冷器件示意图及实物图

a）热电制冷器件示意图　b）半导体制冷器件

6.1.3　仿生热电材料的应用

1. 基于昆虫体表的仿生热电装置

仿生热电装置作为将生物组织和热电材料相结合的装置，用于收集和转换生物体产生的热量并转换为电能。这种装置类似于人体皮肤的功能，能够感知和收集周围环境的温度变化，并将其转化为电能供应给电子设备。通过仿生热电装置，人们可以利用生物体产生的余热来驱动电子设备，从而实现能源的再生利用。这种技术在医疗领域、穿戴设备和智能家居等领域具有广泛的应用前景。

自然生物已经进化出各种巧妙的微观结构来调节自身的温度以适应环境，研究人员以此为灵感实现了人工光热调制。研究人员发现，在极端高温条件下生存的撒哈拉银蚁，其明显的银色外观由两种密集的三角形毛发形成，如图 6-10 所示。这种毛发及排列结构表现出显著的辐射冷却能力，通过增强从可见光到近红外光的反射，提高中红外辐射率，达到有效散热的目的。这种生物调节温度方式，有望应用于物体被动辐射冷却的仿生涂层发展。从这些自然界中的生物利用自身结构调节温度的机制中汲取灵感，研究人员开发了各种仿生设计产品。

2. 基于人体皮肤的仿生热电装置

作为人体面向外界环境的多功能窗口，皮肤不仅是人体抵御有害物质的保护屏障，更是感知和与周围环境互动的生物传感器。但其调节能力较差，在复杂多变的外部环境中容易受到伤害。传统的临床皮肤全层伤口治愈疗法中，利用电信号的加速治愈需要大型发电系统及人员的精细控制。自供电柔性和生物相容性热电装置（图 6-11a），不涉及任何额外的电路，在 10K 的温度梯度下能够产生 10mV 的电压。该装置通过收集皮肤和环境之间的温差，能够

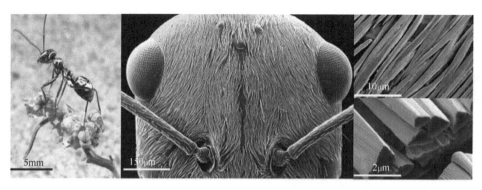

图 6-10　撒哈拉银蚁及其体表微观结构

在体内产生几微伏水平的电流。这些电流加速了纤维细胞的迁移与增殖，激活了血管内皮生长因子，有助于加速伤口愈合。这一工作融合了热电材料与临床实践，表明柔性和生物相容性的热电器件装置将彻底改变自动力生物电子学的设计。人造皮肤具有无须身体接触即可感知热刺激的能力，将为智能机器人和增强现实技术带来新的互动体验。非接触式热感的实现，对热和冷刺激都有反应，依赖于在长波红外范围内工作的柔性红外探测器的构造，以捕获自发的热辐射。这对探测器的光探测性能和机械灵活性提出了严格的要求。柔性可穿戴红外探测器（图 6-11b）。在 −50～110℃ 温度范围内，该装置对热辐射表现出高灵敏度，甚至能够解析 0.05℃ 的温度变化。此外，一种具有仿生结构的新型温度调节电子皮肤（图 6-11c），通过将柔性热电装置与富含锂和溴的聚丙烯酰胺（Li-PAAm）水凝胶复合材料集成在一起来模拟人体的体温调节机制。通过热量产生和散热的微妙平衡，使热电子皮肤在 10～45℃ 的温度范围内保持了 35℃ 的稳定表面温度，实现了机体的恒温调节。此外，该热电子皮肤具有水再生功能，在湿度为 90% 的条件下，热电子皮肤在失水 11.5% 后可在 4h 内恢复水合状态，表现出卓越的循环性能。值得注意的是，这种恒温电子皮肤能够在接触不同物体的几秒钟内迅速调整温度，使其与物体的温度相匹配。这项开创性的研究提出了在电子皮肤中模拟真实皮肤的体温调节机制的概念，从而使电子皮肤具有与人类类似的体温调节功能。这一进展为设计具有生物仿生结构的热敏电子皮肤指明了途径，为开发对环境高度敏感的电子皮肤提供了新的见解。受企鹅黑白相间皮毛的启发，通过静电纺丝技术制备了两种具有双温调控功能的仿生纳米织物（图 6-11d），实现了具有户外个人热管理及能量转换功能的可穿戴多功能热电装置（T-TENG）。在阳光照射下，加热/冷却模式可使皮肤模拟器的温度分别升高/降低 8.7℃/2.5℃。利用热电效应可以将热量转化为最大电压为 157.6mV 的电能。此外，还实现了带有信号采集和处理电路的自供电游戏控制器，用于操控游戏角色，并在机器学习的帮助下实现了以动作识别为中继的国际摩斯密码。灵活且自供电的 T-TENG 在人机界面和可穿戴设备的电子产品中具有重要的应用价值。

随着时代的发展，人们更深刻地认识到自然界在物质资源与生物多样性方面的重要。自然界中众多生物的进化与优胜劣汰，必然存在其独特的优势，而发现并利用这种生物优势正是仿生领域独特之处。近年来随着热电技术及热电材料的快速发展，仿生热电技术逐渐走入了科研人员的视野，通过双向结合生物和热电优势不断发展和完善仿生热电材料与器件，将有助于能源的综合循环利用，同时为人们的生活提供更多的便利。随着近年来仿生热电技术的持续发展，人们可以预见，更多基于生物体能量的创新应用将会得到开发，仿生热电技术

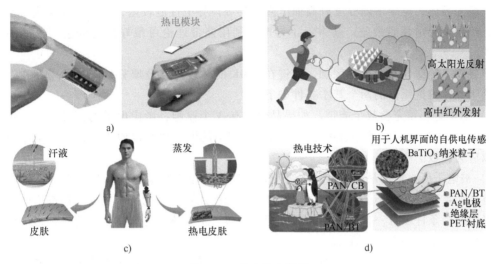

图 6-11　仿生热电装置

a）自供电热电装置　b）柔性可穿戴红外探测器　c）新型温度调节电子皮肤　d）仿生纳米织物

将成为未来科技与应用的重要研究方向。

6.2　仿生光电材料

光电材料是指用于制造各种光电设备（主要包括各种主、被动光电传感器、光信息处理和存储装置及光通信等）的材料。传统的光电材料主要包括红外材料、激光材料、光纤材料、非线性光学材料等。一些夜视昆虫如蛾的复眼，为抗光反射功能材料提供了仿生思路。此外，光合作用也为制备光电材料，如太阳能电池，提供了仿生素材，大大提高了太阳能电池的光电转化效率。

6.2.1　光电材料概述

1. 能带理论

固态材料的原子之间有非常强的相互作用以致不能单独处理它们。价电子并不束缚于单独的原子，而是属于整个原子体系。由于原子在晶格中按照周期性的规律排布，关于电子能量的薛定谔方程的解将会产生原子能级的分裂而形成能带。每个能带包含大量有细微间隔的分离能级，可以将它们近似看作一个连续的能带。价带和导带之间被一个宽度为 E 的禁带分开，该间隔的大小称为带隙能量，它在决定材料的电学和光学性质上具有重要作用。绝缘体的价带被填满且有较大的带隙（>3eV）。导体的带隙较小，或者是不存在。半导体的带隙大致介于 0.1eV 与 3eV 之间。

2. 金属、半导体和绝缘体

能带理论的成功之处，在于它能说明为什么有些元素结合成晶体后，形成良导体，而另一些则形成半导体或绝缘体。导体和绝缘体的物理性质差别非常显著，如在 1K 下，良导体（不包括超导体）的电阻率可低至约 $10^{-10}\Omega \cdot cm$，而好的绝缘体的电阻率可高达 $10^{22}\Omega \cdot cm$。

149

金属一般为导体，电导率随温度升高而下降；半导体导电性能较差，电导率随温度升高迅速增加；绝缘体导电性能最差，基本上不导电。利用能带理论可很好地解释它们之间的这些差别。

半导体、绝缘体与金属的区别，关键在于 0K 时是否有部分填充的不满能带存在。判定晶体是半导体或绝缘体的两个基本条件如下：

1）电子足够填充整数个能带。如果晶体共有 N 个原胞，考虑电子的两种取向，每个能带可容纳 $2N$ 个电子，晶体中总电子数为每个原胞中的电子数乘以原胞数，即每个原胞中的电子数应为偶数。

2）被电子所占据的最高能带同更高能带之间有一个能量禁区——禁带存在，不发生能带重叠。如果这一条件不满足，电子则可以填充到彼此重叠的能带中，使它们都不能充满。

以上两个条件中有一条不满足，即可能为金属。半导体与绝缘体之间的差别，仅在于前者禁带宽度较窄，一般小于 3eV。

而以上讨论对于大多数晶体都适用，但对于一些过渡金属氧化物不适用。例如，氧化钴（CoO）是一种半导体材料而不是金属。虽然氧化钴的每个原胞中的电子数为奇数，但在这样的材料中涉及被原子束缚较紧的电子运动，不能简单地把单电子近似和共有化运动模型应用到这种情况。这说明能带理论是有局限性的。

3. 材料的光吸收区

一般来说，半导体材料在不同的程度上具备电介质和金属材料的全部光学特性。当半导体材料从外界以某种形式（如光、电等）吸收能量时，其电子将从基态被激发到激发态，即光吸收。处于激发态的电子会自发或受激再从激发态跃迁到基态，并将吸收的能量以光的形式辐射出来（辐射复合），即发光；当然也可以无辐射的形式（如发热）将吸收的能量发散出来（无辐射复合）。不同的物理过程有不同的吸收光谱。

材料的光吸收区主要划分为以下六个区：

1）基本吸收区。光谱范围在紫外-可见光-近红外波段。电子从价带跃迁到导带引起光的强吸收，吸收系数很高，常伴随可以迁移的电子和空穴，出现光电导。基本吸收可分为直接跃迁与间接跃迁。直接跃迁吸收的物理过程：电子吸收光子能量产生跃迁，无须声子参与其中进行辅助，且保持波数（准动量不变）；而间接跃迁吸收存在两种可能情况：一种是声子参与下的跃迁，电子不仅吸收光子，同时还和晶格交换一定的振动能量，即放出或吸收一个声子。与直接跃迁光吸收不同的是，其吸收系数与温度密切相关。另一种是杂质散射参与的吸收。

2）吸收边缘。电子跃迁跨越的最小能量间隙，其中对于非金属材料，还常伴随激子（受激电子和空穴互相束缚而结合在一起成为一个新的系统——激子）的吸收而产生精细光谱线。

3）自由载流子吸收。由导带中电子或价带中空穴在同一带中吸收光子能量所引起，它可以扩展到整个红外甚至扩展到微波波段，显然吸收系数是电子（空穴）浓度的函数，金属材料载流子浓度较高，因而这一区吸收谱线强度很大，甚至掩盖其他吸收区光谱。

4）晶体振动引起的吸收。由入射光子和晶格振动（声子）相互作用引起，波长在 $20 \sim 50 \mu m$。

5）杂质吸收。杂质在本征能带结构中引入浅能级，电离能在 0.01eV 左右，只有在低温下易被观察到。

6) 自旋波量子或回旋共振吸收。自旋波量子、回旋共振与入射光产生作用，能量更低，波长更长，达到毫米级。

4. 光电效应

（1）外光电效应　如果被激发的电子能逸出光敏物质的表面而在外电场作用下形成光电流，则将这种现象称为光电发射效应或称为外光电效应。光电管、光电倍增管等一些特种光电器件，都是建立在外光电效应的基础上的。光电子发射效应的主要定律和性质如下：

1) 斯托列托夫定律。也称为光电发射第一定律。当入射光线的频率成分不变时（同一波长的单色光或相同频率成分的光线），光电阴极的饱和光电发射电流与被阴极所吸收的光通量成正比（系数为表征光电发射灵敏度的系数）。该定律是光电探测器进行光度测量、光电转换的一个重要依据。

2) 爱因斯坦定律。也称为光电发射第二定律。发射出光电子的最大动能随入射光频率的增高而线性地增大，而与入射光的光强无关，即光电子发射的能量关系符合爱因斯坦公式。电子逸出功是描述材料表面对电子束缚强弱的物理量，在数量上等于电子逸出表面所需的最低能量，也可以说是光电发射的最低能量阈值。

光量子理论很容易解释上述定律。实际上，光敏物体在光线作用下，物体中的电子吸取了光子的能量，就有足够的动能克服光敏物体边界势垒的作用而逸出表面。根据爱因斯坦提出的假说，每个电子的逸出都是吸收了一个光量子的结果，而且一个光子的全部能量都有辐射能转变为光电子的能量。因此光线越强，也就是作用于阴极表面的量子数越多，就会有越多电子从阴极表面逸出。同时，入射光线的频率越高，也就是说每个光子的能量越大，阴极材料中处于最高能级的电子在取得这个能量并克服势垒作用逸出界面之后，其具有的动能越大。

瞬时性是光电发射的一个重要特性。实验证明，光电发射的延迟时间不超过 $3 \times 10^{-13}\mathrm{s}$。因此，实际上可以认为光电发射是无惯性的，这就决定了外光电效应器件具有很高的频响。

（2）光电导效应　光电导效应是指物体受光照射后，若其内部的原子释放出电子并不逸出物体表面，而仍留在内部，则物体的电阻率会发生变化。导体材料在光线作用下电导率增加的现象就是光电导效应。光电导的来源主要有带间载流子跃迁和杂质激发，因此有本征光电导和杂质光电导之分。光电导还包括线性光电导与非线性（抛物线）光电导。弛豫时间也是衡量光电导效应的一个参数，其反映材料对光反应的快慢程度。

（3）光生伏特效应　物体受光照射后，若其内部的原子释放出电子并不逸出物体表面，而仍留在内部，产生光电动势的现象称为光生伏特效应。在一块完整的硅片上，用不同的掺杂工艺使其一边形成 n 型半导体，另一边形成 p 型半导体，这两种半导体的交界面附近的区域为 pn 结。pn 结的光生伏特原理：由于 pn 结中存在内建电场，结两边的光生少数载流子受该内建电场的作用，各自向相反的方向运动。所以 p 区的电子穿过 pn 结进入 n 区，而 n 区的空穴进入 p 区，从而在 p 型和 n 型区有电荷积累；使得 p 端的电势升高，n 端的电势降低，从而在 pn 结两端形成一个光生电动势，这就是 pn 结的光生伏特效应。

5. 光电材料及器件概述

光电材料是整个光电产业的基础和先导。光电材料是指能产生、转换、传输、处理、存储光信号的材料，主要包括半导体光电材料（Ⅲ-Ⅴ族）、有机半导体光电材料、无机晶体和石英玻璃等。光电器件是指能实现光辐射能量与信号之间转换功能或光电信号传输、处理和存储等功能的器件。目前,大多数商用半导体光电器件由 GaAs 基、InP 基和 GaN 基化合物半导体材料系统制成,广泛用于光通信网络、光电显示、光电存储、光电转换和光电探测等领域。下面将针对部分光电器件进行介绍。

(1) 光敏电阻 光敏电阻是一种基于光电导效应工作的纯电阻元件,其阻值会随着光照强度的增加而减小。这种元件因具有灵敏度高、光谱特性良好及成本低廉等优点,在光电探测领域有着广泛的应用。

光敏电阻的结构通常由一块安装在绝缘衬底上的光电导体材料构成,该材料上带有欧姆接触电极,并被严密封装在玻璃壳体中。光敏电阻的结构包括光导层、玻璃窗口、金属外壳、梳状电极、陶瓷底座、黑色绝缘玻璃及电阻引线。其工作原理:当光敏电阻受到光照时,光电导体材料中的电子会被激发,从而增加材料的电导率,导致电阻值下降。

(2) 光电池 光电池是一种将光能转换为电能的半导体器件,具有结构简单、性能稳定、使用方便等特点,在光电检测和自动控制系统中有广泛的应用。

光电池的结构通常由半导体材料构成,其核心部分是 pn 结。当光照射到 pn 结时,在结区附近的光生电子与空穴在 n 区聚积负电荷,p 区聚积正电荷,这样 n 区与 p 区之间出现电位差,从而在闭合电路中产生输出电流。光电池的工作原理是基于光电效应,即光子的能量被半导体材料中的电子吸收,使电子从价带激发到导带,形成可以移动的电子-空穴对,进而在电路中产生电流。

(3) 光电二极管 光电二极管 (PD) 和光电池一样,其基本结构也是一个 pn 结。它和光电池相比,重要的不同点是截面面积小,因此它的频率特性特别好。普通光电二极管的频率响应时间达 $10\mu s$,高于光敏电阻和光电池。光电二极管是一种半导体光电探测器,它能够将光信号转换为电信号,广泛应用于各种光电检测和控制系统中。

光电二极管的结构与普通二极管相似,但专门设计用于检测光信号。它由一个 pn 结组成,该结装在透明玻璃外壳中,可以直接接收光照射。在电路中,光电二极管一般处于反向工作状态。当没有光照射时,pn 结处于截止状态,反向电流很小,主要由少数载流子在反向偏压作用下形成微小的暗电流。当受光照射时,pn 结附近的电子会吸收光子能量,产生电子-空穴对,从而增加少数载流子的浓度。这些载流子在外加反向偏压和内电场作用下,分别向 p 区和 n 区运动,导致通过 pn 结的反向电流增加,形成光电流。

(4) 光电倍增管 光电倍增管是一种高灵敏度的光电探测器,它能够将微弱的光信号转换成电信号,广泛应用于科研、医疗成像、夜视设备等领域。

光电倍增管由半透明的光电阴极、倍增极和阳极三部分组成。当入射光子照射到光电阴极上时,激发出光电子。这些光电子在电场的作用下被加速,并与第一倍增极碰撞,产生二次电子。这些二次电子再次被加速,并撞击下一个倍增极,如此循环,经过多级倍增极后,电子数目被显著放大。最终,放大后的电子被阳极收集,形成阳极电流。

光电倍增管的工作原理基于次级发射效应,即电子撞击倍增极时能产生多个二次电子,通过多级倍增极的级联放大,实现对光信号的高倍数放大。倍增极的数目可以多达 30 级,使得光电倍增管的灵敏度比普通光电管高几万倍到几百万倍。

(5) 雪崩光电二极管 雪崩光电二极管是一种利用雪崩效应来增加光电流的光电探测器,它在高反向电压下工作,具有高增益和快速响应的特性,广泛应用于高速通信和光检测领域。

雪崩光电二极管的结构通常基于 pin 或 pn 结，其中 pin 结构由 p 型、本征（i 型）和 n 型半导体材料组成。pin 光电二极管通过在高反向电压下产生的雪崩效应工作，这种效应是在强电场中，光生电子和空穴在耗尽区中获得加速，与晶格碰撞产生电离，从而产生更多的电子-空穴对，实现电流的倍增。

（6）光电三极管　光电三极管结合了光电效应与三极管放大功能，能够在检测光信号的同时提供信号放大，广泛应用于高速光通信、光开关、自动控制系统等领域。

光电三极管的结构与普通三极管类似，主要由 pnp 型或 npn 型两种结构构成。npn 型光电三极管由 n 型硅材料为衬底，上面依次覆盖有 p 型和 n 型半导体层，形成两个 pn 结。当光照射到光电三极管的光敏区时，会激发电子-空穴对，这些载流子在内建电场的作用下分别向相反方向移动，从而改变三极管的电流。

在 npn 型光电三极管中，光生电子被收集到 n 型基区，而空穴则被推向 p 型基区，导致基极电流的变化。这种变化通过三极管的放大作用进一步放大，最终在集电极和发射极之间形成较大的电流变化，实现对光信号的检测和放大。

6.2.2　仿生光电材料的应用

1. 基于光合作用的染料敏化太阳能电池

（1）光合作用简述　生物界中的光合作用就是经长期演化而实现的将光能转变为化学能的最优化的过程。光合作用在光化学过程中备受关注，除地球大气的演化与之有关外，还和植物通过光合作用转化所得的能量有关。光合作用的实质是通过叶绿体将光能转化为化学能。根据能量的转化性质，可将光合作用分为三个阶段：吸收、传递光能，光能转化为电能（通过原初反应完成）；电能转化为活跃的化学能（通过电子传递和光合磷酸化）；活跃的化学能转化为稳定的化学能（通过碳的同化完成）。

在高等植物中色素分子被包裹在脂蛋白膜内组成高度有序的叶绿体结构，色素分子呈单分子层状结构分布在膜表面上。这样可使色素对光的吸收面积达到最大，同时有利于色素向膜的特定位点传输能量。聚光色素是大量的，这些分子密集地排列在一起，行动一致，有效地收集太阳光子，然后快速把大量光能汇聚、传递给少数的反应中心的色素分子，并使其达到激发态，实现电荷分离。由色素分子组成的阵列在整个光合作用体系中起着一种集光式的天线作用。光系统中的电子供体是质体蓝素或酪氨酸残基等，叶绿素分子或去镁叶绿素分子等充当电子受体。反应中心色素分子、电子供体和电子受体紧密接触并相互作用，完成电荷的转移和传输，实现能量的转化。

（2）染料敏化太阳能电池结构　染料敏化太阳能电池结构本身就是对叶绿体结构的模仿。染料敏化太阳能电池的组成结构如图 6-12 所示，主要可分为透明导电极、工作电极、光敏化剂、电解质、反电极五个部分。

透明导电极作为传导电子至外部电路的电极，其中一般常见的透明导电极是铟锡氧化物（ITO）和掺氟氧化物（FTO）两种。工作电极用来提供光敏化剂吸附的表面积、电流的传导路径，还必须依靠具有多孔性的结构来帮助电解质扩散。工作电极目前基本上普遍使用的材料是 TiO_2。光敏化剂即所谓的染料，能够将工作电极（如 TiO_2）的吸收波长提高到可见光区，因为光敏化剂能通过吸收可见光，驱使电子发射至工作电极的导带，失去电子的光敏化剂可接收来自电解质的电子。电解质的作用主要在于氧化还原反应，含碘离子的电解质在染料敏化太阳能电池中最常被使用。反电极（又称为相对电极）除用作传导电流之外，还需对电解质的氧化还原有较好的催化特性。目前最常用的反电极仍以铂（Pt）的应用较广，因其对传统碘离子的氧化还原有较好的催化特性。

（3）染料敏化太阳能电池的工作原理　染料敏化太阳能电池的基本工作原理如图 6-13 所示。染料分子吸收了低于 TiO_2 禁带宽度但与染料分子特征吸收波长匹配的光子能量后，由基态跃迁至不稳定的激发态，

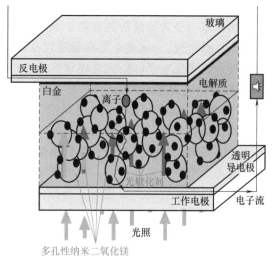

图 6-12　染料敏化太阳能电池的组成结构

进而将电子注入紧邻的 TiO_2 导带，导带中的电子通过扩散富集到导电玻璃基板。最终通过外部回流形成电流，而失去电子成为氧化态的染料分子从电解质溶液中获得电子回到基态，被染料分子氧化的电解质则被反电极上的电子还原，即完成了一个完整的光电化学反应循环。

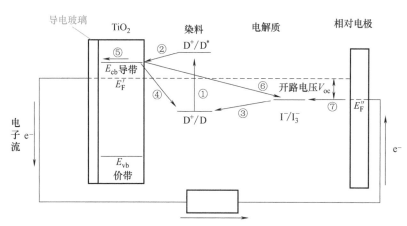

图 6-13　染料敏化太阳能电池的基本工作原理

（4）染料敏化太阳能电池其他仿生应用实例　染料敏化太阳能电池不仅在工作原理上借鉴了叶绿体的光能转化机制，而且在其制造过程中也融入了仿生学的概念，以提升电池的整体性能。例如，类荷叶结构可实现自清洁功能的光阳极，仿蝶翅结构的光阳极则可实现增强光的捕获和电子的注入，减少电子的复合损失，从而提高电池的光电转换效率等性能。

2. 仿生叶绿体的太阳能电池

叶绿体是植物进行光合作用的主要场所，具有分级组织的结构，能将太阳能转化为稳定的化学能。科学家们在设计太阳能材料时模仿叶绿体的结构，以期望提高光能转化为电能的效率。目前，人们已经制备出许多分级组织的光催化体系。然而，上述制备过程大多需要高

温和有机溶剂，这限制了与生物活性酶分子的整合。在现有的人工光酶催化反应体系中，酶分子一般以游离形式存在，缺少分子尺度上的耦合，这不利于级联反应中底物和电子的传递，也会降低整个体系的运行稳定性。因此，如何合理设计和有效构建分级组织体系，模拟天然叶绿体的结构和功能仍是一个挑战。

通过利用生物小分子自组装制备的仿生叶绿体，研究人员设计了一种利用金属离子介导胱氨酸自组装构建分级组织结构的方法。获得的三维球形晶体由对称的纳米棒堆叠组成，这类似于叶绿体中的基粒结构。在自组装形成微球的过程中，捕光的卟啉分子和乙醇脱氢酶可以排布在纳米棒上，从而被包覆到微球中。纳米颗粒可在微球上原位还原，形成产氢的反应中心。还原型辅酶可以作为光催化产氢的电子供体，消耗的还原型辅酶又可通过乙醇脱氢酶催化乙醇转化为乙醛的反应再生，如图 6-14 所示。

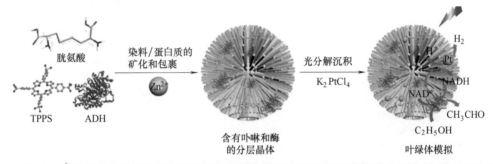

图 6-14　通过 Zn^{2+} 引导组装胱氨酸并封装卟啉和酶分子以进行光酶类反应而制造的分层叶绿体模拟物示意图

在仿生叶绿体中，叶绿体中的最小功能单元——捕光分子、催化中心和酶分子，能够通过分子自组装实现高效耦合。仿生叶绿体捕光单元能够吸收光能，并传递到催化中心，实现产氢反应。酶催化单元能为光催化反应提供再生的电子供体，从而提高整体的催化效率和可持续性。该研究以自然界中广泛存在的生物小分子为基元，构筑了在结构和功能上与天然叶绿体类似的组装体系，实现了太阳能持续的转化利用和物质合成，为基于超分子自组装构建仿生光合体系提供了一个新思路。更为重要的是，该研究提出的基于生物分子作用力协同和调控的方法，为仿生体系的设计和创建带来了新的启示。

3. 仿生甲虫角质层的光谱选择性太阳能电池

色彩、亮度和光泽度的视觉美感对于光伏建筑一体化来说非常重要。因此，半透明有机太阳能电池（ST-OSC）因具有卓越的透明度和效率而被视为最有前途的候选产品。然而，利用窄带通透射光实现高色纯度通常会导致 ST-OSC 的透明度受到严重抑制。通过模仿甲虫角质层的集成策略，制备的光谱选择性电极（SSE），可以实现具有高效率和长期稳定性的窄带通 ST-OSC。SSE 可实现高效的光选择性通过，从而产生从紫光到红光的可调窄带通透射光。彩色 ST-OSC 的光电转换效率达到 15.07%，色彩纯度接近 100%，峰值透射率接近 30%。制成的 ST-OSC 还具有拒光和阻湿能力，从而提高了长期稳定性。亮丽多彩的 ST-OSC 的成功制造也表明了 SSE 在发光二极管、激光器和光电探测器中的应用潜力。SSE 将 ITF、导电金属膜、抗反射涂层和疏水表面整合在一起，其设计灵感来自甲虫的角质层（图 6-15a）。多彩 ST-OSC 采用 ITO/PEDOT：PSS/PM6：N3：PC$_{71}$BM/PDINO/SSE 的器件结构构建而成（图 6-15b）。在对 ITO 电极进行图案化并使用阴影掩膜沉积功能层之后，第一层 Ag 薄膜被直接沉积在隔离的 ITO 薄膜上，以便从 SSE 中提取光生电子。利用不同的 SSE，可以在整个可见光区域调整器件的颜色，与只有 15nm Al：Ag 电极的参考器件相比，基于 SSE 的 ST-OSC 的光电转换效率可从 13.69% 提高到最高 15.07%。实验和模拟结果表明，光电转换效率的提高归因于 SSE 在不透明波段的反射增强，从而促进了有源层的光吸收。此外，由于 SSE 具有阻隔湿气和氧气的能力，因此与同类产品相比，基于 SSE 的 ST-OSC 的长期稳定性大大提高。

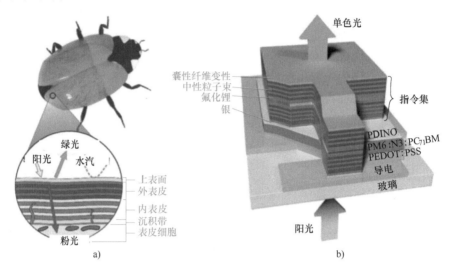

图 6-15　甲虫的角质层和多彩 ST-OSC 结构示意图

a）甲虫的角质层　b）多彩 ST-OSC 结构示意图

6.3　仿生压电材料

压电材料是功能陶瓷材料中应用最广泛的一类，并能将电能和机械能彼此转换的功能陶瓷。压电陶瓷由于具有制作简单、成本低、换能效率高等优点，被广泛应用于声呐系统、气象探测、遥测环境保护、家用电器等领域，还可用来制作压电地震仪、压电驱动器、压电换能器、压电发电装置、压电变压器、谐振器、滤波器和医学成像仪等装置。仿生压电材料是一类能够模拟生物体功能的材料，它们通常具有将机械能转换为电能的能力，这一特性使其具有广泛的应用潜力。仿生压电材料的研究正处于一个充满活力的新阶段，特别是在生物医学领域的应用前景令人兴奋。随着研究的深入，未来可能会有更多创新型仿生压电材料诞生，为压电材料领域带来革命性的变化。

6.3.1　压电材料的压电原理

"压电"一词是一个希腊语单词，意思是"加压"，因此压电在逻辑上恰当地描述了加压发电。压电现象最初由皮埃尔·居里和雅克·居里发现。1880 年，居里兄弟发现当沿着晶体电轴方向给压电材料施加应力时，会有大小相等的正负电荷分别出现在垂直于电轴方向的晶体上下表面，首次发现了正压电效应。他们发现，应力可以诱导一系列晶体中的表面电荷产生，例如电气石、石英和黄玉。随后 1881 年，物理学家加布里埃尔·利普曼（Gabriel

Lippmann）预测了由电引起的应变的产生，后来居里兄弟通过实验证实了这一点，即逆压电效应的存在。

压电效应是电介质材料受力产生电荷，受电场作用产生形变的现象。即某些电介质，当受力变形时内部产生极化现象，同时在两个表面产生相异电荷，外力去掉后，又恢复到不带电状态。压电效应的原理：如果对压电材料施加压力，它便会产生电位差（称为正压电效应）；反之施加电压，则产生应力（称为逆压电效应），如图6-16所示。

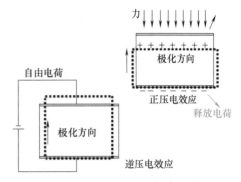

图 6-16　正（逆）压电效应示意图

当对压电材料施以物理压力时，材料体内的电偶极矩会因压缩而变短，此时压电材料为抵抗这种变化会在材料相对的表面上产生等量正负电荷，以保持原状。这种由于形变而产生电极化的现象称为正压电效应，如图6-17所示。正压电效应实质上是机械能转化为电能的过程。如果压力是一种高频振动，则产生的就是高频电流。而高频电信号加在压电陶瓷上时，则产生高频机械振动声信号，这就是平常所说的超声波信号。也就是说，压电陶瓷具有机械能与电能之间的转换和逆转换的功能。

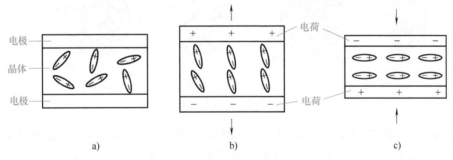

图 6-17　正压电效应产生正负电荷的示意图
a）未加外力　b）拉伸外力　c）压缩外力

当在电介质的极化方向施加电场，这些电介质就在一定方向上产生变形或压力，当外加电场撤去时，这些变形或应力也随之消失。电能转化为机械能时产生逆压电效应，逆压电效应又称为电致伸缩效应。逆压电效应是指对晶体施加交变电场引起晶体变形的现象。逆压电效应的产生与材料的晶格结构有关。在受到外力作用时，晶体内部的正负离子会发生位移，从而导致材料整体产生电荷分离现象，如图6-18所示。逆压电效应的应用十分广泛，如在传感器、声波发生器、电声换能器、微机电系统（MEMS）等领域都有着广泛的应用。通过充分发挥逆压电效应的特性，可以实现一系列功能器件的设计与制造，从而推动各个领域的技术进步和应用发展。用逆压电效应制造的变送器可用于电声和超声工程。压电晶体是各向异性的，如果对压电材料施加电压，则产生应力，即电能与机械能之间发生转换。压电材料可以因变形产生电场，也可以因电场作用产生变形，这种固有的机-电耦合效应使得压电材料在工程中得到了广泛的应用。例如，压电材料已被用来制作智能结构，此类结构除具有自承载能力外，还具有自诊断性、自适应性和自修复性等功能，在未来的飞行器设计中占有重要的地位。

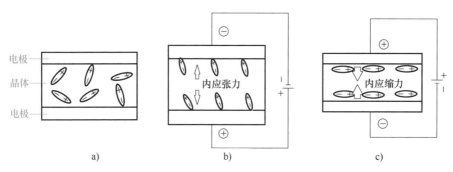

图 6-18　逆压电效应产生正负电荷的示意图
a）未施加电场　b）外加电场　c）外加反向电场

压电陶瓷的内部结构主要是压电陶瓷多晶体，压电陶瓷由小晶粒无规则镶嵌而成，其内部结构如图 6-19 所示。每个小晶粒微观上是由原子或离子有规则排列成晶格，可看作一粒小单晶。每个小晶粒内还具有铁电畴。整体看来，晶粒与晶粒的晶格方向不一定相同，排列是无规则的，这样的结构称为多晶体。

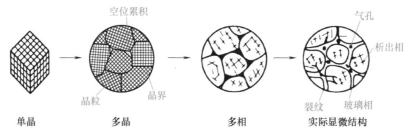

图 6-19　压电陶瓷的显微结构

压电陶瓷的晶胞结构随温度的变化有所变化，如图 6-20 所示。晶胞的这种电极化称为自发极化，这种极化不是由外电场产生的，而是由晶体自身产生的，所以称为自发极化，其相变温度 T_c 称为居里温度。压电陶瓷的内部结构主要是电畴形成的，其中 C 轴方向决定自发极化取向，能量最低原则决定畴结构。根据晶格匹配要求，晶胞自发极化取向存在一致小区的情况，或根据能量最低要求，自发极化取向存在不一致小区的搭配，最终，晶粒中形成

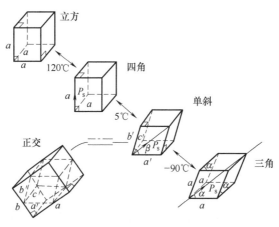

图 6-20　钛酸钡晶胞结构随温度的转变

一定小区的畴结构排列状态。如晶粒为四方相时，自发极化取向与原反应立方相三个晶轴之一平行，所以，相邻两个畴中自发极化方向只能成90°角或180°角，相应电畴交界面就分别称为90°畴壁和180°畴壁。

在交变电场作用下，因电畴与自发极化的运动，可观察到电滞回线，即压电陶瓷具有铁电性，如图6-21所示，P_s为自发极化强度，P_r为剩余极化强度，E_c为矫顽场强。压电陶瓷极化工序中，一般选择电场强度为$(2 \sim 3) E_c$。

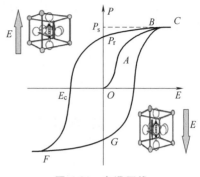

图6-21　电滞回线

6.3.2　压电材料的主要参数

压电陶瓷的主要参数可用介电材料、介电系数ε、介电损耗$\tan\delta$、绝缘电阻率ρ和抗电强度E_b等表征。作为压电材料，还必须补充一些参数，如压电系数d、压电电压系数g、机电耦合系数k、机械品质因素Q_m、频率系数N等。

1）压电系数d是指单位应力T所产生的电位移D

$$d = D/T \tag{6-13}$$

或单位电场强度V/x所产生的应变$\Delta x/x$

$$d = (\Delta x/x)/(V/x) = \Delta x/V \tag{6-14}$$

公式反映应力（应变）和电场（电位移）间的关系。常用的为横向压电系数d_{31}和纵向压电系数d_{33}（脚标第一位数字表示压电陶瓷的极化方向；第二位数字表示机械振动方向）。

2）压电电压系数g是指单位应力T所产生的电场强度E；或单位电荷所产生的形变

$$g = \Delta E/T \tag{6-15}$$

d和g在不同的角度反映了材料的压电性能，d用得较为普遍，g常用于接受型换能器、拾音器、高压发生器等场合。

3）机电耦合系数k是压电材料进行机械能-电能转换的能力反映。它与材料的压电系数、介电系数ε和弹性常数等有关，是一个比较综合的参数

$$k = \sqrt{\frac{d_{33}^2 \varepsilon_0 \varepsilon_r t}{Y}} \tag{6-16}$$

式中　d_{33}——压电陶瓷的压电常数；

ε_0——真空介电常数，约为$8.854 \times 10^{-12} \text{F/m}$；

ε_r——压电陶瓷的相对介电常数；

t——压电陶瓷的厚度；

Y——压电陶瓷的弹性模量。

机电耦合系数反映了机械能与电能之间的转换程度，由于转换不可能完全，总有一部分能量以热能、声波等形式损失或向周围介质传播，因而k总小于1，不同材料的k值不同。

同种材料由于振动方式不同，k值也不同。常用的有横向机电耦合系数k_{31}、纵向机电

耦合系数 k_{33} 及沿圆片的半径方向振动的平面机电耦合系数 k_p（或径向机电耦合系数 k_r），如图 6-22 所示。

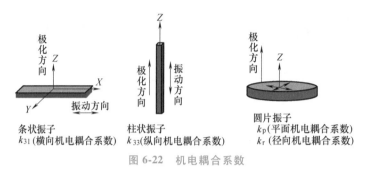

极化方向 Z X
振动方向 Y
条状振子
k_{31}（横向机电耦合系数）

极化方向 Z 振动方向
柱状振子
k_{33}（纵向机电耦合系数）

极化方向 Z
圆片振子
k_p（平面机电耦合系数）
k_r（径向机电耦合系数）

图 6-22　机电耦合系数

4）机械品质因素 Q_m。逆压电效应使压电材料产生形变，形变又会产生电信号，如果压电元件上加上交流信号，频率与元件（振子）的固有振动频率 f_T 相等时，便产生谐振。振动时晶格形变产生内摩擦，从而损耗一部分能量（转换成热能）。为了反映谐振时的这种损耗程度而引入 Q_m 这个参数，Q_m 越高，能量的损耗就越小。Q_m 是衡量压电陶瓷性能的一个重要参数。在滤波器、谐振换能器、压电音叉等谐振子中，要求高的 Q_m 值，其计算公式为

$$Q_m = 2\pi \frac{\text{谐振时振子储存的机械能}}{\text{每一谐振周期振子所消耗的机械能}} \tag{6-17}$$

5）频率系数 N 为压电振子的谐振频率 f_0 与振动方向上线度的乘积。N 只与材料性质相关，而与尺寸因素无关，计算公式为

$$N = f_0 L \tag{6-18}$$

6.3.3　仿生压电材料的应用

1. 仿生压电换能器及应用

仿生压电材料是一类模仿生物体内部压电效应的材料，它们能够在受到压力时产生电荷，反之亦然。这类材料在生物医学、能源收集、传感器等领域具有广泛的应用前景。兼具快速自愈合和高灵敏性能的压电-离子弹性体（图 6-23），不仅具有优良的自愈合能力，而且其灵敏度远超传统同类产品，达到 7012.05kPa。另外，通过协同的纳米限域效应和原位极化，能制备高性能压电生物薄膜。这种薄膜具备高压电应变系数（11.2pm/V）和超高的压电电压系数（252×10^{-3} V·m/N），这比最先进的 PZT 大一个数量级。特别重要的是，纳米限域效应同时极大地提高了生

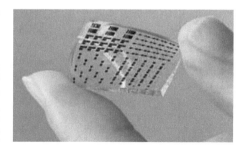

图 6-23　兼具快速自愈合和高灵敏性能的压电-离子弹性体

物薄膜的热稳定性，使其在 192℃熔融前保持稳定的压电性而不会发生相变。这些研究成果展示了压电仿生材料在材料科学和工程学中的巨大潜力，预示着未来可能会有更多创新的应用场景出现。

仿生压电材料的未来发展将侧重于新型材料的开发、传感器设计的优化、智能化补偿机制的建立及 3D/4D 打印技术的应用。这些发展趋势将有助于解决现有的技术挑战，推动仿生压电材料在各个领域的广泛应用，仿生压电换能器从最初的发现到现在的广泛应用，经历了一个多世纪的发展历程。

2. 仿生压电传感器及应用

仿生压电传感器是一种结合了仿生学和压电技术的新型传感器。仿生压电传感器是通过研究和利用生命有机体的分子和结构来设计和改进压电传感器，使其具有某些生物的独特性能。它是一种采用新的检测原理的传感器，利用压电效应来实现物理量的测量，并结合生物学原理设计的可以感受规定待测物并按照一定规律转换及输出可用信号的器件或装置。依托于深度学习技术，尤其是机器人技术在视觉及听觉等方面取得了突破性的进展，而仿生触觉制约了其向智能化方向发展。仿生触觉传感器作为机器触觉不可缺少的一部分，可将外界环境状态转变为可被测量的电信号，达到压力检测、温湿度感知及材质预测等目的。

仿生压电传感器通常由压电材料和辅助组件组成，这些组件协同工作以实现传感器的功能。其中压电式传感器利用材料的压电效应，输出与材料形变程度成比例的电信号，具有动态特性好、频带宽及声阻抗低等优点。当外力作用于传感器阵列时，电荷相应地集中于材料表面。从触觉传感器的本质上看，传感器产生的电信号具有电流小、干扰多的特点，为了获得较可靠的信号，通常需要后续的选通、信号调理等一系列处理。不同类型的压电式传感器件，如图 6-24 所示。其中，钛酸锆铅（PZT）基陶瓷最早的应用是传感器，PZT 触觉传感器内部结构如图 6-25 所示。

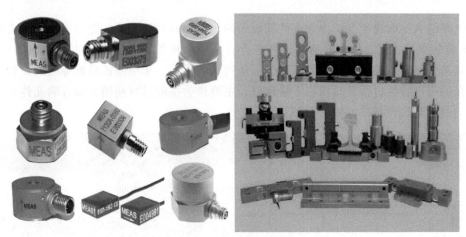

图 6-24　压电式传感器件

161

传统的压电材料 PZT 基陶瓷等虽然因其优异的压电特性而获得广泛的应用，但易脆性使其难以满足可穿戴式触觉传感器对高韧性的要求。为此，一些新型的仿生压电材料被发现，以取代生产上的传统材料，如聚偏二氟乙烯（PVDF）及其共聚物聚偏二氟乙烯-三氟乙烯、有机复合 PZT、纳米结构 ZnO 和 MoS_2 等。其中，PVDF 和聚偏二氟乙烯-三氟乙烯具有介电常数低、柔性好、强度高、声阻抗易匹配、频响范围宽、能抗化学性和腐蚀性等优点，且易形成大面积形状复杂的薄膜，被认为是最有前途的柔性仿生压电式触觉传感器候选材料之一。PVDF 兼备无机和有机压电材料的性能，它的接收灵敏度更高，具有更优异的压电性，这类材料的出现必将带来压电材料应用的飞速发展。目前 PVDF 成为最为典型的有机压电材料，其原料来源如图 6-26 所示。其压电性来源于全反式构象的 β 晶相，一般经应力拉伸产生，β 相含量占比越高压电性能越好。因其柔性好、强度高，弹性模量约为 2500MPa、压电电压系数高、谐振频带宽和机械阻抗低等优点，PVDF 被广泛用于压电电声传感器、压电压力波传感器等柔性器件中。然而，PVDF 等有机压电聚合物材料压电系数普遍较低，如 PVDF 的压电系数 d_{33} 约为 28pC/N，且熔点和居里温度在 170℃ 以下，其作为压电材料的有效使用温度上限普遍低于 100℃，限制了其在高温环境下的应用。因此，如何提高压电系数和扩宽使用温度范围，是 PVDF 等有机压电材料的重要发展方向。可采用共聚、共混、掺杂的方式提高有机压电材料的压电性能。

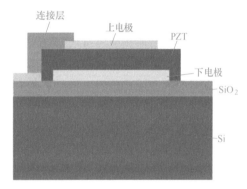

图 6-25　PZT 触觉传感器内部结构

图 6-26　PVDF 原料的各种形态

压电率的大小取决于分子中含有的偶极子的排列方向是否一致。除含有具有较大偶极矩的 C—F 键的聚偏二氟乙烯化合物外，许多含有其他强极性键的聚合物也表现出压电特性。如亚乙烯基二氰与乙酸乙烯酯、异丁烯、甲基丙烯酸甲酯、苯甲酸乙烯酯等的共聚物，均表现出较强的压电特性，而且高温稳定性较好，主要作为换能材料使用，如音响元件和控制位移元件的制造等柔性器件，如图 6-27 所示。

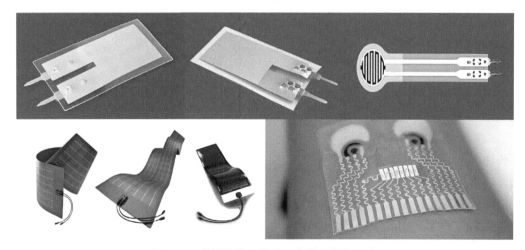

图 6-27　柔性聚合物高分子类的压电传感器

柔性触觉传感器是智能机器人实现类人触觉、感知功能的核心部件之一。随着智能机器人的快速发展，对触觉传感器的性能需要也日益提高，不仅需要触觉传感器具有柔性，能够检测静态力等，而且需要具备检测动态力的性能，以实现智能机器人类人的高灵巧操作。传统压电式柔性触觉传感器往往存在无法突破自身灵敏度理论极限值的问题。超灵敏高频动态力检测的柔性触觉传感器工作新模式，突破了传感器灵敏度的理论极限值并得到显著提升。受节肢动物结构组成的启发，研究人员提出了一种基于刚柔并济"三明治"结构的超灵敏高频动态力检测的仿生型柔性触觉传感器（RSHTS）。该结构设计不仅可提升柔性材料的力传递效率，而且由于力传递层与柔性下基体的结合使得压电层产生弯曲应变，从而使柔性触觉传感器工作有新的模式，颠覆了传统的压电式柔性触觉传感器的 d_{33} 工作模式。正是传感器的工作模式的转变，使得该柔性触觉传感器的灵敏度得到显著提升，压电常数约为346.5pC/N，达到理论极限值的 17 倍，且具有 5~600Hz 宽带宽、0.009~4.3N 线性检测范围和实时力方向识别的优异性能。特别是，尽管由于该柔性触觉传感器引入了刚性阵列结构，但刚柔并济结构的优化设计，使得该柔性触觉传感器具有与传统柔性触觉传感器相媲美的可弯曲、可拉伸特性，并最后将柔性触觉传感器成功用于精确检测机器人的多种灵巧操作的动态信息，如图 6-28 所示。

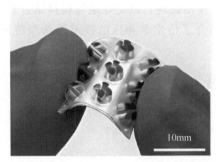

图 6-28 柔性触觉传感器

受生物皮肤的启发，电子皮肤作为一种新兴的柔性仿生触觉传感器，近年来受到科研工作者的广泛关注。此类可穿戴电子器件往往需要在弯曲、拉伸、扭曲等各种复杂的动态场景下工作，为了不影响其压力传感性能，电子皮肤必须与人体或任意曲面无缝贴合，开发形状高度自适应性和穿着舒适性的电子皮肤已成为智能可穿戴领域的重要发展方向。压电式电子皮肤信噪比和灵敏度较高、结构简单且易于小型化，是实现高性能可穿戴电子皮肤的理想手段。根据纤维晶型结构与压电性能的关系，有机压电纤维的压电性能主要由大分子链中 β 相晶型的含量决定，研究团队设计并制备了一种以同轴核壳结构压电纤维为感应层，柔性导电织物作为电极层，高弹性聚氨酯薄膜作为基底封装材料的形状自适应性电子皮肤，确保人体佩戴的舒适性和压力传感的准确性。结合静电纺丝过程的拉伸和电场极化过程，使得压电纤维内部晶型由无压电活性的 α 相向压电性能最好的 β 相转变，进一步促进 β 相晶型形成。同时设计新型同轴核壳结构，其芯部是高压电系数的无机钛酸钡（BTO）纳米颗粒，壳部是氧化石墨烯（GO）纳米片掺杂的聚偏二氟乙烯（PVDF）纤维，无机-有机杂化复合的协同作用极大地提升了压电纤维的压电活性。研究表明，所制备的电子皮肤具有优异的传感性能，在 80~230kPa 的压力区间内，可以实现 10.8~90.5mV·k/Pa 的力学灵敏度。所制备的电子皮肤能够与三维柔性曲面无缝紧密贴合，可以安置在任意弯曲的表面，例如扭曲的人体皮肤或者弯曲的关节上，用以检测各种关节运动及运动的幅度和频率。当被组装成压力传感阵列后，能够对外界物体的形状进行实时高精度空间触觉映射。这种新型形状自适应性纤维电子皮肤在运动医学、人机交互系统、智能机器人、智能假肢等领域具有广阔的应用前景，如图6-29所示。

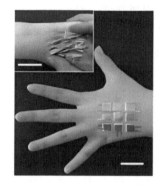

图6-29　仿生电子皮肤压电传感器

　　总之，传感器正朝着微型化、多功能化、更加弹柔性化、仿生化、人性化方向发展，其适用边界也极大地拓宽。但其在功能性方面仍具有挑战性，存在结构设计复杂、制造过程昂贵、耗时等问题。柔性压电式纳米发电机会向着小型、耗能更低、应用更广、性能更优异，以及弹性可拉伸的方向发展。其中柔性仿生压电传感器在移动设备和智能穿戴领域将快速发展，单纯的柔性特征已不能满足人类在可穿戴领域进一步发展的需求。压电式超声传感器向着大功率、低压驱动、高频，以及薄膜化、微型化、集成化、仿生化的方向发展。随着分子生物学和基因组学的发展，生物感知与信号传递背后的微观原理正逐步揭示，为仿生压电传感器的研究提供了重要的理论依据和全新的设计思路。研究者不断挖掘生物中的不同功能作用机理，以更好地与材料结合来充分发挥材料仿生功能的潜力。仿生压电传感器是一种结合了仿生学和压电技术的新型传感器，具有广泛的应用前景和发展潜力。

思　考　题

1. 根据文中讲述的决定热电优值参数之间的关系，说明一种以上提高热电优值的方法。
2. 根据仿生热电材料的应用，试想仿生热电材料还可以与哪类功能材料联用？
3. 太阳能仿生在实际中应用效果如何？
4. 简述染料敏化太阳能电池的工作机理。
5. 思考蛾眼抗反射结构对其他仿生应用场景的参考意义。
6. 压电式柔性触觉传感器的灵敏度提升的途径和方法有哪些？
7. 仿生压电传感器的工作现象及原理是什么？

参 考 文 献

[1] HUANG B L, KAVIANY M. Ab initio and molecular dynamics predictions for electron and phonon transport in bismuth telluride [J]. Physical Review B, 2008, 77 (12)：125209.

[2] YIN L, LI X F, BAO X, et al. CALPHAD accelerated design of advanced full-Zintl thermoelectric device [J]. Nature Communications, 2024, 15 (1)：1468.

[3] SHI X L, ZOU J, CHEN Z G. Advanced thermoelectric design：from materials and structures to devices [J]. Chemical Reviews, 2020, 120 (15)：7399-7515.

[4] YING P J, WILKENS L, REITH H, et al. A robust thermoelectric module based on $MgAgSb/Mg_3$ (Sb, Bi)$_2$ with a conversion efficiency of 8.5% and a maximum cooling of 72 K [J]. Energy & Environmental Science, 2022, 15 (6)：2557-2566.

[5] SHI N N, TSAI C C, CAMINO F, et al. Keeping cool：enhanced optical reflection and radiative heat dissipation in Saharan silver ants [J]. Science, 2015, 349 (6245)：298-301.

[6] ZHANG S, LIU Z K, ZHANG W B, et al. Multi-bioinspired flexible thermal emitters for all-day radiative cooling and wearable self-powered thermoelectric generation [J]. Nano Energy, 2024, 123：109393.

［7］ ZHANG P X, LI Z Q, WANG Y P, et al. Electronic skin with biomimetic structures realizes excellent iso-thermal regulation ［J］. Nano Energy, 2024, 121：109189.

［8］ 翁敏航. 太阳能电池：材料·制造·检测技术 ［M］. 北京：科学出版社，2024.

［9］ 韩涛，曹仕秀，杨鑫. 光电材料与器件 ［M］. 北京：科学出版社，2017.

［10］ 安毓英，刘继芳，李庆辉，等. 光电子技术 ［M］. 4 版. 北京：电子工业出版社，2016.

［11］ 徐骏，等. 硅基纳米结构材料及其在太阳电池器件中的应用 ［M］. 北京：科学出版社，2016.

［12］ 程群峰. 仿生层状二维纳米复合材料 ［M］. 北京：科学出版社，2024.

［13］ 孙海金，杨国锋. 光电子器件及其应用 ［M］. 北京：科学出版社，2020.

［14］ 高长银. 压电效应新技术及应用 ［M］. 北京：电子工业出版社，2012.

［15］ 宁俐彬，高国伟. 基于 PZT 的压电触觉传感器的研究进展 ［J］. 压电与声光，2022，44 （4）：625-637.

［16］ 刘玉荣，向银雪. 基于 PVDF 的压电触觉传感器的研究进展 ［J］. 华南理工大学学报（自然科学版），2019，47 （10）：1-12.

［17］ WANG S, CHEN J D, LI L, et al. Narrow bandpass and efficient semitransparent organic solar cells based on bioinspired spectrally selective electrodes ［J］. ACS Nano, 2020, 14 （5）：5998-6006.

［18］ LIU K, YUAN C Q, ZOU Q L, et al. Self-assembled Zinc/Cystine-based chloroplast mimics capable of photoenzymatic reactions for sustainable fuel synthesis ［J］. Angewandte Chemie, 2017, 56 （27）：7876-7880.

第7章
能源仿生材料

　　人类社会的进步，也是由能源驱动的一个发展过程。因此，如何开采能源，以及高效利用能源，体现着社会的文明程度。进入 21 世纪，仿生学的思维和方法迅速渗透到各个学科和行业，其中包括石油工程。此外，大多数能源的利用过程涉及能源转换，这些能源转换过程包括新能源转换、能源储藏与释放，以及节能技术。通过向自然学习，以仿生的研究手段来探索石油的开发、新能源的储存、节能技术，逐渐成为提高能源利用率的一个新兴研究方向。这些都为开发能源仿生材料，提高能源利用率搭建了崭新的舞台。

　　例如，油田仿生材料是石油工程领域的一场创新革命，借鉴自然界生物的特征，为解决行业难题提供了全新且独特的思路。研究天然物种的独特性质和结构，了解其结构-性质-功能关系，是设计生物启发式人工材料和系统的基本前提，通过学习自然生物或物种的启发性结构或功能特征而合理设计的人工功能材料或工程材料，可作为先进材料应用于机械增强、化学反应、结构设计等领域，为能量的快速储存、释放与运输提供了新思路，有助于创造更高效、更环保的能源解决方案。将相变材料融入仿生设计中，可以进一步增强此类储电、储热材料，这些材料的高效能特性有助于解决热能供需在时间、空间上不匹配的问题，从而提高能源利用率并降低成本。节能仿生材料在设计上的应用将会对建筑环境的长期可持续性和韧性产生积极影响。

7.1　能源的基本概念及种类

　　能源是指能够转化为有用工作的能力，通常以热能、机械能或电能的形式存在。根据来源和特性，能源可分为传统能源和可再生能源。传统能源主要包括化石燃料（如煤、石油和天然气）和核能，这些资源在使用过程中往往会导致环境污染和温室气体排放，且其储量有限。相对而言，可再生能源如太阳能、风能、水能和生物能等，是可以自然再生的，具有可持续性和环境友好性。

7.1.1　传统化石能源

传统化石能源是指由自然界中的有机物质在地壳深处经过长期的地质过程形成的能源，

主要包括煤、石油和天然气。这些能源自 19 世纪以来一直是全球经济发展的主要动力，对现代工业、交通、发电等领域产生了深远的影响。

1. 传统化石能源的种类

煤是一种主要由碳、氢、氧和硫等元素构成的固体化石燃料。根据其成分和发热量，煤可分为无烟煤、烟煤、褐煤等几种类型。预计在未来几十年，煤仍将是全球能源的重要组成部分。煤的主要用途包括发电、工业用热和冶金等。

石油是由古代海洋生物经过长期埋藏和热压形成的液态化石燃料，主要成分是烃类化合物。石油主要集中在中东地区、北美和俄罗斯。石油的主要用途包括燃料、化工原料和润滑剂等。

天然气是一种主要由甲烷（CH_4）组成的气态化石燃料，通常与石油一起发现。天然气主要分布在俄罗斯、美国和中东地区。

2. 传统化石能源的优势

传统化石能源在全球经济中具有显著优势，主要体现在高能量密度、成熟的基础设施和经济性上。首先，化石燃料具有极高的能量密度，例如，1t 煤可以释放约 2500kW·h 的能量，而 1 桶原油能释放约 1700kW·h 的能量，这使其在短时间内提供大量能量。其次，全球已有完善的化石能源开采、运输和消费基础设施，这包括超过 20 万 km 的油气管道网络和数千座炼油厂，确保了稳定的能源供应。此外，经济性也是化石能源的一大优势。经济性使得化石能源在许多国家的能源结构中占据主导地位，特别是在发展中国家，因其较低的价格和可靠性，化石能源仍是重要的能源来源。然而，随着可再生能源技术的进步和政策的推动，化石能源的相对优势正在逐渐减弱。

3. 传统化石能源对环境的影响

传统化石能源的环境影响主要体现在温室气体排放、空气污染和水资源污染上。燃烧化石燃料是全球二氧化碳排放的主要来源之一。这种排放显著加剧了全球变暖，导致气候变化引发的极端天气事件频繁发生。此外，化石燃料的燃烧还释放出二氧化硫、氮氧化物和颗粒物等污染物，造成严重的空气质量问题。空气污染每年导致约 700 万人过早死亡，其中很多是由于呼吸道和心血管疾病。传统化石能源的开采和运输过程也对水资源造成污染和消耗。例如，水力压裂技术用于天然气开采时，可能导致地下水源的化学污染，影响当地生态系统的健康。全球约 10% 的水资源用于能源生产，过度开采可能会加剧水资源短缺问题。因此，尽管传统化石能源在经济发展中起到重要作用，但其环境影响已引发广泛关注，推动各国向可再生能源转型，以实现可持续发展目标。

4. 传统化石能源的资源有限性

传统化石能源的资源有限性是一个日益严峻的问题，影响着全球能源安全和可持续发展。根据国际能源署（IEA）的数据，全球已探明的煤炭储量约为 1.07 万亿 t，石油储量约为 1.7 万亿桶，而天然气储量则为约 7000 万亿 m^3。然而，这些资源并非无穷无尽，随着开采的持续进行，化石能源的可采储量逐渐减少。

此外，化石能源的开采和使用效率也在下降。随着易采储量的减少，越来越多的开发将转向难度更大的资源，如深海石油、页岩气等，这不仅增加了开采成本，也带来了更多环境风险。例如，水力压裂技术虽然能够开采页岩气，但其对水资源的消耗和潜在的水污染问题使得可持续性受到质疑。

更重要的是，化石能源的市场价格波动也会影响其可用性。地缘政治因素、市场需求变化及技术进步都可能导致价格的不稳定，从而影响投资和开采的决策。国际油价的波动使得依赖化石燃料的国家和企业面临更大的经济风险。

为了应对资源有限性带来的挑战，许多国家已经开始转向可再生能源。这一转型不仅有助于缓解化石能源的有限性问题，还能促进经济的可持续发展和环境的保护。

7.1.2　新能源

新能源是指与传统化石能源相比，具有环境影响更低和可持续性特征的能源形式，主要包括太阳能、风能、生物质能、地热能和水能等。随着全球对可持续发展和清洁能源需求的增加，新能源的开发和应用已成为推动经济转型和应对气候变化的重要手段。

1. 太阳能

太阳能是指来自太阳的辐射能，是一种清洁、可再生的能源形式，主要通过光伏技术和太阳能热能系统进行利用。根据国际可再生能源署（IRENA）的数据，全球每年接收到的太阳能量约为 173000 万亿 kW·h，足以满足全人类一年的能源需求的 10000 倍。太阳能的优势在于其环境友好性、资源丰富性和技术成熟性。它的使用几乎不产生温室气体，有助于减缓全球变暖；同时，太阳能资源在全球范围内广泛分布，尤其在阳光充足的地区，应用潜力巨大。

近年来，太阳能的发展迅速，且太阳能发电的成本持续下降，这使太阳能在许多地区成为最便宜的电力来源。随着光伏技术的不断进步，许多高效组件的转换效率已突破 22%，进一步提高了太阳能的利用效率。尽管太阳能具有显著的优势，但其发展仍面临挑战，主要包括发电的间歇性和不稳定性，这就需要有效的储能技术来解决电力供需的匹配问题。锂离子电池和氢能技术的结合为太阳能的储存和运输提供了新的解决方案。此外，各国政府的政策支持也是推动太阳能发展的重要因素，许多国家通过补贴、税收优惠和可再生能源配额等措施激励对太阳能投资。综上所述，太阳能作为一种可再生能源，正迅速发展并在全球能源结构中占据越来越重要的位置，助力实现可持续发展目标。

2. 风能

风能是指通过风的动能转化为电能的可再生能源形式，主要利用风力涡轮机进行发电。风能的优势在于其环境友好性、经济性和资源丰富性。风能几乎不产生温室气体，有助于减缓全球变暖和空气污染。此外，风能资源广泛分布，尤其是在沿海地区和开阔平原，适合大规模开发。全球每年可利用的风能资源量达到了数万亿千瓦时，显示出了巨大的开发潜力。近年来，风能迅速发展，成为全球增长最快的可再生能源之一。在经济性方面，风能的发电成本显著下降，已经低于许多传统化石燃料的发电成本。这种趋势的主要驱动因素包括技术进步、规模效应和政策支持。例如，风力涡轮机的设计不断优化，涡轮机的功率越来越大，单台涡轮机的发电能力已达到 10MW 以上，使得风电项目的经济效益大幅提高。

风能尽管具有许多优势，但发展也面临一些挑战。首先，风能的发电具有间歇性，受气候变化和昼夜变化的影响，电力的供应变得不稳定。因此，完善的电网基础设施和高效的储能系统对提高风能的可靠性至关重要。其次，大型风电场的建设可能对生态环境和鸟类栖息地造成影响，特别是在海上风电项目中，需要平衡环境保护与可再生能源发展的关系。为了应对这些挑战，各国正在积极探索风能的创新应用。例如，海上风电技术的进步使得在更高风速和更稳定的环境中发电成为可能，提高了风能的利用效率。此外，浮动风电平台的研发使得在深海区域建设风电场成为可能，扩大了可开发的风能资源范围。政府政策在推动风能发展的过程中起着关键作用。许多国家通过补贴、税收减免和可再生能源配额等政策来激励对风能投资。

　　综上所述，风能作为一种清洁、可再生的能源形式，正迅速发展并在全球能源结构中占据越来越重要的位置。随着技术的进步、成本的降低及政策的支持，风能将在未来的能源转型中发挥关键作用，助力实现全球可持续发展目标。风能将在全球范围内继续增长，推动经济的绿色转型和环境保护，为应对气候变化做出积极贡献。

3. 生物质能

　　生物质能是指通过有机物（如植物、动物和废弃物）转化为能量的过程。作为一种可再生能源，生物质能在全球能源供应中占据重要地位。生物质能成为可再生能源中仅次于水能的重要来源。生物质能的利用主要有三种方式：直接燃烧、发酵和气化。直接燃烧是通过燃烧生物质产生热能；发酵技术则用于将有机物转化为生物燃料，如生物乙醇和生物柴油；气化技术则通过高温将生物质转化为合成气，进一步转化为电能或燃料。

　　生物质能的优势在于其资源的广泛性和可持续性。农作物的残余、林业废弃物和城市垃圾等都可以作为生物质能的原料，这不仅减少了废物的处理成本，还能实现资源的循环利用。与化石燃料相比，生物质能在燃烧过程中释放的二氧化碳可以被植物在生长过程中吸收，从而实现碳中和，有助于减缓气候变化。

　　然而，生物质能的开发与利用也面临一些挑战。首先，生物质能的生产可能与粮食生产之间出现竞争，尤其在一些发展中国家，过度开发生物燃料可能导致粮食价格上涨和食品安全问题。其次，生物质的收集、运输和转化过程也可能造成环境影响，特别是大规模的农业生产可能导致土地退化和生物多样性下降。技术创新为生物质能的发展提供了新的机遇。先进的转化技术，如第二代生物燃料技术，能够利用非食用植物或农业废弃物作为原料，从而减少与粮食生产的竞争。

　　在经济性方面，生物质能的发电成本近年来也有所降低。此外，生物质能的多样性也使其在能源结构中发挥灵活作用，可以与其他可再生能源结合使用，提高整体的能源安全性。在全球范围内，生物质能的开发与利用正在不断扩展。生物质能作为一种可再生能源，具有资源丰富、环保和经济灵活等优势。尽管其发展面临一些挑战，但通过可持续的管理政策和技术创新，生物质能在全球能源结构中仍将扮演重要角色，助力实现低碳经济和可持续发展目标。

7.1.3　储能方式

　　目前常见的储能方式包括机械储能、电气储能、化学储能及热储能。

　　机械储能主要有抽水蓄能和压缩空气储能两种形式。抽水蓄能指利用水的势能进行储能。在电力负荷低谷时，将水从下水库抽到上水库，将电能转化为水的势能储存起来；在电力负荷高峰时，将上水库的水放下来，通过水轮机发电，将水的势能转化为电能。抽水蓄能是目前最成熟、应用最广泛的储能技术，具有储能容量大、技术成熟、运行可靠等优点，但也存在建设周期长、选址受限等缺点。压缩空气储能指利用空气的可压缩性进行储能两种。在电力负荷低谷时，将空气压缩并储存起来；在电力负荷高峰时，将压缩空气释放出来，驱动燃气轮机发电。压缩空气储能具有储能容量大、储能时间长、运行成本低等优点，但也存在需要大型储气洞穴、能量转换效率低等缺点。

电气储能主要有超级电容器、超导储能两种形式。超级电容器指利用电极和电解质界面的双电层电容或电极表面的赝电容进行储能。超级电容器具有功率密度高、充放电速度快、循环寿命长等优点，但也存在能量密度低、自放电率高等缺点。超导储能指利用超导体的零电阻特性进行储能。在电力负荷低谷时，将电能储存到超导线圈中；在电力负荷高峰时，将超导线圈中的电能释放出来。超导储能具有响应速度快、储能效率高、对环境无污染等优点，但也存在需要极低的温度条件、建设成本高等缺点。

化学储能主要有电池储能和氢储能两种形式。电池储能指利用化学反应进行储能。常见的电池储能技术包括锂离子电池、铅酸电池、钠硫电池等。电池储能具有能量密度高、安装灵活、响应速度快等优点，但也存在寿命有限、成本较高、安全性等问题。氢储能指利用氢气的化学能进行储能。在电力负荷低谷时，将电能转化为氢气储存起来；在电力负荷高峰时，将氢气通过燃料电池转化为电能。氢储能具有储能容量大、储能时间长、对环境无污染等优点，但也存在建设成本高、技术不成熟等缺点。

热储能主要有显热储能和潜热储能两种形式。显热储能指利用材料的比热容进行储能。常见的显热储能材料包括水、岩石、土壤等。显热储能具有技术成熟、成本低等优点，但也存在储能密度低、温度变化范围大等缺点。潜热储能指利用材料的相变潜热进行储能。常见的潜热储能材料包括石蜡、脂肪酸、熔融盐等。潜热储能具有储能密度高、温度变化范围小等优点，但也存在相变材料的选择和稳定性等问题。

7.2 油田仿生材料

油田仿生材料是石油工程领域的一场创新革命，借鉴自然界生物的特征，为解决行业难题提供了全新且独特的思路。这些材料受到生物体结构和功能的启发，不仅能有效提升油气开采效率，提升油气开采、运输安全性，还能显著降低作业成本，同时减轻对环境的影响。

7.2.1 石油开采技术中的仿生原型

1. 非光滑生物表面原型

自古以来，大自然就是获取灵感实现各种技术、理论突破的重要源泉。大自然中数不胜数的生物种类，在其为了适应环境变化而更好的生存中，经过了漫长的优胜劣汰、自然选择。一般认为，在不同物体接触的表面上，物体的表面越光滑则物体接触的运动阻力越小。仿生非光滑理论的研究表明，一些生物体的非光滑表面更能减少运动阻力。无论是在土壤中还是在水中、空气中，一些生物体表面上的非光滑形态具备了更好的耐磨特征。在黏湿土壤中，动物体表所表现出的非光滑几何形态特征，使得这些动物体表对黏湿土壤具备了降低黏性、减少阻力及耐磨的特性。

生物的非光滑体表可以分为四种，即凸包形、凹坑形、波纹形和鳞片形。生物非光滑表面耐磨表面的形成机理与它们和土壤接触的方式密切相关。

（1）凸包形表面　凸包形表面多会出现在动物与土壤摩擦较多的部位。例如，大蜣螂的头部和前足就分布有凸包形表面，蜣螂的前足进化成可以向后扒土的挖掘足，头部进化成挖掘机形状的推土板，这些与土壤较多接触、摩擦的部位就分布有较多的凸包形表面，如图7-1所示。与蜣螂类似，马陆钻土时为纵向活动，其与土壤接触较多、经常发生挤压的两侧面也分布有较多的凸包形表面。

图 7-1　蜣螂及其头部耦合表面结构图

（2）凹坑形表面　凹坑形表面多会出现在与松散、内聚性差的土壤有接触的部位。蜣螂在挖土、推土时，前足和头部挖土板与土壤接触较多，压力较大，而蜣螂胸节部位所受土壤压力小。挖土时，蜣螂头部和胸节背板上分布有凹坑形表面（图7-2），有部分土壤掉落在蜣螂的头部或胸节上时，具有凹坑的表面能够有效减少土壤滑落的阻力，土壤会通过其头部、胸节背板的表面滑落到地面上。

（3）波纹形表面　波纹形表面有助于减少动物腹部与土壤的接触面积，减少与土壤的摩擦。步甲的腹部表面即为阶梯形波纹表面（图7-3），波纹表面的形态沿着步甲前进方向曲率变化小，有助于减小阻力。相对于动物而言，腹部的土壤一般呈完整土块，又有爪在地面上的支撑，波纹形的腹部表面可以有效减少体表与土壤的接触面积。

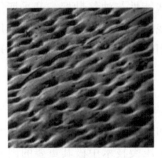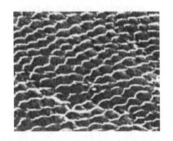

图 7-2　胸节背板凹坑　　　　　图 7-3　步甲腹部波纹形表面

（4）鳞片形表面　穿山甲等动物在体表呈现出纵向较为规则波纹结构的宏观鳞片（图7-4），这些鳞片形结构降低阻力、减少土壤黏附的机理与蜣螂头部凸包形表面降阻原理相同。通过测量发现，具有微观鳞片非光滑表面的昆虫体表（如蜣螂体表、蝼蛄体表和步甲鞘翅等部位）都具有憎水性。这种鳞片形微观非光滑体表使这些昆虫体表的憎水性进一步增加，从而使昆虫体表对土壤的黏附进一步降低。这说明宏观尺度下光滑的微光非光滑表面，对减少土壤黏附有着重要贡献。

2. 可控黏附材料的仿生原型

壁虎刚毛根部具有三角形梯度结构，且此结构具有随速度分布的规律，能够产生强黏附、易脱附与自清洁性的特点。海洋贻贝具有强力黏附性能的足丝。贻贝足丝在水下具有强韧的原位黏附性能，其作用机理是贻贝足丝上夹杂着次微纳米颗粒的连续基质复合角质层结构。贻贝足丝的结构作用机理，揭示了贻贝足丝左旋多巴胺蛋白与铁离子的结合机理及铁离子在足丝复合结构层中的梯度分布规律。壁虎刚毛和海洋贻贝都为开发可控黏附覆膜支撑剂和固壁剂提供了灵感。

图 7-4　穿山甲鳞片

7.2.2　仿生石油钻头

在钻探油气资源中，提高钻头的使用寿命或降低钻头的成本极为重要。石油行业为了满足更为有效地钻探油气井的要求，已经通过使用最佳材料和各种设计方法来改进并制造钻头，从而提高钻井性能并降低与钻井操作相关的成本。目前，在油气井的勘探开发中，牙轮、聚晶金刚石复合片、表镶金刚石和孕镶金刚石等钻头是最经常使用的钻头。但当开发深层油气资源，突破更为坚硬和耐磨的深层岩层时，钻头寿命大为缩短，钻头钻进效率低下，钻井成本急需降低。

土壤动物在成长过程中，体表接触土壤的部位受到的土壤压力、摩擦是随机且不规则的，其体表生成的非光滑特征，即接触土壤部位随机或规律分布的一定形状的几何结果，在其运动时有利于减小正压力对身体的作用。同时，非光滑表面可以将土壤对动物体表整体的摩擦分散开，应用到机械部位上。非光滑表面能够使磨料对表面的犁削变为滚动，从而大大减少对机械表面的磨损。如果将这种结构与机理应用到钻头上，将提高钻头的耐磨性并延长钻头寿命。例如，蜣螂体表的非光滑形态具有耐磨、脱土、防黏和高效破土的特性。同样，达乌尔鼠的前爪同样具有耐磨和破土的特性。这些特性与油气勘探、开采所需的钻头设计要求不谋而合。仿生石油钻头是从生物体特征上寻找设计灵感而研发出的一种用于开采地层获取石油的钻头。这是一种运用了仿生学理念，应用仿生非光滑理论与自再生理念的钻头。

7.2.3　仿生可控黏附压裂材料

在油田中，特别是在低渗透油田的勘探开发和老井改造中，水力压裂技术已成为增产和提高采收率的主要手段，而石油压裂支撑剂是石油压裂技术中极其重要的因素。在油气井的开采中，需要压裂支撑剂来防止地层深处的岩石裂缝闭合。将含有支撑剂的压裂液在高压下注入岩层的裂缝中，支撑剂通过填充到水力高压压裂开的岩石裂隙中，为油气循环提供高渗透性通道，提高导油率，增加油气产量。

目前，压裂过程中常用的支撑剂主要有石英砂、陶粒和覆膜支撑剂三大类。石英砂支撑剂在我国分布广泛，容易获得且成本相对较低；但它的表面粗糙度、球形度和抗破碎性很差。因此，石英砂支撑剂仅适用于水力压裂作业中的浅封闭井。陶粒支撑剂具有优良的球形度、高强度和高抗压强度，且不易破碎。然而，与石英砂相比，其密度相对较高，陶粒支撑剂的高能耗和价格阻碍了其实施；陶粒支撑剂适用于关闭压力高的深层油气井。为了解决石英砂支撑剂强度不足和陶粒支撑剂密度高的问题，工程中引入了具有高强度和低密度特点的覆膜支撑剂。

基于微颗粒随速度变化的机理，研究人员成功设计制备了仿生表面并实现了主观定向操控和运移微颗粒，这一成果为支撑剂在水力压裂井下的运移提供了理论依据。此外，根据贻贝足丝黏附性机理，成功设计制备了仿贻贝自悬浮可控黏附覆膜支撑剂，设计应用如图 7-5 所示，该研究为压裂支撑剂水下原位黏附提供了全新的设计方案。覆膜支撑剂引入仿贻贝黏附因子，制成仿生黏附支撑剂，添加惰性表面提高支撑剂表面惰性，避免支撑剂表面发生反应，保证支撑剂运移到压裂裂隙中，实现支撑剂自悬浮与裂隙靶向黏附，提高压裂裂隙导流能力。

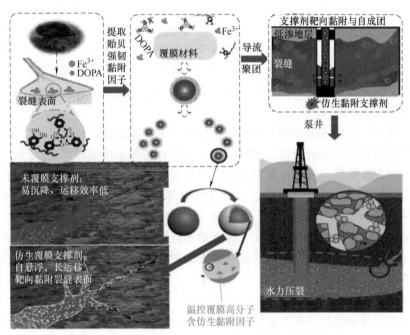

图 7-5　仿贻贝自悬浮可控黏附覆膜支撑剂设计思路及应用

7.2.4　仿生钻井液

1. 井眼的特点

钻井完成后，会存在井深、井眼失稳等问题，可能会导致井眼坍塌、井眼收缩、钻杆卡死等后果。井眼的稳定性一直是一个令全世界钻井工程师困扰的难题。井眼不稳定造成的事故每年平均造成上亿美元的经济损失。由于我国的油气勘探和开发目标进一步针对埋藏在非常复杂的地质条件中的深层油气资源和非常规资源（如煤层气和页岩气），钻井过程中遇到了诸如井筒稳定性差、密度窗狭窄等困难，导致复杂化深井和水平页岩气井的钻井进展缓慢，事故多发，钻井周期延长，钻井成本不断提高，这严重地影响了我国油气资源的勘探与开发。

为了克服井眼不稳定这个问题，此前的大多数研究都集中在如何减少钻井液对井眼稳定性的不利影响，以及使钻井液用于防止井眼不稳定性。但是，由于这些钻井液不能完全防止自由水向地层中渗透，这些研究也只能在一定程度上减轻由于井眼不稳定而造成的损害。因此，大多数传统的抑制性钻井液在钻井高度不稳定的页岩地层中的作用很差。为了完全避免因井眼不稳定而造成的井漏、固井质量差、井眼塌陷等事故，研究人员研究了一种可以提高井眼岩石的强度的新方法，该方法称为井眼强固化法。通过该方法，在钻孔过程中井壁会得到实质性增强。然而，由于页岩地层中的井眼岩石是亲水性的，因此很难找到合适的可以黏附在井眼岩石上并在含水环境下使井眼强化的钻井液添加剂，井眼加固技术仍处于起步阶段。

仿生技术可以应用在钻井液领域中，在仿生领域的基础上通过模拟海洋贻贝分泌的黏附蛋白的结构和功能，开发一种新的钻井液，以适配井下含水环境中对井壁的黏附效果，从而实现强化井眼，加固井下岩石的效果。海洋贻贝的足丝在水下具有强韧的原位黏附性能，贻贝分泌的足丝蛋白在水性环境中黏附性能极强，几乎可以与各种有机或无机基底相结合。结构决定性质，贻贝足丝蛋白超强的黏附性能源于其独特的功能基团，通过仿照贻贝足丝独特的黏附机理，可以合成井眼固壁剂和页岩抑制剂两种仿生钻井液添加剂。这两种仿生钻井液添加剂均含有黏附基团，在一定程度上展现了海洋贻贝足丝蛋白的黏附特性。

2. 仿生固壁剂的作用机理

接枝共聚反应，将长链聚合物与独特的仿贻贝黏附基团接枝，使长链聚合物在水性环境中拥有和贻贝足丝相似的黏附特性，这种接枝后的聚合物称为仿生固壁剂。

固壁剂与岩石接触后，会自发地发生固化，从而在岩石表面形成一层致密的壳层，这种壳层具有黏附性。壳层将井眼岩石覆盖，通过黏附基体和聚合物的内聚作用，牢固地"抓住"岩石，从而达到增强岩石的作用。当加固后的井眼与钻井液中的水接触后，固壁剂形成的壳层会减弱甚至完全抵消自由水在井眼上的水合溶胀力，因此这一壳层可以较大地保持井眼的稳定性。由于这种仿生固壁剂只能在黏土的催化下固化形成壳层，因此，对井下远离井眼位置的钻井液并无影响。

3. 仿生页岩抑制剂的作用机理

仿生固壁剂形成壳层对井眼有很好的稳定作用，但固化壳层的形成需要一定的时间，在形成壳层之前，井眼水合膨胀，页岩仍有失稳可能。因此研究人员设计合成了一种用于仿生壳层形成前保持井眼稳定性的添加剂，即仿生页岩抑制剂。页岩抑制剂中同样添加了仿黏附支撑剂基团，具有海洋贻贝足丝的黏附特性，对页岩具有一定的抑制能力，可以对井眼岩石进行加固。加入仿生页岩抑制剂后，页岩抑制剂分子分散吸附到蒙脱石上，随着抑制剂分子吸附在蒙脱石上数量的增加，蒙脱石层之间的距离不断增长。当蒙脱石层间距达到最大时，抑制剂溶液的浓度为 1.0%，此时蒙脱石夹层间的抑制剂分子达到饱和。抑制剂分子在层间的吸附使得蒙脱石发生溶胀，但蒙脱石的溶胀度远远低于自由水所导致的蒙脱石肿胀度。与此同时，抑制剂分子在层间自聚合形成具有双层石墨烯结构的聚合物，相邻层通过聚合物之间形成的氢键固定在一起，从而在微观层面上对井眼实现了加固。

根据仿生钻井液的理论研究、实验效果和工程实践效果，可以看出仿生钻井液在实际钻井过程中可以发挥出其独特的抑制机理与黏附特性，从而对井眼有着显著的加固加强作用。因此，仿生钻井液在实际工程应用中具有很高的应用价值。

7.2.5　仿生油田海底管道防护材料

海底管道悬空现象会增大管道负荷，降低管道的承载能力，增加管道泄漏风险，缩短管道使用寿命，所以对管道悬空段进行维护，通过填砂减少悬空段或采取防冲刷措施是很有必要的。此前常用抛石、沙袋填充、打桩等方法，通过填充海底管道附近的海床或增强管道支撑基础的抗冲刷强度来达到抗冲刷的效果。这些技术手段在实践过程中取得了很直观的效果，但这些技术手段施工量大，成本高昂，还会出现"二次冲刷"的问题，治标不治本。因此，一些学者和技术人员开始从降低海底管道附近流速来解决海流对管道冲刷的问题。仿生草技术就诞生在这种指导思想下。

仿生草技术是通过特殊的海底锚固装置或安装基垫的方式，将仿生草固定在海底管线附近，从而保护、防护海底管线附近的海床。被锚固的仿生草由高分子材料加工而成，能够耐海水浸泡、抗海浪冲刷。如图7-6所示，如同风经过树林会降低风速一样，当海水从仿生草流过时，由于仿生草的黏滞阻尼作用影响，海水流速降低，海水冲刷能力减弱，从而防护了海底管线；另外，海水流速在仿生草附近降低，导致流动海水所携带的物质在仿生草附近不断沉积下来，从而加高了管线附近的海床高度，直至沉积物将管线覆盖。这两者一同发挥作用，便达到了仿生草技术防护海床冲刷的作用。

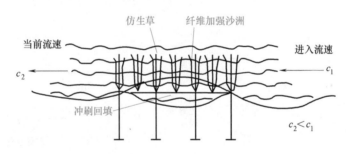

图7-6　仿生草防护作用机理

悬空是对海底管线产生威胁的重要安全因素，海浪形成的波流在海底管线附近会形成较强的冲刷侵蚀效果，导致海底管线浮空，从而产生经济风险与生态风险。依据仿生草的实验研究及工程实践，仿生草技术对海流、河流冲刷的防护作用十分显著，可以有效保护海底管线。海底管道附近锚定仿生草之后，海流流经仿生草会因为黏滞阻尼作用降低流速，同时海流携带的泥沙也会在仿生草区域沉积，从而在减弱水流冲击和加强海床两方面同时对海底管道发挥防护作用。

7.3　新能源仿生材料

7.3.1　仿生燃料电池

1. 燃料电池的基础知识

燃料电池是一种将燃料的化学能直接转化为电能的电化学装置，提供了一种高效、清洁的能量转换机制。与燃烧式热机所涉及的多步骤（如从化学能到热能到机械能再到电能）过程相比，这一过程的一步法（从化学能到电能）性质具有若干独特优势。燃料电池由于其高能效、低污染和低噪声，被广泛认为是 21 世纪移动、固定和便携式电源的能量转换设备。与传统电池材料相比，氢气和碳氢化合物燃料含有大量化学能，因此目前已被广泛开发用于多种能源应用。燃料电池技术有望替代化石燃料，为无法接入公共电网或需要巨额布线和输电费用的农村地区提供能源。此外，不间断电源（UPS）、发电站和分布式系统等需要基本安全电能的应用也可采用燃料电池作为能源。另外，燃料电池与可再生能源和现代能源载体（即氢）兼容，有利于可持续发展和能源安全。因此，燃料电池被视为未来的能量转换装置。燃料电池的静态特性也意味着其运行安静，无噪声或振动，而其固有的模块化特性允许结构简单，并在便携式、固定式和运输发电等多种应用中发挥作用。

2. 燃料电池的基本结构

燃料电池通过电化学反应产生电能和热能，电化学反应实际上是反向电解反应。它发生在氧气与氢气之间，形成水。燃料电池的设计多种多样，但它们的基本工作原理都是相同的。各种燃料电池设计的主要区别在于电解质的化学特性。式（7-1）显示了电化学反应

$$2H_2(g) + O_2(g) \longrightarrow 2H_2O + 能量 \tag{7-1}$$

图 7-7 描述了燃料电池的工作原理。

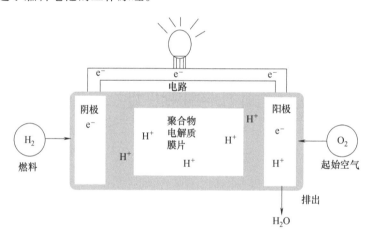

图 7-7 燃料电池的结构和工作原理图

燃料电池主要由四部分组成：阳极、阴极、电解质和外电路。在负极，氢被氧化成质子和电子；在正极，氧被还原并与质子反应生成水。根据电解质的不同，质子或氧化物离子通过绝缘电解质传输，而电子则通过外电路传输电。然而，由于电极、电解质与气体之间的接触面积很小，燃料电池通常只能产生很小的电流。另一个需要考虑的问题是电极之间的距离。为了提高燃料电池的效率并最大限度地扩大接触面积，可考虑在电解质和气体渗透方面采用带平面多孔电极的电解质薄层。

氧气和氢气之间的发电反应在不同类型的燃料电池中是不同的。在酸性电解质燃料电池中，电子和质子（H^+）从负极电极电离的氢气中释放出来。生成的电子通过电路到正极，而质子则通过电解质输送。这种交换释放出电能。与此同时，在正极一侧，来自电极的电子和来自电解质的质子发生反应，形成水。负极和正极发生的反应分别为

负极：$\qquad\qquad\qquad\qquad 2H_2 \longrightarrow 4H^+ + 4e^-$ （7-2）

正极：$\qquad\qquad\qquad\qquad O_2 + 4e^- + 4H^+ \longrightarrow 2H_2O$ （7-3）

酸性电解质和某些含有游离 H^+ 的聚合物通常被称为"质子交换膜"。由于它们只允许 H^+ 通过，因此能更适当、更有效地发挥质子输送功能。如果通过电解质输送电子，则会损失电流。

3. 燃料电池的分类

燃料电池根据其工作温度、效率、应用和成本而有所不同。根据燃料和电解质的选择，可分为六大类：碱性燃料电池、磷酸燃料电池、固体氧化物燃料电池（SOFC）、熔融碳酸盐燃料电池（MCFC）、质子交换膜燃料电池（PEMFC）、直接甲醇燃料电池（DMFC）。

4. 质子交换膜燃料电池的仿生构建

仿生电池试图通过模仿自然界中高效的催化过程和能量转化路径，来提高能源转换的效率和选择性。由于严重依赖化石能源，能源枯竭和环境污染日益成为当今社会的主要能源挑战。氢气是一种清洁能源，可通过多种可持续方式制备，在利用过程中不会产生排放或超低排放，可在燃料电池中通过电化学反应直接用于发电。高分子电解质膜燃料电池具有高效率、低噪声和低工作温度等诸多优点，是为电动汽车提供动力的最佳解决方案之一。

根据银杏叶脉结构在双极板上设计仿生结构流场。分别采用该仿生流场、平行流场及五蛇流场的质子交换膜燃料电池在峰值功率密度、内部质量传输及电流密度分布等方面存在差异，发现采用仿生流场的电池峰值功率密度比平行流场高 28.85%，但比五蛇流场低 4.36%。由于仿生流场具有更高的气体压力，其内部反应物分布及电流密度分布比平行流场更均匀。基于银杏叶脉结构设计的仿生流场（以下简称仿生流场）及传统的五蛇流场、平行流场示意图如图 7-8 所示。可以看出，双银杏叶脉结构仿生流场主要由主流道和众多子流道两部分组成。主流道连接流场入口和出口。子流道用于将反应气体输送到远离主流道的区域。主流道与子流道之间的夹角为 45°。所有流场的活化面积均为 50mm×50mm，每个流道的宽度和深度都为 1mm，肋宽也均为 1mm。对于平行流场（图 7-8a），气体流速只在气体出入口处最高，这可能是因为内部歧管结构引起的局部损失较高，进而导致在各歧管中气体流速都不高。对于五蛇流场（图 7-8b），其内部气体流速较高。尽管其内部同样有着歧管结构，但气体在入口处便已分配至各"蛇"中，在单个"蛇"中相当于沿着单蛇流道进行运输，沿程损失占主要部分而局部损失很小，因此动量损失较小而流速较高。由图 7-8a 还可看出，每个"蛇"中的气体流速都随流道长度的增加而降低，这是由于沿程损失越来越高及气体不断被消耗。对于仿生流场（图 7-8c），其内部气体流速分布情况与平行流场类似，仅在与进出口直接相通的流道中流速较高，而在其余流道中均处于较低水平。这同样是因为内部各种歧管增大了局部损失。

基于鹦鹉螺内部结构的仿生流道（图 7-9），为多物理场数值模拟建立了三维（3D）单相等温 CFD 模型。进气口位于通道的中心，反应物从中心的流道通过拱形流道到达周围的环形流道。在这项研究中，研究了传统的蛇形流道、蜂窝状流道和鹦鹉螺仿生流道。鹦鹉螺仿生流道被证明具有更均匀的反应物、更好的除水效果、更低的浓差极化损失，与其他两个流道相比，功率更大。与蛇形流道相比，鹦鹉螺仿生流道的峰值电流密度提高了 46.7%，峰值功率密度提高了 21.53%。与蜂窝状流道相比，鹦鹉螺仿生流道的峰值电流密度增加了 5.73%，峰值功率密度相近。与蜂窝状流道相比，鹦鹉螺仿生流道具有更好的反应物均匀

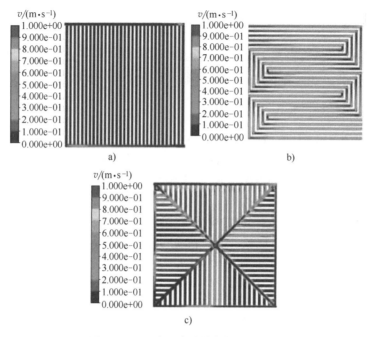

图 7-8 不同流场电池的气体流速云图

a）平行流场　b）五蛇流场　c）仿生流场

性、电流密度和除水性。此外，该研究考察了不同阴极进气流速下鹦鹉螺仿生流道相对于蛇形流道的优越性，以及不同数量的环形流道对鹦鹉螺仿生流道的影响，结果表明五个环形流动通道的性能是最好的。

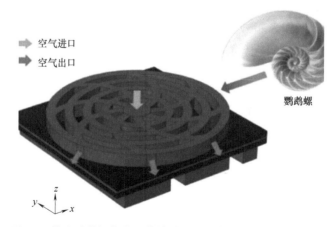

图 7-9　带有鹦鹉螺仿生通道的质子交换膜燃料电池模型示意图

7.3.2　太阳能电池的仿生

1. 太阳能电池的基本概念

太阳能电池是一种利用太阳光直接发电的光电半导体薄片，又称为太阳能芯片或光电

池，它只要被满足一定照度条件，瞬间就可以输出电压及在有回路的情况下产生电流。在物

理学上称为太阳能光伏，简称光伏。

早期的光伏太阳能电池是将太阳光能转化为电能的薄硅片。太阳能电池是通过光电效应或光化学效应直接把光能转化成电能的装置。以光电效应工作的晶硅太阳能电池为主流，而以光化学效应工作的薄膜电池则还处于萌芽阶段。现代光伏技术基于电子空穴产生原理，每个电池由两种不同的半导体材料层（p 型和 n 型材料）组成，如图 7-10 所示。在这种结构布置中，当一个足够能量的光子撞击到 p 型和 n 型结点时，一个电子从撞击的光子中获得能量而喷射出来，并从一层移动到另一层。在此过程中会产生一个电子和一个空穴，从而产生电。应用于光伏太阳能电池的各类材料主要包括硅（单晶硅、多晶硅、非晶硅）、碲化镉、铜铟镓和铜铟镓硒。根据这些材料，光伏太阳能电池分类如图 7-11 所示。

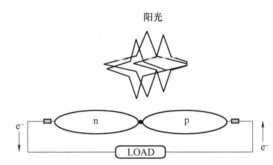

图 7-10　负荷下的半导体 pn 结太阳能电池

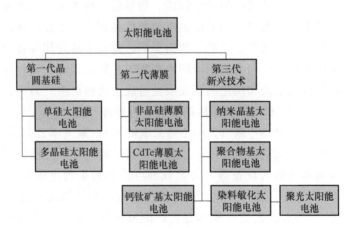

图 7-11　各类太阳能电池

2. 仿生海洋微生物生态系统的太阳能电池

通过模拟海洋微生物生态系统的基本生态结构，开发新一代生物太阳能电池，并同时克服自然生态系统结构中大时空尺度导致的电子传递效率低的问题。首先，需要将巨大而复杂的海洋电池压缩到一个紧凑而简单的电池结构中。其次，还要对海洋微生物生态系统中复杂的微生物群落组成进行简化，以保证能量的定向流动和定向转化。研究人员设计了一个四菌合成微生物群落，由隶属于三个生态位的特定微生物组成，包括蓝藻（初级生产者）、大肠杆菌（初级分解者）、希瓦氏菌和地杆菌（最终消费者），如图 7-12 所示。在该合成微生物群落中，蓝藻负责吸收光能，固定二氧化碳生产蔗糖；大肠杆菌负责将蔗糖分解为乳酸；希瓦氏菌和地杆菌则共同将乳酸完全氧化并将电子转移给胞外电极产生电流。

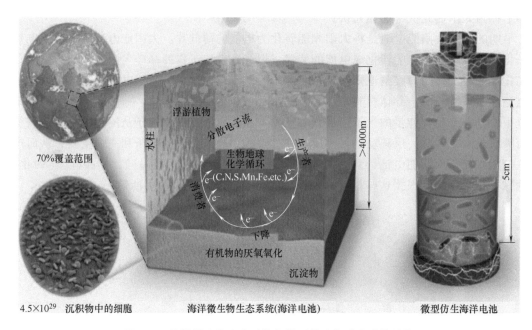

70%覆盖范围

4.5×10²⁹ 沉积物中的细胞

浮游植物

分散电子流

生物地球
化学循环
(C,S,Mn,Fe,etc.)

生产者

消费者

下降

有机物的厌氧氧化

沉淀物

>4000m

海洋微生物生态系统(海洋电池)

5cm

微型仿生海洋电池

图7-12 海洋微生物生态系统与微型仿生海洋电池的结构

3. 仿生脊椎的柔性太阳能电池

柔性钙钛矿太阳能电池以其优异的光电性能、质量轻、成本低、生产可行性高而逐渐引起人们的关注。与刚性器件作为硅基的太阳能电池替代品相比，柔性钙钛矿显示出独特的商业价值，可以充分地用于可穿戴电子产品、智能车辆、建筑集成光伏等各领域。然而，柔性钙钛矿面临着小规模的旋涂生产向大面积印刷生产的工艺转化困难，转化过程中，随着器件面积的增大，钙钛矿晶体的生长和钝化问题在柔性衬底上更加严重。另外，由于大面积组件的存在，铟锡氧化物（ITO）和钙钛矿晶体的脆性也将更加严重。

导电聚电解质PEDOT：PSS［聚（3,4-乙烯二氧噻吩）：聚（苯乙烯磺酸）］一直被用于静电涂层、有机电极、太阳能电池和发光二极管等科学研究中，并被应用于柔性装置及可拉伸器件中，如可穿戴和可植入设备等，将柔软和可拉伸的生物组织和大面积的设备（如有机显示器和光伏OPV电池）进行集成。受脊椎生物结晶和灵活结构的启发，采用微乳液法合成了PEDOT：EVA墨水，这是一种具有良好的分散性和稳定性的PEDOT：PSS墨水。由于EVA（乙烯-醋酸乙烯酯共聚物）黏合剂，产生完美的内聚性，并充当ITO和钙钛矿薄膜之间的空穴传输层（HTL），同时促进了钙钛矿在柔性衬底上的垂直晶化，同时将脆性的ITO和钙钛矿紧密地粘在一起，提高了柔性。所制备的大面积（1.01cm²）柔性钙钛矿太阳能电池完全由弯月面涂层制备，稳定化效率为19.87%，具有较强的稳定性。此外，由于EVA的疏水性和封装特性，钙钛矿和ITO薄膜之间的离子扩散也受到抑制，在室温光照下3000h后仍保持85%的初始效率。一个人的活动离不开关节软骨的正常工作。关节软骨能保护椎体免受应力损伤，其原因之一是软骨具有吸力，由于其弹性和黏附性，可使受力分布均匀。"脊椎"仿生（图7-13）的机理主要来自两个方面：仿生定向结晶和仿生结构（图7-13a）。从结构仿生学来看PEDOT：EVA层在脆性钙钛矿和ITO薄膜之间应用，ITO薄膜作为椎体之间的软骨，以提高电池的柔韧性。PEDOT：EVA键合实验照片如图7-13b所示。从仿生结晶的角度来看，PEDOT：EVA 层精确控制高质量柔性钙钛矿薄膜的成核位置和晶体取向生长（图 7-13c）。因此，在最佳合成条件下，通过弯月面涂层技术（图 7-13d）可以保证优良的器件效率，同时 PEDOT：EVA 层有效吸收和释放应力，可以优化柔性器件的抗弯性能。由于协同优化，可以制备出高质量、高重复性的大面积钙钛矿薄膜。

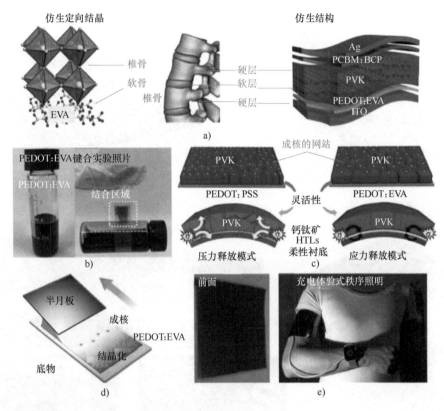

图 7-13　"脊椎"仿生

a) 仿生定向结晶和仿生结构　b) PEDOT：EVA 键合实验照片　c) 成核位置和晶体取向生长示意图
d) 弯月面涂层技术　e) 成品展示照片

4. 仿生植物蒸腾结构的太阳能电池

光伏电池通常对部分太阳光谱（如单晶硅电池为 300~1100nm）敏感，商用光伏电池板只能将 10%~25% 的入射太阳能转化为电能。入射到商用光伏电池板上的大部分太阳能（大于 70%）都会以热能的形式散失，从而使其工作温度升高，导致电气性能显著下降。因此，在炎热和阳光充足的条件下，光伏电池的温度可超过 65℃ 并导致电能效率显著下降。最常见的硅基光伏电池板的效率通常会降低 4.0%~6.5%，工作温度每升高 10℃，其老化率就会增加一倍。商用光伏电池板的太阳能利用效率通常低于 25%。采用一种仿生植物蒸腾结构，由环保、低成本和广泛可用的材料制成多代混合光伏叶片（PV-leaf），可实现有效的被动热管理和多代发电，如图 7-14 所示。该叶片具有以下特点：仿生植物蒸腾结构具有特定的设计和材料选择（竹纤维和叠层水凝胶细胞），不需要水泵即可驱动水流从一个独立的水箱被动地流向太阳能电池；同时用水覆盖电池的整个区域，并在集热器内高效蒸发水分，从而高效地捕获清洁水蒸气和热量，并通过同一组件发电。通过实验证明，受生物启发的蒸腾作用可从光伏电池中带走约 $590W/m^2$ 的热量，在 $1000W/m^2$ 的辐照度下将电池温度降低约 $26℃$，并使电效率相对提高 13.6%。此外，光伏叶片还能协同利用回收的热量，在同一组件内同时产生额外的热能和淡水，从而将太阳能的整体利用效率从 13.2% 显著提高到 74.5% 以上，并提供超过 $1.1L/(h \cdot m^2)$ 的清洁水。这些自然解决方案特别有前景，因为它们能够将叶片温度保持在稳定范围内，而不受天气影响。

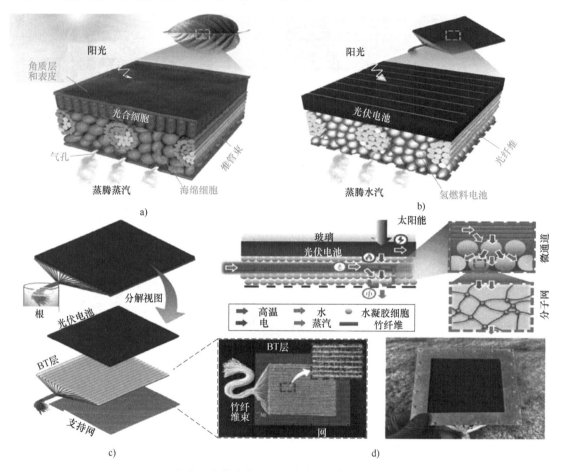

图 7-14　生物启发光伏叶片内的光伏电池和蒸腾结构布置示意图

a）生物叶片结构　b）光伏电池仿生叶片结构　c）光伏电池仿生竹纤维结构　d）仿生光伏电池结构和实物照片

7.3.3　风力仿生结构设计

1. 风力发电机的组成

风电机组是能量传递与转化的载体，结构复杂且各部件之间耦合性较强，风机叶片、翼型设计、制造和应用等方面都会对风电机组的效率产生较大影响。

（1）风轮结构　风力发电机之所以能够将风能转化为机械能，所依赖的关键部件就是叶片，叶片的气动性越好则风能转化为机械能的效率越高，反之则越低。按照叶片转轴所处的空间位置，风力发电机可分为水平轴风力发电机（风轮的旋转轴与风向平行）、垂直轴风力发电机（风轮的旋转轴垂直于地面或气流方向）。

（2）塔架结构形式　塔架是风电机组的主要承载部件，需要有足够的静强度、动强度才能承受作用在叶轮和塔架上的各种力及叶轮转动引起的振动载荷。塔架的重要性随着风电机组容量和高度的增加而愈发明显，塔架的结构形式、静动力学特性、稳定性与疲劳特性等问题都会影响机组的风能利用效率。考虑风电场条件、功率配置和设计要求选择塔架结构形式，合理的塔架结构既能提高塔架的刚度、强度和稳定性，充分发挥材料性能，又能对经济性、美观性和生产运输起到积极作用。风力发电机塔架结构形式可分为（锥）筒式塔架和格构（桁架）式塔架。筒式塔架由于结构性能好、人工维修方便安全、外形美观，是目前的主流结构；格构式塔架在风力发电机大型化趋势下，其成本低、便于运输的优点表现更为突出。近年来国外的一些高度在100m以上的风电项目中，格构式设计被重新重视，有研究则直接提出塔架高于50m时，应采用格构式塔架，而低于40m的塔架则宜采用圆筒式塔架。

（3）传动系统　风力发电机传动系统的差异化主要取决于风力发电机自身特性，同步机转速低，同等发电功率下可直接与风轮机相连，而异步发电机转速高，需要通过齿轮箱进行升速，二者各有特点，通过技术手段和合理的技术路线，二者对机组能效的影响差异不大。

（4）控制系统　控制系统对机组能效的影响主要体现在控制策略对最大功率跟踪、无功、有功控制和故障穿越能力等几个方面，当发电机运行至新的稳定状态时，根据想要得到的数值对发电机的发电功率或者电磁转矩进行调整。此外，考虑机组运行特性，控制系统作用首要体现在减小对电网的冲击，当发电机成功并入电网时，发电机的有功功率将逐渐升高，升高速率为每秒钟10%发电机的额定功率；其次，避免风力发电机齿轮箱、转轴等部分受到机械的不可逆的冲击，保证风力发电机可以稳定长期地运行。

2. 风力发电机仿生

风力发电是利用风力带动风车叶片旋转，再通过增速机提升旋转速度，来促使发电机发电的。依据目前的风车技术，微风速度大约达到3m/s，便可以开始发电。因为风力发电没有燃料问题，也不会产生辐射或空气污染，所以风力发电正在世界上形成一股热潮。风力涡轮机叶片的设计对整个风力涡轮机的设计起着至关重要的作用。叶片的形状及其空气动力学性能直接影响风力涡轮机的效率。早期的风力涡轮机叶片直接使用机翼进行改进。然而，这些翼片不适合低雷诺数气流。为了满足风力涡轮机在不同风力条件下的运行要求，有必要设计具有高升阻比的风力涡轮机叶片。

新型蒲公英式风力发电机的设计灵感源于蒲公英种子在风中飞舞的形态和其旋转下落的形式，如图7-15所示。在效仿和改进蒲公英种子旋转下落形式的同时，设计人员对风力发电机的形态和运动形式进行了创新，提出了新型蒲公英式风力发电机的构想。蒲公英式风力发电机可应用的场所较为广泛，但设计环境主要为戈壁。在形态上采用了两根叶片为主，叶片尾翼为辅的形式，外形为流线型设计，整体感觉比较流畅。当戈壁风从蒲公英式风力发电机

图7-15　蒲公英式风力发电机外形结构

旁吹过时，刚性帆捕捉到风力，带动翼翅旋转，并使翼翅沿中轴螺旋上升，进而带动发电机发电。而下落时，则可根据蒲公英种子旋转下落的原理实现重心自调节式旋转下落，使风能

得到极大的利用。与传统立式风力发电机相比，这种卧式设计可以有效地防止鸟类撞击等事件的发生。另外，传统风力发电机普遍存在拆卸、运输困难的难题，而卧式设计主控箱距地面距离较小，方便维护和检修，以及拆卸和运输。

受毛竹竹节规律性分布及其隔板支撑竹竿结构的启发，在叶片内部添加环形剪切腹板，建立带有环形剪切腹板的叶片受力模型，如图 7-16 所示。利用 MATLAB 软件，以一台 750kW 风力发电机为研究对象进行数值仿真，得到翼型截面惯性矩、最大应力和翼型相对

图 7-16　带有环形剪切腹板的叶片结构

厚度减小量分别随内外弦长之比和叶片展长的变化趋势。结果表明，叶片根部的抗弯性能显著提高；当内外弦长之比设为 0.4 时，环形腹板叶片与实心腹板叶片的抗弯强度几乎相同，且环形腹板的使用可以使叶片总质量更轻。

以 DTU 10 MW 风力发电机叶片腹板为研究对象，研究人员建立了一种非规则仿树叶脉络分布的腹板模型（图 7-17），采用有限元方法对仿生腹板与原始腹板进行静力学、模态及谐响应分析等力学性能比较，发现仿生腹板较原始腹板更具柔性，吸收更多的结构变形能，同时可节省二分之一材料。随着模态阶数升高，两种腹板固有频率差距越来越小；仿生腹板尖端位移、速度及加速度均小于原始腹板；仿生腹板在结构响应方面有较大优势，具有更好的抗共振性能。

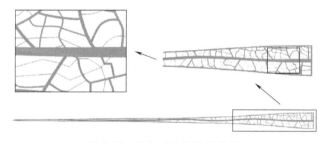

图 7-17　仿树叶脉络腹板模型

7.4　储能仿生材料

储能仿生材料代表了科技创新与自然智慧的完美结合，它从自然界中的生物体汲取灵感，为能量的快速储存、释放与运输提供了新思路，有助于创造更高效、更环保的能源解决方案。

7.4.1　输氢管道的特征与仿生

1. 输氢管道的特征

从长远来看，氢燃料将因为其优势和适应性取代碳氢燃料。近年来，工程实践对电解水制氢法进行了大量研究用以生产清洁的氢气，这意味着在生产过程中没有有害气体（CO 和 CO_2）生成。而绿氢则是通过使用太阳能和风能等可再生能源将水分离成氢气和氧气而产生

的氢气。这种氢燃料可用于重工业，如钢铁生产、混凝土和运输业。全球对绿氢的需求正在强劲增长。此外，在需求不断增加的背景下，氢储存和运输技术也需要不断提高。这导致了对液态氢容器和气态氢储存新材料研究的大力投资。总之，氢能产业将引领各种支持产业的快速发展，这些产业有助于提高经济，并为基于清洁可再生能源的未来社会提供了一个绝佳的机会。

氢气生产需要使用的设施仪器众多，集中生产氢气后再运输是更为经济的氢能应用方式，因此，运输是氢能普及利用不可忽视的部分。而氢能的储运一直都是行业关注的焦点问题。高压氢气储存和运输是目前使用最广泛的方法。氢气在常温下由压缩机加压到一定压力，储存在储气罐中，然后用密封容器或管道输送到目的地进行调压。目前，高压氢气的压力通常为 15MPa、35MPa 和 70MPa。特别是，15MPa 的氢气瓶已经非常成熟，加氢站目前的主要应用场景为 35MPa 和 70MPa 的储存和运输，而 70MPa 的氢气储存和运输是研究的热点。但随着氢气能源的广泛利用，对于大规模集中制氢和长距离氢气运输而言，高压氢气管道运输在效率和成本方面具有显著优势。它是最经济的方法，有望成为最佳的运输方式。随着氢气需求的不断增长，输氢管道的设计也应能够承受更高的压力。然而，随着钢材强度的增加，其氢脆现象就更加敏感。

2. 输氢管道的仿生

使用金属管道很难避免氢脆现象的产生，而由仿生复合材料制作成的管道可以避免氢脆现象的出现。在自然界中，竹子是一种天然的管道材料，具有强度高、韧性强的特点。竹子的强度结构也可以自然地抵抗弯曲与扭转。竹子具有梯度强度的结构，外表面的强度最高而内部强度较低。作为具有强度依梯度分布特性的纤维竹，对其微观结构的研究很有必要。梯队结构很明显的特征便是不均一性，竹子内外层强度的分布不同，使得外侧可以防止物质进入。研究竹的梯度结构，对其弯曲性能也有很大意义。

近几年来，相关研究者们受到竹纤维的启发，对高分子结构进行了更多的研究发现。Shi 等研制出了应用于供水的复合管道产品——竹缠绕复合管。这种产品可以作为聚氯乙烯管的替代品。与聚氯乙烯管相比，竹缠绕复合管在性能、使用寿命、环境影响指数和可降解等特性上都优于聚氯乙烯管，这种仿生管道是一种极好的环境友好型产品。根据此前关于竹子的研究可以发现，仿生竹管道在氢气运输上也有潜在的发展空间，竹子的高韧性、梯度强度、避免氢脆等特性都有利于氢气的运输。

7.4.2　锂电池仿生材料与设计

1. 锂离子电池概述

近年来，现代社会的快速发展呼唤先进的储能技术，以满足日益增长的能源供应和发电需求。作为最有前途的储能系统之一，二次电池备受关注。二次电池又称为充电电池，是指放电后可多次充电的电池。市场上的可充电电池主要有镍氢电池、镍镉电池、铅酸电池、锂离子电池。锂离子电池具有高能量密度、高库仑效率、低自放电特性，以及不同电极设计可获得的一系列化学势，因此被广泛用作各种应用领域的电源。特别是在过去 10 年中，为电动汽车（EV）、混合动力电动汽车（HEV）、航空航天应用和自主电动设备（如混合太阳能电池）开发高充电容量/功率密度的下一代锂离子电池的趋势日益明显。

2. 锂离子电池原理

锂电池主要由正极、负极、电解液、隔膜、电池外壳等组成。充电时，锂离子从正极材料中脱嵌，通过隔膜和电解液进入负极材料，放电过程相反。以石墨为负极材料、钴酸锂为正极材料的锂离子电池为例，如图 7-18 所示，其充电原理为

$$正极反应： \quad LiCoO_2 \rightarrow Li_{1-x}CoO_2 + xLi^+ + xe^- \tag{7-4}$$

$$负极反应： \quad 6C + xLi^+ + xe^- \rightarrow Li_xC_6 \tag{7-5}$$

$$整体反应： \quad LiCoO_2 + 6C \rightarrow Li_{1-x}CoO_2 + Li_xC_6 \tag{7-6}$$

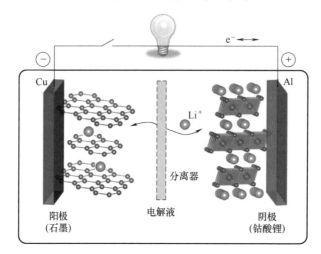

图 7-18　可充电锂离子电池示意图

在充电过程中，Li 从 $LiCoO_2$ 中脱嵌，释放出一个电子，Co^{3+} 被氧化成 Co^{4+}。同时，Li^+ 通过隔膜和电解液迁移到负极石墨表面，然后插入石墨结构中，石墨结构同时获得一个电子，形成锂-碳层间化合物 Li_xC_6，放电时过程相反，Li^+ 从石墨结构中脱节，插入正极 Li-CoO_2 中。

3. 锂离子电池正极材料

锂离子电池中正极材料占整个电池成本的 40% 以上，且在当前的技术条件下，整体电池的能量密度主要取决于正极材料，所以正极材料是锂离子电池的核心材料，目前成熟应用的正极材料包括钴酸锂、镍钴锰酸锂、磷酸铁锂及锰酸锂。其中钴酸锂、镍钴锰酸锂、磷酸铁锂是当前市场使用量较大的材料。

4. 锂离子电池负极材料

锂离子电池的负极材料主要包括石墨、氧化亚硅、硅材料等。负极材料石墨包括天然石墨和人造石墨。天然石墨具有高度结晶化的结构，无须石墨化烧结，减少了石墨化处理的电力消耗。但是天然石墨存在多方面的问题，如循环充放电过程中锂离子嵌入引起的层状石墨颗粒剥离及表面缺陷在极化电压下副反应严重引起的首次库仑效率低下等问题。目前，锂离子电池市场的负极材料石墨为第二代碳负极，其在碳负极中占比超过 99%。在负极材料石墨中，人造石墨产品长期占据超过 80% 的市场份额，天然石墨占比不超过 20%。

5. 锂离子电池电解液

电解液是锂离子电池中的"桥梁"，在正负极之间传输锂离子，同时也起到决定性的作

用，如保护电极表面、抑制锂枝晶生长、提供离子传输通道等。其中，液态有机电解液因其优越的离子传输性能和调节能力，已成为锂离子电池中的主流电解液类型。锂离子电池电解液主要由溶剂、添加剂和锂盐组成。将锂盐作为溶质溶解在有机溶剂中制备的非水有机电解质可显著提高二次电池的电压。除急需提高性能以满足各种电源和储能的要求外，安全问题也亟待解决。

锂离子电池在过充、过热、穿刺、挤压等情况下会产生失控的热量，导致燃烧甚至爆炸。因此，提高电解液的热稳定性是提高锂离子电池安全性的重要方法。目前，最经济有效的方法是在电解液中添加阻燃添加剂，从而减缓或抑制热失控。

当锂离子电池被误用或滥用时，可能会导致过充电。过充电时，电池内部会产生大量气体，可能导致爆炸。但锂离子动力电池的充放电电流大，散热困难，在过充电时更容易引发安全问题。因此，有必要添加过充电保护添加剂，以提高电池本身的抗过充电能力。

有机电解液中的微量水和氢氟酸对形成性能优异的 SEI 膜有一定影响。然而，过高的水和酸含量不仅会导致六氟磷酸锂（$LiPF_6$）分解，还会破坏电极上的 SEI 膜。如果在电解液中加入碳酸钙作为添加剂，它们会与电解液中的少量 HF 发生反应，从而降低 HF 的含量，防止其损坏电极和分解 $LiPF_6$。烷烃二亚胺类化合物可通过分子中的氢原子与水分子形成弱氢键，从而防止水与 $LiPF_6$ 反应生成 HF。

6. 锂离子电池隔膜

锂离子电池隔膜占整个电池成本的 15%～30%，仅次于正极材料。因此，隔膜技术的不断革新也推动了整个锂电池行业的不断发展。

电池隔膜根据其成分和结构可分为五大类：微孔膜、改性微孔膜、无纺毡、复合膜和电解质膜。微孔膜分离器的特点是孔径在微米范围内。根据层数的不同，微孔膜可分为单层微孔膜和多层微孔膜。改性微孔膜分离器是在传统微孔膜的基础上通过表面改性（如使用等离子体和辐照接枝法或涂覆不同的聚合物）而制成的膜。无纺毡分离器的网状结构是用熔喷、湿法铺设和电纺技术制备的缠结纤维黏合在一起的。由于纤维直径较小，无纺毡分离器的孔隙率高于其他类型的分离器。复合膜分离器是通过在微孔膜或无纺毡上涂覆或填充无机材料制备而成的。因此，复合膜分离器具有其他类型分离器无法达到的出色的热稳定性和特殊的润湿性。电解质包括固体陶瓷电解质、固体聚合物电解质、凝胶聚合物电解质和复合电解质。它们既是隔膜又是电解液，具有很高的电池安全性。每种隔膜类型都具有满足所述要求的固有特征，包括厚度、孔隙率、热性能、润湿性、力学性能和化学性能。

7. 锂离子电池的仿生构建

在能源相关应用方面，生物启发材料具有以下几大优势：首先，许多自然生物都具有能量收集、转换和储存的能力，这为能源材料和设备的设计提供了直接灵感，如绿色植物的典型光合作用，即利用太阳光产生氧气并以糖的形式进行能量转换，受自然界能量转换途径的启发，人们设计和制造了人工能量转换和储存装置，以支持可持续发展的社会；其次，在大自然中可以找到各种能源，如太阳能、风能、潮汐能、波浪能和生物质能，大自然已经进化出许多直接利用这些自然能源的方法，这为人们提供了许多潜在的再利用方法，通过使用生物启发材料和结构来解决当前的能源危机；再次，众所周知，自然物种的一个重要特点是只用非常基本的建筑材料就能实现功能的高度集成，人们非常希望人工储能装置能将性能要求与各种智能功能耦合起来，如将启发自愈特性、自清洁特性、自刺激响应特性、生物启发的坚固机械特性等与生物启发的能量转换和储存特性结合起来，实现集成的智能环境响应能源系统；最后，开发高性能储能装置还面临许多挑战和问题。不过，一些解决方案可以在自然界中找到。大自然提供了各种结构和功能，以供研究人员在先进材料创新方面学习。最近，生物启发材料在储能应用领域受到了广泛关注。在各种自然物种的启发下，人们设计并创新出了许多新的储能设备配置和组件，如充电电池和超级电容器。受生物启发而设计的电极和电解质等能源设备与传统形式的设备相比，具有优异的物理、化学和力学性能。

（1）仿生树根制备锂离子电池　受固定土壤和抵御强风的天然树根的启发，所制备的具有出色力学性能和电化学性能的生物启发式结构电池设计如图 7-19 所示。在这种结构中，聚合物黏合剂（"树根"）首先渗入多孔电极（"土壤"），形成一个连续的网络，然后通过压层技术将带电极网络压到陶瓷涂层隔板（"树"）上。通过这种方法，隔板与电极之间的界面被夹层黏合剂网络整合在一起，使整个电池类似于天然的树根结构。因此，该电池在弯曲变形条件下的弯曲性能得到了显著改善。在一些实际应用中，例如在无人机中，利用由此产生的树根启发电池作为电动翅膀，可以很好地保持稳定的飞行状态，因为它具有稳定的电力供应和良好的力学性能。

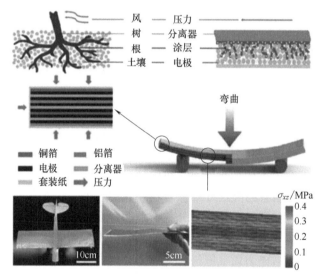

图 7-19　受生物树根启发的全锂离子电池界面设计结构示意图，
以及具有界面黏附力的阳极-分离器-阴极组合的相应
光学图像和由层叠电池作为机翼驱动的飞机模型演示

（2）仿生离子传输通道制备锂离子电池　受生物启发的离子传输通道，可被合理设计用于金属离子电池中电化学离子的传输和储存。二维纳米材料的电荷和载流子的层间传输是影响储能应用中材料和设备性能的关键参数。受具有超快水和电解质传输特性的多层次天然竹膜以支持其超高速生长的启发，制备的具有定制梯度层间通道的多层次异质结构石墨烯基膜，可以实现超快的层间离子传输，如图 7-20 所示。受生物启发的异质结构膜具有多级层间距分布，其中具有亚纳米级层间距的紧密堆积层可实现超快的封闭层间离子传输，而松散堆积的外层由间距达几微米的开放通道组成，有利于液体电解质的快速润湿和渗透。大尺寸开放通道和纳米尺寸封闭通道的优势结合在一起，提供了超快的电解质润湿和渗透及层间离子传输，并使器件作为可充电电池的独立电极具有超强体积容量。

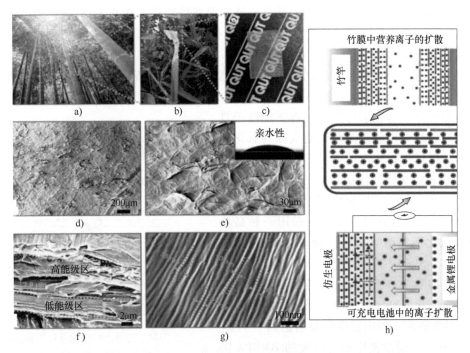

图 7-20　天然竹膜的形态和电池中生物启发电极的设计示意图
a）竹林　b）竹子　c）竹膜　d）竹膜表面图像　e）竹膜亲水性
f）竹膜层级分布　g）竹膜纳米封闭通道　h）仿生竹膜的可充电电池模型

（3）仿生甘蔗垂直茎秆制备锂离子电池　金属氧电池具有极高的理论能量密度，因此高性能氧电池需要多孔空气电极和高效电催化剂。受天然甘蔗有序的垂直茎秆提供丰富微通道的启发，研究人员设计并制造了一种结构和性能优异的三维独立式生物质鸡蛋-甘蔗（Egg-SC）电极，作为锂-氧电池的阴极，如图 7-21 所示。从天然甘蔗中提取的开放式互连微通道可为氧气扩散提供充足的通道。掺杂杂原子的空心碳球（HD-HCS）为过氧化锂放电产物的形成和分解提供了许多三相活性位点。得益于阴极的独特性质和结构，二氧化锰锂电

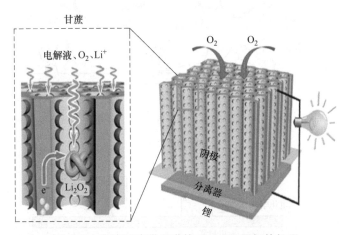

图 7-21　具有垂直微通道的 Egg-SC 阴极的机理

189

池显示出 $8.07mA \cdot h/cm^2$ 的高倍率容量和卓越的循环稳定性，在 $0.1mA/cm^2$ 的电流密度下可循环 294 次。生物质阴极的优异性能和结构在受自然启发的锂离子电池阴极材料设计方面具有巨大的应用潜力。

（4）仿生生物体内能量转换制备锂离子电池　在储能设备中输送离子的电解质是另一个关键部件，它将电极和分离器黏合在一起。作为一种理想的液态或固态电解质，它必须在较宽的范围内具有电化学稳定性，对活性离子具有高导电性、热稳定性，并对其他成分具有化学惰性。通过模仿生物体内的能量转换，一种多电子氧化还原 p 型氧化还原活性有机材料（ROM）被设计用于非水基全有机氧化还原液流电池。通过对 ROM 的生物启发分子设计，采用一种高溶解性和多氧化还原酚嗪基有机分子 5,10-双（2-甲氧基乙基)-5,10-二氢酚嗪（BMEPZ）作为阴溶胶材料，如图 7-22 所示。由于生物启发阴极溶液具有显著的化学稳定性和快速动力学特性，与9-芴酮阴极溶液配对的电池电压分别达到了 1.2V和 2.0V。此外，通过使用不同浓度的 BMEPZ 阴极溶液，组装后的 RFB 在 200 个循环周期内的容量保持率为 99.3%~99.94%。

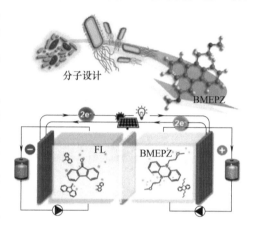

图 7-22　含有 BMEPZ/FL 电解质的全有机全流电池示意图

（5）仿生生物自愈能力制备锂离子电池　自愈能力有助于生物系统保持其生存能力并延长其寿命。同样，自愈能力也有利于下一代二次电池，因为高容量电极材料，尤其是氧或硫等阴极材料，会因不可逆和不稳定的相转移而缩短循环寿命。通过模仿生物自愈过程，引入一种外在愈合剂——多硫化物，使硫微粒子（SMiP）阴极能够稳定运行，如图 7-23 所示。在 $5.6mg(S)/cm^2$ 的高硫负荷条件下，经过 2000 次循环后，硫微粒子阴极的容量

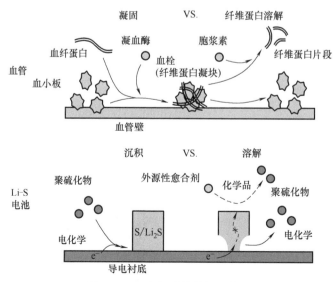

图 7-23　凝血级联的简化示意图

（3.7mA·h/cm²）几乎没有衰减。惰性 SMiP 是由多硫化物的增溶作用激活的，而不稳定的相转移则是由多硫化物的空间异质性缓解介导的，它诱导了固体化合物的均匀成核和生长。对愈合过程及空间异质性的全面了解可进一步指导新型愈合剂（如碘化锂）的设计，从而成功制造出高性能的可充电电池。

7.4.3　仿生储热材料

为了解决可再生能源间歇性、强度不稳定等问题，必须将其与储热系统相结合，以克服能源供需不平衡，从而最大限度地实现能源的多重、高效、环保使用。在显热储热、潜热储热和热化学储热三种主要储热技术中，显热储热技术成熟度高、成本低、装置简单；热化学储热的能量密度更高，其较小的环境热损失可以实现室温下的长期储热；潜热储热结合了热化学储热储能密度高和显热储热工艺成熟的优点，且热充放电开关更加灵活，充放热过程基本保持恒温，损失大大减少。为了应对现有储热装置热流密度和温度均匀性水平仍不足以支持其大规模工程应用的问题，人们学习自然界中能量的储存和转换方面的实例，如植物利用太阳能进行光合作用、动物从外界环境中吸收能量维持生命功能等，为实际能源系统的性能优化提供了许多有价值的方向。

仿生储热材料是指那些通过模仿自然界中生物体的结构和功能，如鸟类的羽毛、北极熊的毛发等，来设计和开发的具有优异储热性能的材料。这些材料通常结合了生物模拟结构的高效热管理和传统储热材料的优良热物理性质，旨在提高热能的储存效率和利用效率。将相变材料融入仿生设计中，可以进一步增强此类储热材料。这些材料的高效储热性能有助于解决热能供需在时间、空间上不匹配的问题，从而提高能源利用率并降低成本。

1. 基于蜂窝结构的储热材料

天然蜂窝（图 7-24）以其独特的形态特征和优异的传热性能，成为学者们重要的灵感来源。蜂窝的层级结构及其在自然状态下表现出的优异力学性能和热学性质，为材料科学领域提供了新的思路和方法。蜂窝材料具有轻、强、耐燃烧、耐磨损、耐腐蚀、易加工等特点，在减轻质量方面具有显著优势。在诸多研究中，使用蜂窝结构的目的是更好地储存和传递吸收板上的热量，提高储热功能；尽可能减少对储热材料总质量的负荷，即采用较轻的自重结构。

受天然蜂窝独特形态的启发设计的生物导热增强剂，能够提高等效热导率，扩大换热面积，从而促进仿生储热材料辅助的太阳能空气加热器的热性能改善。这些材料在热管理和力学强度方面具有更好的性能，满足现代工业对高性能材料的需求。

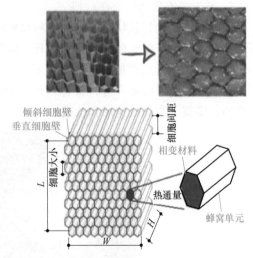

图 7-24　蜂窝的几何形状、结构及仿生材料设计

2. 基于自然通道结构的储热材料

为了提高可再生能源的利用率，对于现有常见的研究中的仿生学对象——植物的根和

叶、动物的静脉和骨骼等，通过研究此类对象作为一个整体或其部分的结构组织，进而研究其内部结构原理，以创建新的仿生储热材料功能结构。其中，植物叶脉在数百万年的进化过程中发展出了高效的物质和能量运输网络，受叶脉布局的启发，通过重新配置传热流体和相变之间的分叉脉状翅片优化储热材料的结构，从而实现了高效快速的热传递路径，开发了一种改善热充放电的仿生拓扑优化策略。

骨作为一种人体组织，包含由羟基磷灰石晶体包裹的倾斜或垂直方向的胶原纤维阵列组成的骨束。高度有序的不同排列角度的胶原纤维阵列形成了一个连续的、增强的网络，胶原纤维和羟基磷灰石晶体的结合形成了精确的"砖砂浆"复合微观结构（图7-25），继而实现了高的抗拉强度、刚度及抗拉、抗塑性变形能力。所以，受骨骼中定向的"砖砂浆"结构的启发，通过聚氨酯的原位聚合来开发制备的形状稳定、超强和高储能的复合木基仿生储热材料，表现出良好的储热、温度调节能力和形状稳定性。

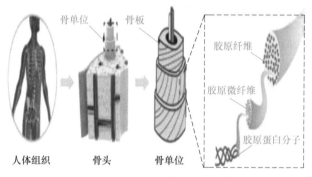

图 7-25　人骨各向异性有序结构

3. 基于蝴蝶翅膀的储热材料

蝴蝶能够通过其独特的翅膀结构和材料吸收、运输和储存太阳能，智能地调节体温。当环境温度较低时，蝴蝶的翅膀完全张开以吸收太阳的辐射热，而当体温达到一定需求时，翅膀闭合以避免热量过多散失，实现了对太阳能储热的调控。受此启发制备的柔性且形状稳定、处于卷胀状态的复合材料设计（图7-26），克服了传统储热单元储热/放热过程的热效率限制，实现了高储热速率和长放热周期。

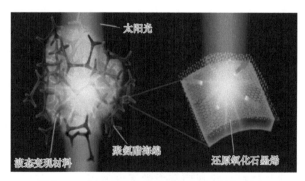

图 7-26　太阳能热收集的复合相变材料示意图

仿生储热材料在建筑中的广泛采用可能对环境产生多方面的影响。这些材料基于自然界中的生物体结构进行设计，使得建筑物的热效率更高，从而减少了能源消耗和相关的温室气体排放。仿生储热材料在建筑中的应用会促进环境的可持续发展，为提高能源效率提供了新的思路和方法。但是仿生形态、结构和功能的复杂性和多尺度效应有待进一步研究，以探讨储热材料的仿生优化策略、仿生设计尺度效应的影响机制及多尺度协同强化机制。此外，目前还缺乏探索多种生物启发形态、结构或功能耦合应用的研究，自然物种的形态、结构和功能之间的内在联系和相互作用尚未完全揭示。故需要更多此类构型简单、集成度高的功能仿生学材料。

综上所述，随着材料科学和仿生学的不断进步，仿生储热材料的研究和应用将会更加深入。未来的研究可能会集中在进一步提高材料的储热效率、降低成本、提高环境友好性及扩展其在其他领域的应用，为建设清洁、低碳、安全的现代能源产业体系做出贡献。

7.5　节能仿生材料

节能仿生材料是一类通过模仿自然界生物体的结构和功能，旨在提高能源效率和减少环境影响的材料。这类材料的开发主要是为了解决当前社会面临的能源危机和环境污染问题。通过模仿自然界中生物体的结构和功能，开发出能够节约能源、减少环境影响的材料和技术，以实现可持续发展。目前，对于节能仿生材料的研究内容主要包括：如何通过模仿生物材料的结构和功能来设计和制备新型材料，以及如何对这些材料进行表征和性能评估；通过研究和改进材料的微观结构和宏观形态，提高其力学性能、生物相容性、耐久性等；探索仿生材料在不同领域的应用潜力，如医疗、航空航天、环境保护等；如何在实际应用中发挥其节能效果等方面。

节能仿生材料的研究和应用正成为材料科学领域的一个热门方向，其独特的性能和广泛的应用前景为解决当前的社会问题提供了新的思路和方法。随着科技的不断进步，预计未来节能仿生材料将在更多领域得到应用，这对于实现节能减排和可持续发展具有重要意义，为人类带来更多的福祉。

7.5.1　节能仿生建筑设计

在过去的几十年里，随着科学技术的发展和对可持续发展的需求日益增加，建筑界越来越重视仿生学的应用。节能仿生建筑根据借鉴生物体结构、功能和适应性的设计理念，通过模仿自然界中的设计思路和结构，实现建筑的节能和可持续发展。仿生学的设计理念强调与自然环境的和谐共存、功能适应性、可持续性及创新性。通过模仿生物体的形态、结构、功能和行为，建筑设计可以变得更加多样化、智能化和生态化。这种转变不仅体现在建筑的形式和外观上，还涉及建筑的内部结构和功能布局，以及与环境的互动方式。所以，仿生学在建筑设计中的应用，不仅是为了追求美学效果，更重要的是通过模仿自然界中生物体的结构和功能，来解决实际问题，如能源的有效利用、环境的可持续发展及建筑的稳定性和安全性等。

在建筑设计中，仿生学的应用已经产生一些经典的案例。例如，北京的国家体育场（"鸟巢"）采用了类似鸟巢的结构，其复杂的钢构网格结构不仅具有视觉冲击力，而且能够在不同的季节和天气条件下提供适当的遮蔽和通风。另一个实例是悉尼歌剧院，其帆状的设计灵感来源于自然界中的贝壳，这种设计不仅美观，而且能够有效地分散载荷，提高建筑的稳定性。

1. 基于自然空穴结构的建筑设计

自然界中的白蚁丘、蜂窝、鸟巢等其他被动通风系统自然模型启发了建筑的外部形态和内部空间布局中的自然通风设计。此类建筑结构因其高材料利用率和空间利用率而被应用于居住区建设。这种结构的建筑可以通过中心的通风通道实现自然通风，同时在底部设计通道以解决居住区的交通问题。仿生自然通风技术是一种借鉴生物的形态、结构和功能，改善建筑的自然通风性能的技术，通常涉及对建筑物的形状、表面特征及与周围环境的相互作用方式的模仿，实现高效的能量利用和环境舒适度。其优势在于能够利用自然界的日照、风力等自然原理，通过规划和设计的建筑手法改善居住环境，而不依赖于常规能源，有助于提高居住舒适度和节能效果。作为一种重要的建筑被动式节能设计，仿生自然通风技术愈发受到重视。

白蚁丘的通风系统是自然界中的一个优秀例子，它通过复杂的内部结构实现了有效的空气流通和温度调节，内含一种非常高效的被动冷却机制（图7-27）。白蚁丘的内部由数千个相互连接的通道、隧道和空气室组成，这些通道、隧道可以捕获风能以"呼吸"，或者与周围环境交换氧气和二氧化碳。这种结构不仅保证了空气的新鲜，还通过材料的预冷和预热有效调节了室温。人类通过身体调节体温，在炎热的环境中出汗，在寒冷的环境中颤抖，而白蚁将这种自我平衡功能委托给土壤，依靠白蚁丘作为稳定设施。巨大的昼夜温差迫使白蚁通过保持温暖和保持空气新鲜来适应突如其来的寒冷；在炎热环境下，白蚁便从地下水位以下的深层土壤中携带湿泥作为冷却源，依靠自然通风实现对温度的控制。

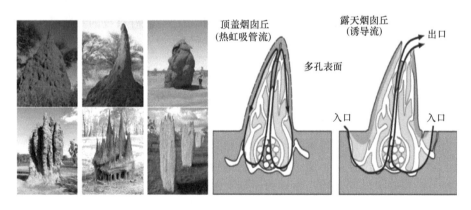

图 7-27　白蚁丘及其内部结构

仿生自然通风技术在建筑设计中的应用已经开始显现。例如，津巴布韦的东门中心（图7-28）就是一个模仿白蚁丘使用自然通风技术的建筑。利用建筑外部的多个开口，允许新鲜空气流入并通过岩石床进行冷却，然后进入建筑内部，实现了建筑内部温度的有效控制，减少了对外部能源的依赖并提高了能源效率。

此外，这种仿生自然通风技术也在其他领域得到了应用。例如，一些研究正在探索如何模仿白蚁筑巢的方式，利用自然界中的生长模式来创造具有特定可编程性质的建筑材料。这些材料的设计方法可能产生出具有优异力学性能的新型建筑材料，进一步推动能源效率和可

图 7-28　津巴布韦的东门中心及其通风系统

持续性的提升。

　　总的来说，白蚁丘的自然通风系统为现代建筑提供了一个独特的视角，帮助建筑师和工程师设计出更加节能、环保且舒适的建筑环境，充分利用仿生自然通风技术，模仿自然界的通风机制来提高建筑的节能效果和居住舒适度。未来的研究和实践应当致力于克服这一技术在实际应用中所面临的挑战，以便更好地将其融入现代建筑设计中。

2. 基于自然网状结构的建筑设计

　　蜘蛛是自然界最优秀的结构工程师之一，它们织出的又轻又软且具有弹性的蛛网结构为建筑设计领域提供了灵感。基于蛛网的仿生建筑结构是一种从自然界中汲取灵感的建筑设计理念，它试图模仿蜘蛛网的形态和结构特性，以创造出既美观又实用的建筑结构。蜘蛛网因其轻巧、坚韧和高效的特点，成为建筑师和工程师们的灵感来源。在仿生建筑中，设计师们通过对自然界中生物形态和结构的研究，将其抽象和简化，融入建筑设计中，以期达到更好的结构性能和视觉效果。

　　蛛网结构原理在建筑设计中的应用促进了线、网结构的发展，适用于具有灵活内部空间的建筑。由于质量轻、空间跨度大、所需支撑点少等优势的存在，蛛网结构广泛应用于体育馆、展览馆、桥梁等工程中。

　　在实际应用中，基于蛛网的仿生建筑结构已经被用于多个项目中。例如，德国慕尼黑的奥林匹克体育场以其类似于蜘蛛网的帐篷状屋顶而闻名，在实现保护观众免受日晒雨淋的同时，使材料消耗最小化（图 7-29）。

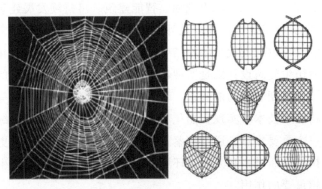

图 7-29　蜘蛛网结构及慕尼黑奥林匹克体育场

3. 基于自然壳状结构的建筑设计

在自然界中，有许多具有薄壳的自然元素，如贝壳、蜗牛、蛋、坚果壳等。这些都是自然界中非常优秀的结构材料，它们的形态和结构特征为建筑设计提供了丰富的灵感。它们的共同特点是具有薄壳结构，这种结构因其轻巧且强度高被广泛应用于建筑领域。薄壳结构能够以最小的材料消耗达到最大的空间利用，同时在受到外部压力时，能够有效地分散压力，提高结构的稳定性和安全性。

在建筑设计中，自然界中的壳类结构被用作灵感来源，创造出既美观又实用的建筑结构。在 1905 年建成的巴黎国家工业与技术中心展览馆（图 7-30）便是薄壳结构建筑的代表。建筑屋顶采用分段预制双曲钢筋混凝土壳结构，波浪形大大增强了壳结构的刚度，壳结构厚度仅为 120mm，达到了使用最少的建筑材料使可用面积最大化的目标。此外，悉尼歌剧院这个著名的薄壳结构建筑，其设计灵感来源于自然界中的贝壳形态，通过模仿贝壳的曲面结构，实现了建筑的轻巧和空间的有效利用。

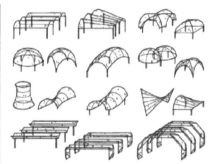

图 7-30　壳类结构及巴黎国家工业与技术中心展览馆

基于蛛网或贝壳、蛋壳的仿生建筑结构不仅在美学上为建筑设计提供了新的视角，而且在结构效率和节能效果上也带来了实际的改进，是一种充满创意和潜力的建筑设计方向，在很大程度上推动了仿生建筑设计的发展。通过模仿自然界结构，建筑师和工程师们能够创造出既美观又高性能的建筑作品。随着技术的不断发展和人们对自然环境的日益重视，这类建筑结构有望在未来得到更广泛的应用。

节能仿生建筑设计在多个领域中都有应用，包括城市规划、智能建筑、可持续发展建筑等。在城市规划中，通过借鉴自然界的原则和结构，可以设计出更为高效和宜居的城市空间。在智能建筑领域，节能仿生建筑设计可以与现代技术相结合，实现自动化控制和智能化管理。而在可持续发展建筑方面，节能仿生建筑设计则是实现环保和可持续建筑解决方案的重要组成部分。未来的节能仿生建筑设计将朝着多功能建筑、环境适应性、绿色建筑材料等方向发展。多功能建筑将融合更多的功能和技术，实现智能化和多功能的建筑解决方案。绿色建筑材料将是节能仿生建筑设计的一个重要焦点，通过借鉴自然界的材料和结构，提供更为环保和可持续的建筑材料。随着科技的不断进步和人们对环境保护意识的提高，节能仿生建筑设计定将在建筑领域中发挥越来越重要的作用。

7.5.2　节能仿生智能窗

智能窗可以在外界环境变化刺激下改变太阳能的透射，可以设计为主动或被动的光调制方式。当需要较高的透光度时，窗格会变得透明，允许更多的自然光线进入室内；而当需要较低的透光度时，窗格会变得模糊或遮光，有效阻挡阳光的强烈照射。智能窗的优势在于可以根据环境因素动态自适应地改变其透明度或者主动控制，在不需要额外能量输入的情况下，实现室内太阳辐射在寒冷天气和炎热天气的自动传输。

目前已应用的智能窗系统通常包括传感器、控制器和执行器，能够主动或者根据室内外的环境变化自动调节窗户的状态，以达到节能、安全、舒适和便捷的效果，常用于多种先进功能，包括温度调节、隐私保护、增加安全性、节能环保等。

在此基础上，节能仿生智能窗作为现代建筑技术领域的一个重要发展方向，集成了节能、智能和仿生学等多项技术。随着全球能源危机的加剧和环境保护需求的提高，节能仿生智能窗以其能够有效降低建筑能耗、提高居住舒适度及减少环境污染的特点，受到了广泛的关注和研究。

1. 基于变色皮肤的智能窗

许多生物体根据生存需要逐渐进化出独特的环境适应行为，如可以根据环境需要来自适应调节皮肤颜色和图案以达到交流、伪装等目的。仿生自然界变色生物的研究背景主要集中在对自然界中生物体表颜色变化的观察和研究。其机理涉及多个生物系统、生物感官和生物细胞的合作，变色生物的皮肤内部存在着多种与其颜色变化相关的细胞，如色素细胞、红细胞、黑色素细胞等。这些细胞通过改变其内部结构或分布来调整皮肤的颜色。因此，针对生物变色机理的深入了解和仿生技术的不断进步，为节能、信息安全、环境监测等领域带来了革命性的变革。

对于章鱼、变色龙一类通过改变色素细胞结构实现自身变色的生物体而言，以章鱼为例，章鱼变色的原理涉及它们皮肤上的特殊细胞，其神经系统能够精确地控制这些色素细胞的收缩和舒张，使章鱼能够在极短的时间内改变皮肤的颜色，以适应周围环境，实现伪装或发出警告。章鱼的皮肤上分布着大量的色素细胞，这些细胞中含有色素囊，色素囊周围有肌肉细胞，当肌肉细胞收缩或舒张时，色素囊会发生变化，从而导致颜色变化。而且对色素细胞表面反射层粗糙度的调节和对反射光波长的调节也是其重要的变色方式。以此为灵感，通过设计周期性皱褶实现对直射光的阻隔，增加了智能窗的隐私保护功能，同时利用二氧化钒（VO_2）颗粒等离子体共振引起的红外光吸收实现了智能窗的节能，如图7-31所示。

2. 基于光子晶体的智能窗

热带鱼的颜色和外观在不同观察角度下可能会有所不同，这与其所处的环境特别是光线有关，不同的光线条件下，热带鱼的颜色可能会发生变化。这是因为热带鱼的色素细胞内反射层的周期性、方向性排布，同时不同波长反射光具有各向异性，从而产生了上述结果。

仿生热带鱼体色构筑光子晶体是一种模仿自然界生物体色构造的光子晶体材料。这些材料通常通过模仿生物体内的微观结构来实现特定的光学功能，如结构色、动态感测、致动防御警戒等。在自然界中，生物体色如蝴蝶翅膀上的纹理和彩色图案、孔雀尾羽的类眼睛花纹等，都是通过生物体内的微观结构与光的相互作用方式产生的。光子晶体图案的功能性经历

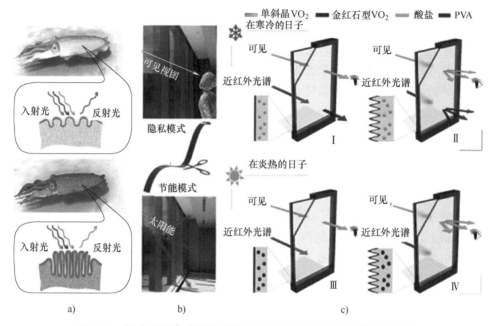

图 7-31　源自头足类动物皮肤的灵感和仿生智能窗设计的基本原理

a）章鱼变色原理　b）不同模式的智能窗　c）通过 VO_2 颗粒调节的智能窗

了从非响应性到响应性图案的演变，实现了根据应用需求设计的可逆图案变化、图案固定及图案程序化的写入和擦除。将仿生热带鱼体色构筑光子晶体应用于智能窗中，根据不同季节太阳光广度角及建筑对于采光需求两方面的不同进行了光子晶体尺寸与结构的设计，最终获得了显著的节能效果（图 7-32）。

图 7-32　源自热带鱼的灵感和仿生智能窗设计的基本原理

a）热带鱼与环境　b）不同光线条件下的热带鱼　c）微观结构的光学机理

d）建筑采光需求竹膜表面图像　e）光学玻璃　f）光学玻璃仿生机理

智能窗作为智能家居的重要组成部分，正逐渐成为现代建筑中不可或缺的一部分。节能仿生智能窗可以根据室内外温度、湿度等参数智能调节窗户的透光程度，实现能源的有效利用。节能仿生智能窗不仅能够提升居住和工作环境的舒适度和安全性，还能够通过智能调控实现能源的有效利用，减少碳排放，符合当今社会对环保和节能的需求，对实现绿色建筑和可持续发展具有重要意义。

7.5.3 节能仿生建筑材料

节能仿生建筑材料是一类受到自然界生物启发而设计的新型建筑材料，旨在通过模仿生物的结构和功能来提高建筑材料的性能，同时减少能源消耗和环境污染，实现建筑与自然的和谐共生。节能仿生建筑材料可能包括但不限于生物质复合材料、仿生混凝土、绿色屋顶材料等。其通常具有优良的力学性能、环保特性及节能效果，被认为是建筑领域实现低碳转型的重要工具。值得注意的是，节能仿生建筑材料的大规模生产和部署可能会带来多方面的潜在益处。节能仿生建筑材料往往基于可再生资源，这意味着它们的生产过程可能比传统的建筑材料产生更少的温室气体排放。

建筑最重要的功能之一就是为使用者提供舒适的空间。因此，为了满足寒冷地区的热需求，需要消耗大量的人工能源进行供暖。建筑形式和围护结构是影响室内气候最重要的参数。在寒冷气候下，也是整个建筑围护结构总热损失的重要决定因素。故仿生建筑墙体材料的使用使建筑围护结构适应自然，这种生态建筑围护结构很好地解决了环境调控与建筑设计的一体化问题。

基于动物毛皮和血液灌注的案例研究，仿生建筑立面在一系列气候带的不同建筑类型中具有更广泛的应用潜力。北极熊生活在-20℃的外部环境中，其脂肪层可使其体温始终保持在35℃。科学家在对它的皮毛系统进行了彻底的观察后发现，北极熊的毛发具有独特的结构，它由一个空心的核心和一个对齐的多孔外层组成，如图7-33所示。这种结构非常有助于抵抗热量流失，因为空气被困在毛发内部的孔隙中，而外部则被一层保护性的壳所包围。当空气被困在毛发内部时，热量很难通过毛发传递到外界，从而保持了北极熊体内的热量。建筑表面可以模仿北极熊的皮肤结构，设计成透明的热防护系统。这种透明隔热墙通常由透明隔热材料或透明隔热材料与外墙复合而成，可以减少对流造成的热损失，实现隔热功能。

图 7-33 北极熊及其毛皮结构

针对节能仿生建筑材料，未来的研究和开发可能会集中在进一步提高微纳米结构的精确度和复杂性，以及探索更多种类的材料和技术来实现更好的预先设计效果。随着材料科学和表面工程技术的进步，期待看到更多创新的生物模拟材料，这些材料将更好地适应不同的环境和应用需求，为多个领域带来新的应用可能性。

思 考 题

1. 常见的油田仿生材料有哪些？其仿生思想分别来源于哪里？
2. 举例说明仿生电池实际应用及未来开发的困难。
3. 电池的仿生设计对性能优化和实际应用有哪些意义？
4. 仿生储热材料的未来应用前景和实际应用中面临的挑战是什么？
5. 相比于传统建筑材料，仿生节能建筑材料的优势是什么？如何更好地将其应用于实际场景中？

参 考 文 献

[1] 李俊杰，侯志民，田培胜. 巨浪冲蚀威胁下的海底管道仿生草防护技术 [J]. 海岸工程，2017，36 (4)：37-43.

[2] 王泽英，陈涛，张继伟，等. 基于仿生结构流场的质子交换膜燃料电池的性能 [J]. 清华大学学报（自然科学版），2022，62 (10)：1697-1705.

[3] LI N, WANG W T, XU R Y, et al. Design of a novel nautilus bionic flow field for proton exchange membrane fuel cell by analyzing performance [J]. International Journal of Heat and Mass Transfer, 2023, 200：123517.

[4] ZHU H W, XU L R, LUAN G D, et al. A miniaturized bionic ocean-battery mimicking the structure of marine microbial ecosystems [J]. Nature Communications, 2022, 13 (1)：5608.

[5] MENG X C, CAI Z R, ZHANG Y Y, et al. Bio-inspired vertebral design for scalable and flexible perovskite solar cells [J]. Nature Communications, 2020, 11 (1)：3016.

[6] HUANG G, XU J Y, MARKIDES C N. High-efficiency bio-inspired hybrid multi-generation photovoltaic leaf [J]. Nature Communications, 2023, 14 (1)：3344.

[7] 孟杰，张喜清，孙大刚. 带有仿生环形剪切腹板风机叶片抗弯强度 [J]. 科学技术与工程，2021，21 (31)：13354-13360.

[8] 张立，刘宇航，李春，等. 基于仿生设计的风力机叶片腹板力学性能分析 [J]. 热能动力工程，2019，34 (9)：141-147.

[9] GOODENOUGH J B, PARK K S. The Li-ion rechargeable battery：a perspective [J]. Journal of the American Chemical Society, 2013, 135 (4)：1167-1176.

[10] MEI J, LIAO T, PENG H, et al. Bioinspired materials for energy storage [J]. Small Methods, 2022, 6 (2)：2101076.

[11] MEI J, PENG X M, ZHANG Q, et al. Bamboo-membrane inspired multilevel ultrafast interlayer ion transport for superior volumetric energy storage [J]. Advanced Functional Materials, 2021, 31 (31)：2100299.

[12] WANG X X, GAN S C, ZHENG L J, et al. Bioinspired fabrication of strong self-standing egg-sugarcane cathodes for rechargeable lithium-oxygen batteries [J]. CCS Chemistry, 2020, 3 (6)：1764-1774.

[13] KWON G, LEE K, LEE M H, et al. Bio-inspired molecular redesign of a multi-redox catholyte for high-energy non-aqueous organic redox flow batteries [J]. Chem, 2019, 5 (10)：2642-2656.

[14] PENG H J, HUANG J Q, LIU X Y, et al. Healing high-loading sulfur electrodes with unprecedented long cycling life：spatial heterogeneity control [J]. Journal of the American Chemical Society, 2017, 139 (25)：8458-8466.

[15] ABUŞKA M, SEVIK S, KAYAPUNAR A. Experimental analysis of solar air collector with PCM-honeycomb

combination under the natural convection [J]. Solar Energy Materials and Solar Cells, 2019, 195: 299-308.

[16] LIN X X, QIU C D, WANG K L, et al. Biomimetic bone tissue structure: an ultrastrong thermal energy storage wood [J]. Chemical Engineering Journal, 2023, 457: 141351.

[17] YUAN Y P, YU X P, YANG X J, et al. Bionic building energy efficiency and bionic green architecture: a review [J]. Renewable and Sustainable Energy Reviews, 2017, 74: 771-787.

[18] KE Y J, ZHANG Q T, WANG T, et al. Cephalopod-inspired versatile design based on plasmonic VO_2 nanoparticle for energy-efficient mechano-thermochromic windows [J]. Nano Energy, 2020, 73: 104785.

[19] AUGUST A, KNEER A, REITER A, et al. A bionic approach for heat generation and latent heat storage inspired by the polar bear [J]. Energy, 2019, 168: 1017-1030.

[20] 徐泉，李叶青，周洋. 能源仿生学 [M]. 北京：中国石化出版社，2021.

[21] 汤玉斐. 新能源材料概论 [M]. 北京：机械工业出版社，2024.

[22] 黄滢. 师法自然：建筑仿生设计 [M]. 武汉：华中科技大学出版社，2013.